第一推动丛书：生命系列
The Life Series

生命的逻辑：遗传学史
La Logique du vivant :
Une histoire de l'hérédité

[法] 弗朗索瓦·雅各布 著　傅贺 译　陈新华 校
François Jacob

U0210157

湖南科学技术出版社

图书在版编目（CIP）数据

生命的逻辑：遗传学史 /（法）弗朗索瓦·雅各布著；傅贺译 . — 长沙：湖南科学技术出版社，2021.7（2022.11 重印）
（第一推动丛书 . 生命系列）
ISBN 978-7-5710-0920-5

Ⅰ . ①生… Ⅱ . ①弗… ②傅… Ⅲ . ①遗传学史—世界 Ⅳ . ① B842.7-49

中国版本图书馆 CIP 数据核字（2021）第 048134 号

La Logique du vivant : Une histoire de l'hérédité © Éditions GALLIMARD, Paris, 1970

All Rights Reserved
湖南科学技术出版社获得本书中文简体版出版发行权
著作权合同登记号　18-2016-250

SHENGMING DE LUOJI: YICHUANXUE SHI
生命的逻辑：遗传学史

著者
[法]弗朗索瓦·雅各布
译者
傅贺
校者
陈新华
出版人
潘晓山
策划编辑
吴炜
责任编辑
李蓓
营销编辑
吴诗
出版发行
湖南科学技术出版社
社址
长沙市芙蓉中路一段416号泊富国际金融中心
http://www.hnstp.com
湖南科学技术出版社
天猫旗舰店网址
http://hnkjcbs.tmall.com
邮购联系
本社直销科 0731-84375808

印刷
长沙市宏发印刷有限公司
厂址
长沙市开福区捞刀河大星村 343 号
邮编
410153
版次
2021 年 7 月第 1 版
印次
2022 年11月第 2 次印刷
开本
880mm × 1230mm 1/32
印张
10.25
字数
232 千字
书号
ISBN 978-7-5710-0920-5
定价
58.00 元

THE
FIRST
MOVER

总序

《第一推动丛书》编委会

　　科学，特别是自然科学，最重要的目标之一，就是追寻科学本身的原动力，或曰追寻其第一推动。同时，科学的这种追求精神本身，又成为社会发展和人类进步的一种最基本的推动。

　　科学总是寻求发现和了解客观世界的新现象，研究和掌握新规律，总是在不懈地追求真理。科学是认真的、严谨的、实事求是的，同时，科学又是创造的。科学的最基本态度之一就是疑问，科学的最基本精神之一就是批判。

　　的确，科学活动，特别是自然科学活动，比起其他的人类活动来，其最基本特征就是不断进步。哪怕在其他方面倒退的时候，科学却总是进步着，即使是缓慢而艰难的进步。这表明，自然科学活动中包含着人类的最进步因素。

　　正是在这个意义上，科学堪称为人类进步的"第一推动"。

　　科学教育，特别是自然科学的教育，是提高人们素质的重要因素，是现代教育的一个核心。科学教育不仅使人获得生活和工作所需的知识和技能，更重要的是使人获得科学思想、科学精神、科学态度以及科学方法的熏陶和培养，使人获得非生物本能的智慧，获得非与生俱来的灵魂。可以这样说，没有科学的"教育"，只是培养信仰，而不是教育。没有受过科学教育的人，只能称为受过训练，而非受过教育。

　　正是在这个意义上，科学堪称为使人进化为现代人的"第一推动"。

　　近百年来，无数仁人志士意识到，强国富民再造中国离不开科学技术，他们为摆脱愚昧与无知做了艰苦卓绝的奋斗。中国的科学先贤们代代相传，不遗余力地为中国的进步献身于科学启蒙运动，以图完成国人的强国梦。然而可以说，这个目标远未达到。今日的中国需要新的科学启蒙，需要现代科学教育。只有全社会的人具备较高的科学素质，以科学的精神和思想、科学的态度和方法作为探讨和解决各类问题的共同基础和出发点，社会才能更好地向前发展和进步。因此，中国的进步离不开科学，是毋庸置疑的。

　　正是在这个意义上，似乎可以说，科学已被公认是中国进步所必不可少的推动。

　　然而，这并不意味着，科学的精神也同样地被公认和接受。虽然，科学已渗透到社会的各个领域和层面，科学的价值和地位也更高了，但是，毋庸讳言，在一定的范围内或某些特定时候，人们只是承认"科学是有用的"，只停留在对科学所带来的结果的接受和承认，而不是对科学的原动力 —— 科学的精神的接受和承认。此种现象的存在也是不能忽视的。

　　科学的精神之一，是它自身就是自身的"第一推动"。也就是说，科学活动在原则上不隶属于服务于神学，不隶属于服务于儒学，科学活动在原则上也不隶属于服务于任何哲学。科学是超越宗教差别的，超越民族差别的，超越党派差别的，超越文化和地域差别的，科学是普适的、独立的，它自身就是自身的主宰。

　　湖南科学技术出版社精选了一批关于科学思想和科学精神的世界名著，请有关学者译成中文出版，其目的就是为了传播科学精神和科学思想，特别是自然科学的精神和思想，从而起到倡导科学精神，推动科技发展，对全民进行新的科学启蒙和科学教育的作用，为中国的进步做一点推动。丛书定名为"第一推动"，当然并非说其中每一册都是第一推动，但是可以肯定，蕴含在每一册中的科学的内容、观点、思想和精神，都会使你或多或少地更接近第一推动，或多或少地发现自身如何成为自身的主宰。

再版序
一个坠落苹果的两面：
极端智慧与极致想象

龚曙光

2017年9月8日凌晨于抱朴庐

连我们自己也很惊讶，《第一推动丛书》已经出了25年。

或许，因为全神贯注于每一本书的编辑和出版细节，反倒忽视了这套丛书的出版历程，忽视了自己头上的黑发渐染霜雪，忽视了团队编辑的老退新替，忽视好些早年的读者，已经成长为多个领域的栋梁。

对于一套丛书的出版而言，25年的确是一段不短的历程；对于科学研究的进程而言，四分之一个世纪更是一部跨越式的历史。古人"洞中方七日，世上已千秋"的时间感，用来形容人类科学探求的速率，倒也恰当和准确。回头看看我们逐年出版的这些科普著作，许多当年的假设已经被证实，也有一些结论被证伪；许多当年的理论已经被孵化，也有一些发明被淘汰……

无论这些著作阐释的学科和学说，属于以上所说的哪种状况，都本质地呈现了科学探索的旨趣与真相：科学永远是一个求真的过程，所谓的真理，都只是这一过程中的阶段性成果。论证被想象讪笑，结论被假设挑衅，人类以其最优越的物种秉赋 —— 智慧，让锐利无比的理性之刃，和绚烂无比的想象之花相克相生，相否相成。在形形色色的生活中，似乎没有哪一个领域如同科学探索一样，既是一次次伟大的理性历险，又是一次次极致的感性审美。科学家们穷其毕生所奉献的，不仅仅是我们无法发现的科学结论，还是我们无法展开的绚丽想象。在我们难以感知的极小与极大世界中，没有他们记历这些伟大历险和极致审美的科普著作，我们不但永远无法洞悉我们赖以生存世界的各种奥秘，无法领略我们难以抵达世界的各种美丽，更无法认知人类在找到真理和遭遇美景时的心路历程。在这个意义上，科普是人类极端智慧和极致审美的结晶，是物种独有的精神文本，是人类任何其他创造 —— 神学、哲学、文学和艺术无法替代的文明载体。

在神学家给出"我是谁"的结论后，整个人类，不仅仅是科学家，包括庸常生活中的我们，都企图突破宗教教义的铁窗，自由探求世界的本质。于是，时间、物质和本源，成为人类共同的终极探寻之地，成为人类突破慵懒、挣脱琐碎、拒绝因袭的历险之旅。这一旅程中，引领着我们艰难而快乐前行的，是那一代又一代最伟大的科学家。他们是极端的智者和极致的幻想家，是真理的先知和审美的天使。

我曾有幸采访《时间简史》的作者史蒂芬·霍金，他痛苦地斜躺在轮椅上，用特制的语音器和我交谈。聆听着由他按击出的极其单调的金属般的音符，我确信，那个只留下萎缩的躯干和游丝一般生命气息的智者就是先知，就是上帝遣派给人类的孤独使者。倘若不是亲眼所见，你根本无法相信，那些深奥到极致而又浅白到极致，简练到极致而又美丽到极致的天书，竟是他蜷缩在轮椅上，用唯一能够动弹的手指，一个语音一个语音按击出来的。如果不是为了引导人类，你想象不出他人生此行还能有其他的目的。

无怪《时间简史》如此畅销！自出版始，每年都在中文图书的畅销榜上。其实何止《时间简史》，霍金的其他著作，《第一推动丛书》所遴选的其他作者著作，25年来都在热销。据此我们相信，这些著作不仅属于某一代人，甚至不仅属于20世纪。只要人类仍在为时间、物质乃至本源的命题所困扰，只要人类仍在为求真与审美的本能所驱动，丛书中的著作，便是永不过时的启蒙读本，永不熄灭的引领之光。

虽然著作中的某些假说会被否定，某些理论会被超越，但科学家们探求真理的精神，思考宇宙的智慧，感悟时空的审美，必将与日月同辉，成为人类进化中永不腐朽的历史界碑。

因而在25年这一时间节点上，我们合集再版这套丛书，便不只是为了纪念出版行为本身，更多的则是为了彰显这些著作的不朽，为了向新的时代和新的读者告白：21世纪不仅需要科学的功利，而且需要科学的审美。

当然，我们深知，并非所有的发现都为人类带来福祉，并非所有的创造都为世界带来安宁。在科学仍在为政治集团和经济集团所利用，甚至垄断的时代，初衷与结果悖反、无辜与有罪并存的科学公案屡见不鲜。对于科学可能带来的负能量，只能由了解科技的公民用群体的意愿抑制和抵消：选择推进人类进化的科学方向，选择造福人类生存的科学发现，是每个现代公民对自己，也是对物种应当肩负的一份责任、应该表达的一种诉求！在这一理解上，我们将科普阅读不仅视为一种个人爱好，而且视为一种公共使命！

牛顿站在苹果树下，在苹果坠落的那一刹那，他的顿悟一定不只包含了对于地心引力的推断，而且包含了对于苹果与地球、地球与行星、行星与未知宇宙奇妙关系的想象。我相信，那不仅仅是一次枯燥至极的理性推演，而且是一次瑰丽至极的感性审美……

如果说，求真与审美，是这套丛书难以评估的价值，那么，极端的智慧与极致的想象，则是这套丛书无法穷尽的魅力！

推荐序 　　　　　　　　　　陈嘉映
思想不那么怕老

　　这本书的书名是《生命的逻辑：遗传学史》，顾名思义，是从遗传视角来理解生命的逻辑。本来，生命是个较宽的概念，遗传是生命现象中的一支。不过，越往现代，生命概念就与遗传概念交织得更紧，的确，生命体跟其他物体的根本区别在于生命体会遗传。人们当然早就通过繁殖现象对遗传有所了解：龙生龙凤生凤，老鼠的孩子会打洞。然而，直到几十年前，我们才把繁殖理解为组成生物体的分子的复制，这种复制与晶体的复制不同，生物体中的大分子的结构完全是由遗传物质的碱基序列决定的。

　　从这个角度来看待生命体，生命科学的大多数分支都可以视作遗传学，用光或声来操控活体组织中的神经元就叫作光遗传学、声遗传学。当然，生命体跟环境的互动，包括生命体之间的互动，也是重要的生命现象，但要对这些互动进行科学研究，最后仍离不开对遗传基因的研究。

　　作者说到，在很长时间里，生物学里有两条迥异的进路。一条是综合论或者演化论，另一条是原子论或者还原论。演化生物学关注的是群落、行为、生物体之间以及生物体与环境之间的关系，关注的远程原因，目的在于说明是何种力量和路径指引生命系统演化为今天这个样子。对综合论者来说，整体绝非简单的部分之和。与此对照，还原论者关注的是近程原因，关注器官、细胞和分子的结构和作用。还原论者努力把复杂的现象拆解开，进而以物理和化学里典型的精度和纯度来研究各个组分。整体可能表现出部分所不具备的特征，但是这些特征必然源于其组分的结构。演化论和还原论关注的是两类不同的秩序，而这两类秩序在遗传层面上相遇了。不妨说，遗传组成了生物秩序的秩序 —— 促成演化的正是遗传程序出现的随机改变。

两条进路也许在这个意义上相遇了，但这并不意味着它们合二为一。作者说："个体的规律与群体的规律不是直接相关的规律，无法互相导出。"在微观生物学领域，主导的是因果探究，在宏观演化论的领域，主导的是统计学。作者提示，19世纪中叶，达尔文提出演化论的时候，统计学思想也正在其他学科兴起，突出的如波尔茨曼开创的热力学。格外有意思的是，与牛顿力学不同，演化论与热力学都含有时间不可逆的观念。就像熵的增长有一个方向，演化过程也是不可逆的：一旦某些变异体被自然选择保留下来，某一个生物群体就确定了进一步的方向，不可能再回到先前的状态。

生物学已经挺进到分子层面，然而，这并不意味着生物学今天回到了还原论。在还原主义时代，科学分析必须排除所研究系统或其独特功能之外的任何其他考量，与此不同，今天的生物学无法把结构与功能分开，"而功能不仅取决于生物体，而且也受制于塑造了生物体的所有历史事件 …… 无论是哪个层次的研究 —— 分子、细胞、组织体或者种群 —— 历史的视野都不可或缺"。无论在哪个层面上，对生命系统的研究都需要在两个方向上展开，一个是纵向上的组织逻辑，一个是横向上的演化逻辑。

　　我在这里介绍本书的一点点内容是想说明，一部好的科学史必定富有思想性。遗传学的发展像任何门类科学的发展一样，主要内容是技术性的，本书也的确介绍了很多技术性的细节。然而，一门科学，除了处理技术性内容，还会面临一些我们普通人也会问出来的一般问题。例如，生命是怎样产生的？生物和非生物有没有本质区别？若有，它们的根本区别是什么？生物学能不能还原为物理学？当然还有：人为什么必有一死？科学能不能创造出永生的人？科学史不同于科学教科书的一个特点在于，它帮助我们从这些一般的思想问题来理解一门科学。

　　20世纪下半叶以来，生命科学的发展最为迅猛。这本书初版于1970年，中文译本所据的英文版出版于1974年。鉴于生命科学的发展日新月异，这是本老书了。不过，思想不那么怕老，从我一个外行看去，生物学的基本理论这几十年似乎没有发生重要的修正。就此而言，这本书并不过时。至于这几十年来生物学技术的发展，我在这里顺便推荐一本，约翰·帕林顿的《重新设计生命》（李雪莹译，中信出版集团，2018年版），我读到的同类著作里，这一本既新又全面，介绍了基因组编辑技术、光遗传学、干细胞技术、合成生物学等方面截至2016年的技术进展。

　　一本遗传学史，当然包含大量的专业内容，需要傅贺这样攻读过生物学的博士来翻译。另一方面，本书面对的是普通读者，傅贺的译文为此增添了方便，译文多使用较短的句子，行文明白晓畅。

　　生物学科普我一向爱读，爱读而已，始终是个外行，本来没资格写序。但我猜想，这本书的读者大多数也是外行，不妨把自己的几点想法写出来，供其他读者参考，或博一哂。

引言
遗传程序

环顾生命世界，最先映入眼帘的可能就是遗传现象了。孩子懂事不久就明白"种瓜得瓜，种豆得豆"的道理。初民们很早就学会了解释生物世代更替过程中绵延的形态，并加以利用。无论是培育改良植物，还是繁育驯化动物，人类都积累了长期的经验。这些经验里已经包含了朴素的遗传学观念，以及对这些观念的应用。为了获得丰收，仅仅在播种前等待满月或者向神灵献祭是不够的，还需要知道如何挑选种子。史前时代的农夫们有点儿像伏尔泰式的英雄 —— 为了消灭敌人，他们殚精竭虑，利用祷告、咒语和砒霜，多管齐下。在生命的世界里，要区分砒霜与咒语尤为困难。即使当科学方法已经充分建立起来并用于探究自然世界，但在接下来的许多年里，人们在思考生命起源的时候仍然摆脱不掉信仰、传闻和迷信的桎梏。其实，几个比较简单的实验即可证伪自然发生说或者各种异想天开的杂交说。尽管如此，解释人、动物与地球起源的远古神话并未绝迹，某些认知原型几经改头换面，一直延续到19世纪。

时至今日，我们谈论遗传学，用的词汇是信息、信使、编码。生物体的繁殖也就是其组成分子的复制。这并不是因为每个大分子都有复制自己的能力，而是因为大分子的结构完全是由遗传物质的碱基序列决定的。代际之间传递的，无非是一套详细规划了大分子结构的"指令"，即未来生命体的建筑蓝图。此外，这套"指令"里还包含了实现这张蓝图以及协调生命体活动的方式。因此，每个受精卵从双亲那里继承的染色体已经预兆了它的未来：发育的不同阶段，以及由此成形的新生命的形态和特征。遗传物质决定了生物体的遗传程序，新生命则是对这套程序的实现。信息的翻译取代了灵魂的意愿。诚然，生物体代表了遗传方案的执行，但理智对此毫无知觉。生物体向着一个明确的目的迈进，不被其他任何意志主宰——这个目的就是在下一代中制造出同样的程序，即繁殖。

每个生物体都是一个中转站，是连接过去与未来的一个阶段。繁殖同时代表了开端与结束、原因与目的。随着遗传程序的观念应用于遗传学，生物学中一系列对立的矛盾也消失了：目的与动力、必然与偶然、稳定与变异。遗传程序的概念融合了与生命现象紧密交织的两个观念：记忆与设计。记忆，暗示着遗传程序里包含了双亲的特征，它在后代身上体现出来；设计，暗示着程序里包含了一套方案，它决定了新生命如何成形，细枝末节尽在其中。围绕着这两个观念聚讼纷纭。首先，关于获得性状的遗传，先前有一种思路是环境可以影响遗传。这个朴素的观念混淆了遗传记忆与心智记忆。《圣经·旧约》里的一个古老故事可以说明这一点。为了与岳父拉班分清繁育的羊群，雅各想出了一套标记羊群的办法："雅各拿杨树、杏树和枫树的嫩枝子，把树皮剥成白色的条纹，使枝子露出白的部分来。然后把剥了皮的枝子插在水沟和水槽里，枝子正对着来喝水的羊群。羊群来喝水的时候，就彼此交配。羊群对着枝子交配，就生下有条纹和有斑点的小羊来。"(《旧约·创世记，30：37—39》) 在随后的许多年里，类似的实验被后人重复了无数次，但并非屡试不爽。以现代生物学的眼光来看，生物体的特性在于其保持并传承过往经验的能力。演化过程中的两个拐点——生命的出现，思想和语言的出现——分别对应于两种记忆机制：先是遗传，再是心智。这两套体系的类似之处在于，它们都是对过往经验的积累与传递。而且，记录下来的信息维持在世代更迭中。尽管如此，就其自身性质和运作逻辑而言，这两个体系是不同的。心智记忆的灵活性有利于获得性状的传播，而遗传记忆的固定性则阻碍了这样的传播。

固然，遗传程序也是由若干基本元件排列组合而成。正是因为这样的结构，遗传信息不受外界干扰。那些引发生物体和种群变异的现象，无论是化学因素还是物理因素，都与生物体自己的主观努力毫无关系，跟生物的适应需要也不相干。在遗传突变里，有些因素可以修饰化学分子，打断染色体，反转一段核酸。然而，遗传突变的起因和后果之间并没有直接的关联。这种偶然性不只局限于遗传突变，而是出现在遗传信息传递的每一个阶段：染色体的分离与重组、受精过程中配子的选择、对伴侣的选择。在上述所有现象中，特定现象和后果之间不存在必然的因果关联。任何个体的遗传程序都是一连串偶然事件的结果。遗传密码的本质决定了任何蓄意的改变都是无效的，无论是它自身的行为还是环境的效果。它的表达产物不影响自身。遗传程序不从经验中学习。

另一个与生物体紧密相关的观念是设计，而且这种关联由来已久。如果生命世界看起来受到了外界的调节，再假定真有一个外在的有超凡能力的神管理着一切，那么，生命的起源或者归宿都不是问题：它们本来就与宇宙万物融为一体。然而，到了17世纪，当物理学建立了自身的科学地位之后，关于生命现象的研究陷入了一个矛盾的境地。自此之后出现了两派阵营，彼此之间的对立日益加深：一派主张从机械原理的角度解释生命；另一派则援引受精卵发育成个体以及动物行为的现象，笃定追随目的论。克劳迪·伯纳德（Claude Bernard）如是总结这个悖论：

> "即便我们假定生命现象是物理-化学现象的延伸——这固然没错，但这并没有从整体上解决问题，因为并非物理-化学现象之间的随机作用就导致了生物体按照一个预定的方案与设计产生……生命现象当然严格依赖于物理-化学条件，但与此同时，生命体之间的关联错综复杂，按照预先设定的法则演替。它们一再重复，以有序、规则、恒定的方式，在动植物个体的组织和生长里实现了和谐。每一种生物、每一个器官似乎有一种先定的设计。若单独考虑，每一种和谐的现象都依赖于大自然的普遍动力；但是，若考虑到与其他生物的关系，它又揭示了一种特殊的关联：某种看不到的力量似乎引导着它的行进，把它带到今天的境地。"

这段引文里的任何字眼直到今天都无须修正：里面的所有论述都能在现代生物学里找到支持。然而，当遗传现象可以用一串化学分子组成的密码程序来描述的时候，悖论便消失了。

对生命而言，一切活动都服务于繁殖。一个细菌、一粒阿米巴、一棵蕨类的梦想，就是变成两个细菌、两粒阿米巴、两棵蕨类。今天地球上丰富多彩的生命体，正是从二十几亿年前至今所有存活过的生物体生生不息的结果。让我们试想一个尚无生命栖居的星球，其中存在这样一个系统，它们具有某些类似生命的特征，可以对刺激作出反应，可以消化、呼吸，甚至可以生长 —— 但不能繁殖。它们配称作生命系统吗？在这个类生命体的世界里，每个个体都代表了长期的艰辛劳作，每一次出生都是一次独特的事件，明天再也不会有第二次。每一次都是重新开始，亘古不变。由于永远受制于一些局部的灾变，这些类生命体转瞬即逝。此外，它们的结构从一开始就完全固定了，不可能再有任何改变。反之，假如出现了一个可以繁殖的系统，哪怕非常糟糕，或者繁殖的过程费时费力，但是它已经是一个生命系统了。只要条件允许，它就会传播。传播得越广，留下的后代就越多。一旦长期的培育实验结束，系统便通过相同事件的不断重复而建立起来，第一步便是最后一步。在这个系统里，繁殖是存在的原因，也是存在的目的。它注定了要么繁殖，要么消逝。有些生物可以代代相继，传承多年而无变化。一些植物甚至存活了数百万年，历经数次循环而亘古不变。海滩上的鲎，和第二地质时代里的祖先的化石一模一样；这意味着，它们的遗传程序从来就没变过，每一代都精确地完成了为下一代复制程序的任务。

　　然而，如果系统中发生了一次事件碰巧"改进"了这个程序，部分后代因此而繁殖得更好，那么，这些后代同样继承了这种有利于繁殖的能力。这样，遗传程序的目的，即繁殖，便把程序变异转换成了适应性因素。变异性是生命系统的一个固有属性，它体现在遗传程序的结构里，也体现在世代之间复制的方式上。然而，遗传程序的改进是偶然事件。只有到后来，当发生自然选择的时候，每一个新出现的生命体才要接受繁殖的考验。"生存斗争"这句著名的口号仅仅代表了繁殖后代的竞赛 —— 在每一代里，竞争重新开始，永无止息。这场永恒的竞赛只有唯一的标准 —— 繁殖力。最多产的生物体在种群和环境之间的微妙互动中自动胜出。因为能繁殖更多的后代所带来的微弱优势，种群在演化之路上渐行渐远。自然选择代表的无非是环境在生物的繁殖上施加的宏观调控。生命世界之所以从无生命的世界演化至今，正是归功于这个要求：要不断地繁殖、繁殖、繁殖，越多越好，越快越好。繁殖的必要性瓦解了系统的惰性，因此成为生命世界里新奇与多样的来源。

　　遗传程序的观念有助于我们区分生物学在生命世界里建立的两种秩序。跟通常的想象相反，生物学并不是一个整齐划一的学科。各式各样的研究对象、五花八门的研究方法以及从业者广泛的兴趣，都促进了生物学的多样性。简而言之，生物学里有两个迥异的趋势，或曰态度。第一个可称作综合论或者演化论。综合论者声称，生物体不能被分解成更小的组成单元，而是更高层次的系统 —— 群体、种群、物种乃至生态系统 —— 的一个要素。演化生物学的关切在于群落、行为、生物体之间以及生物体与环境之间的关系。它在化石里寻找的是现存生命形态出现的蛛丝马迹。它惊叹于生物的多样性，分析生命世界的结构，探寻现存特征的缘由，描绘适应过程的机制。它的目的在于展示何种力量和路径指引生命系统演化为今天的样子。对综合论者而言，只有把器官和功能视为整体的一部分，它们才值得研究，而构成这一整体的不仅仅是生物体本身，还有物种的繁殖、捕食、逃避天敌、交流和仪式。综合论者不相信生命现象的所有特征、行为与活动都可以靠分子层次的结构来解释。对他们而言，生物学不可能都被还原为化学和物理，这倒不是因为他们渴望召唤神秘的生命力，而是因为作为整体的生命系统具有独特性，是单个组成部分所不具备的。简言之，整体绝非简单的部分之和。

与此对应的态度可称作原子论或者还原论。在还原论者看来，生物体确实是一个整体，但是整体必须要通过部分，并且可以仅仅通过部分来解释。他们感兴趣的是器官、组织、细胞和分子。还原论试图只靠结构来解释功能。他们觉察到，在生物纷繁复杂的多样性的背后是组成与功能上的统一性，即各式各样生命现象的背后都是化学反应。还原论者相信，必须要把一个生物体按其组成分解开，并在严格控制的条件下研究。通过调试各种条件，重复实验，控制变量，生物学家才能彻底理解系统，消除不确定性。还原论者的目标在于尽可能把复杂的现象拆解开，进而以物理和化学里典型的精度和纯度来研究各个组分。就此而言，没有哪项生物特征不能最终通过分子或分子之间的相互作用来描述。这并不意味着否认整合或演化所观察到的现象。无疑，整体可能表现出部分所不具备的特征，但是这些特征必然源于其组分自身的结构，以及它们的构造。

这两种态度的区别显而易见。分歧不止在于研究方法和研究对象，还有语言、概念框架以及用来理解生命现象的因果解释。**综合论者感兴趣的是远程原因，事关地球历史以及生物体繁衍了数百万代的演化史。与此对应，还原论者关心的是近程原因，直接作用于生物体的组分、功能以及对环境的反应机制。**许多关于生命体目的因的争论与误会，正是因为混淆了生物学的这两种态度。他们都试图在生命世界中建立起秩序，但综合论者追求的是这样的一种秩序：生命体靠它彼此关联，演化谱系由此确立，物种分化也得以澄清。还原论者则着眼于结构，功能由此确定，活动由此相匹配，进而整合成一个生物体。前者认为生物体是一个巨大体系的基本单元，这个巨大的体系甚至包含了整个地球；后者认为这个体系正是单个的生物体。同样是建立秩序，前者认为秩序存在于生物体之间，后者认为秩序存在于生物体之内。这两类秩序在遗传的层面上相遇——可以说，正是遗传组成了生物秩序的秩序。如果物种是稳定的，那是缘于遗传程序从一代到下一代准确的自我复制。如果物种有所变异，那也是因为遗传程序有时会发生变化。一方面，我们有必要分析遗传程序的结构、逻辑以及执行过程。另一方面，我们也有必要追溯遗传程序的历史，求索它在生态系统里演变的内在规律。无论如何，生命系统的历史和现状都是服务于繁殖这个目的。最小的生物体、最小的细胞、最小的蛋白分子都是二十多亿年演化的产物。如果不能节约资源和能量，一个细胞调控其代谢产物的量还有什么意义？如果不是为了保护其后代，激素对鱼的行为还有什么作用？血红蛋白分子随着氧分压的变化而改变形状，肾上腺细胞分泌皮质，青蛙的眼睛追踪在其眼前飞过的物体，老鼠躲猫，雄鸟在雌鸟面前昂首阔步、搔首弄姿——这些现象都有一个明确的目的。每一个例子里都有一项特征赋予了生物体某种繁殖优势。针对一个潜在的天敌或者配偶调整反应，这正是适应的含义。在演化里，倘若一个遗传程序能使上述适应过程自动进行，那么，这个程序便会相比其他程序占上风。同样的道理适用于通过各种调控系统来学习和适应的行为。在每一个例子里，繁殖都是主要的执行因素；一方面，它是每个生物体的目标；另一方面，它给本无方向的生物体赋予了方向。很长一段时间，目的论之于生物学家就像是一个不可或缺但又不便公诸于众的秘密情人。遗传程序为目的论提供了一个正当的名分。

　　现代生物学试图用分子结构来解释生物体的特征。在这个意义上，现代生物学属于新时代的机械论。遗传程序是从电子计算机里借来的模型。它把受精卵里的遗传物质视作计算机的光盘。它依赖于一系列有待实施的运作，这些运作在时间的流变中有章可循。然而，这两类程序在很多方面也有不同。首先在于其特点：一个可以随意改变，另一个则不行。在计算机程序里，信息可以根据结果而增加或删除；与此相反，核酸的结构却不因后天的经验而改变。两者的区别还体现在扮演的角色以及它们与执行器官的关系。机器的指令不涉及其组成部分的物理构造；与此相反，生物体决定了自身的组分，即执行程序的器官。即使有朝一日，人们造出来一个可以自我复制的机器，它也只是保持问世时的样子。考虑到所有的机器都会耗损，长此以往，必然一代不如一代。不消几代，这个系统便会逐渐失衡，趋于消亡。与此相反，生命系统的繁殖并不是对上一代的重复，而是创造出一个新的生命，开启了一系列事件，让它从初始的样子长成父母的样子。每一代都始于一个有活力的最小单元，即受精卵。它的遗传信息里包含了个体从出生到死亡需要完成的所有遗传指令。此外，遗传程序也没有严格地固定下来。往往，它给行为设置了界限，赋予了生命体做出反应的能力或者获取额外信息的力量。一些现象，诸如再生或者受环境的影响而做出调整，表明了遗传程序的表达有一定的灵活性。随着生物体变得更加复杂，神经系统也愈发重要，遗传指令提供了新的可能性，比如记忆和学习的能力。然而，即使在这些方面，遗传程序依然发挥着作用：以学习为例，遗传程序决定了哪些可能被学习，以及发生在哪些阶段；以记忆为例，遗传程序限制了回忆的性质、数量以及长久性。遗传程序的固定性因指令的不同而有所差异。有些指令是真正意义上的指令，有些则表现在能力或潜能中。然而，归根结底，遗传程序本身决定了生物体的灵活度以及可能的变化范围。

§

　　本书论及的是遗传与繁殖的历史。它涉及了一系列变革，它们逐步地改变了人类所理解的生命本质，包括生命的结构、在演化中的持续性。对生物学家而言，有两种截然不同的方式来考察生物学的历史。第一，历史可以被视为一连串观念的演替，因此，生物学家需要找到线索，梳理出观念如何演变成今天的模样。可以说，这是一种反向的历史，即，从今往前回溯，从当下的理论追溯到它的前身，再到前身的前身，如此继续。这种历史观为观念赋予了独立性：它们好像一个活物，出生、繁殖，而后死亡。因为具有了解释的效力，它们可以传播，可以入侵。因此，这就是一种观念演化，它或者服从于一种以理论阐述及其实际应用为标准的自然选择，或者服从于理性的目的论。以此观之，自然发生论，经过弗朗西斯科·瑞迪（Francisco Redi）的实验遭到损伤，而后重创于斯巴兰扎尼（Spallanzani），最终经巴斯德（Pasteur）之手而寿终正寝。然而，这并没有解释为何斯巴兰扎尼的实验没能说服当时的人们，而一个世纪之后，巴斯德重复了他的实验，仅仅做了微小的调整便一举澄清了事端。关于演化理论，同样也是如此。拉马克可以被视为达尔文的先行者，布丰是拉马克的先行者，麦勒特又是布丰的先行者，如此继续。但是这并没有解释为什么拉马克的观念在19世纪初基本被人忽视，哪怕是像歌德、伊拉斯谟斯·达尔文、若弗鲁瓦·圣提莱尔（Geoffroy Saint-Hilaire）这些为"转变论"

寻找理据的人。

另一种考察生物学史的路径旨在探究研究对象如何变得可以被研究，从而开拓了科学探索的新领域。这样的历史观需要我们分析研究对象的特点、研究人员的态度、观察的方法以及文化背景带来的束缚。概念的重要性取决于它的操作的价值，也就是它对指导观察和实验所起的作用而定。这样，观念便不再是鱼贯而入，顺次登场，构成一条近似于线性的观念演化史，而更像是思想奋力探索的一个场域——在其中，观念试图建立秩序，并建构出一个抽象理念与观察手段、通行做法、时代价值与阐释方式均和谐共鸣的世界观。过往时代拒斥的观念与当前科学承认的观念具有同等的重要性，险阻与坦途也不分轩轾。在这里，知识在两个层次上发生作用。每一个时代都有其可能性的场域，它不仅取决于通行的理论或信仰，也取决于研究对象的性质、研究器材、观察和讨论的方法。正是在这个限度之内，理性才能够辗转腾挪；正是在这个限度之内，观念发挥着作用，诉诸检验，彼此碰撞。在所有可能的论述中，那些与分析结果最融洽的理论胜出——正是这里给个人选择留下了余地。然而，在实然与或然永无止息的对话之中，在追寻每一丝新的可能性的过程之中，留给研究人员的自由空间往往很狭小。个人的重要性随着从业人员数量的增加而降低——一个观察如果今天没被留意到，很可能明天会被另外一个人留意到。很长一段时间，人们设问，如果牛顿只是一个摘苹果的，如果达尔文成了出海的船长，如果爱因斯坦做了水管工人（如他曾经自嘲过的那样），科学会不会是另一番模样？最坏的结果，可能是万有引力理论或者相对论会延迟若干年得以发现。以演化论而言，延迟恐怕微乎其微，因为华莱士几乎同一时间也提出了演化理论。如果一个理论出现得太早，像孟德尔发现的遗传规律那样，没有人会注意到它。当有人开始想到某个理论的时候，有人在别的地方同时也想到了。与此相反，一旦科学理论被接纳，它比其他任何东西都更剧烈地重塑了可能性的场域，改变了人们观察事物的方式，阐明了新的关联或者揭示了新的研究对象。简言之，理论改变了现存的秩序。

　　第二种路径与第一种迥然不同。在这里，它不再探寻理念的光荣之路，重温从"昨非"到"今是"的进步，用今日的理性价值来诠释过去，并从中找出今日观念的萌芽。恰恰相反，第二种路径意味着分析知识发展的不同阶段，厘清变化的过程，并揭示研究对象或诠释框架成为可能的条件。这样，自然发生论被逐渐抛弃的过程也不再是一个线性的进程，从瑞迪到斯巴兰扎尼再到巴斯德。达尔文也不再仅仅是拉马克的徒子，或布丰的徒孙。自然发生论的消亡和生物演化理论的出现是19世纪中叶整个思潮的结果——生命与历史的观念正是在彼时得以发展确立。演化论出现的前提是界定物种，斩断有机与无机物之间的连续性，并消弭生物体从简单演化到复杂的过渡态。最终，因为林奈和居维叶的严格与教条，坚持只考虑确定下来的物种，他们对淘汰自然发生论所做的贡献不比瑞迪和斯巴兰扎尼通过实验作出的贡献更小。居维叶颠覆了生命之链的古老神话，与拉马克在18世纪提出的转变论相比，前者对演化理论的贡献可能更大。

　　生物学里有众多的概括，但堪称理论的寥寥无几。在屈指可数的理论之中，演化理论是迄今最重要的一个：它统摄了多个领域里大量原本各自孤立的观察，把关于生命的众多学科勾连起来，在丰富的生物多样性里建立了秩序，并指出了生物与地球上的其他事物之间的密切联系。简言之，它为生命世界为何如此丰富多彩提供了因果解释。演化理论可以概括为两个最核心的命题：第一，所有的生命体最初起源于一个或几个自发产生的元生命体；第二，物种的遗传过程是由最适应生存的繁殖者通过自然选择而发生的。不过，作为一个科学理论，演化论有一个致命的弱点：它基于历史，因而无法得到直接的检验[1]。尽管如此，演化理论之所以不同于迷信或宗教，而具有科学的品格，是因为它仍有与实验证据相悖的可能。建立这个理论意味着一种冒险，即，有一天它可能与新的科学观察相矛盾。然而，直到今天，生物学里的概括从许多方面都支持、证实了演化理论。一系列的观察和主张都明白无误地说明了这点，比如：所有的生命体都由细胞组成；所有的生命物质均利用相同的光学异构体；生物体的遗传信息都储存在脱氧核糖核酸里；生物体所需要的能量均是一类化合物的磷酸化提供的，而能量的最终来源是化学能或光能。在 20 世纪，生理学和生物化学所展现出的一大主题正是生命世界中组成与功能的统一性。在物种形态以及行为表现的多样性背后，所有的生物体利用相同的材料，执行相似的化学反应，仿佛生命世界作为一个整体利用统一的配方，同样的菜谱，创意只体现在烹饪过程和佐料上。而且必须得承认，一旦大自然发现了最佳配方，它就在演化过程中始终如一地遵循之。对今天的生物学家来说，无论他/她是何专攻，探索何种生物、细胞或者分子，迟早都要援引演化理论来解释其研究成果。其他的生物学理论，比如神经传导理论或遗传理论，一般非常简单，只需要较低程度的抽象。只要出现了比较抽象的实体，比如基因，生物学家就不会就此止

---

1. 译注：由于微生物分裂速度快、生长周期短，在微生物实验中直接观察演化是可能的。比如理查德·伦斯基（Richard E. Lenski）利用大肠埃希菌进行的长期演化实验（*E. coli* long-term experimental evolution project）。

步，而一定要分析出它的物质基础：是颗粒，还是分子？那股劲头就好像如果没有一个明晰具体的模型，生物学理论就无法成立。

然而，生物学研究的最大变化往往是由于新的研究对象进入了研究可触及的视野——这并不总是因为新技术的发明增进了感官的能力，常常也是因为用新的眼光来观察、研究生物，并且用新的方式提出问题，并付诸检验。往往，稍微调整了视角，一个障碍就消失了。之前不可见的某些方面、某些关联，得以从晦暗里显现出来。在18世纪末，人们不需要什么仪器就可以比较马腿与人腿，得出它们的结构和功能相似的结论。从费奈尔（Fernel）创造"生理学"这个名词，到哈维通过实验证实了血液循环，他们手中的柳叶刀，无论是形态还是功能，并没有多大的改进。从19世纪那些研究遗传现象的人们到孟德尔，除了研究对象稍有不同之外，差别在于关注的要点，以及更重要的是，忽略的要点。如果说孟德尔的工作被人们忽视了30多年，那是因为职业生物学家、育种人员、园艺匠们还没准备好接受新的态度。**"那些寻找神的人，才会寻见神"**，帕斯卡如是说——然而他们只会寻见他们所寻找的神。

即使仪器的出现提高了感官的分辨力，这也不过是对抽象概念的具体应用。显微镜是物理光学理论的崭新应用。更重要的是，仅仅"看到"原本不可见的物体还不足以使其成为研究对象。当列文虎克（Leeuwenhoek）第一次在显微镜下观察水滴的时候，他发现了一个新的世界：游来游去的小东西，一个意料之外的微观世界突然进入了研究视野。然而，当时的知识界还不知道可以从中学到什么。他们不知道如何利用这些微芥之物，也不知道它们与其余的生命世界是如何联系起来的。这个发现只提供了一个谈资。这些肉眼看不见的小东西不仅活着，还可以动来动去 —— 为自然之神奇与丰富提供了又一个证据（如果有人还需要的话）。它成了一条娱乐新闻，一个广场和沙龙里的科学八卦，最终成了一个丑闻 —— 在布丰这样的人物看来，这些微芥之物是对整个生命世界，特别是对其中高贵生物的悍然羞辱。一滴水里面怎么可能有上千个生命呢？同样在那个时代，当罗伯特·胡克（Robert Hooke）在显微镜下观察软木塞的时候，他看到了蜂窝状的小巢，他名之为"细胞"。马尔皮基（Malpighi）与其他人在一些植物器官的切片里发现了相似的形状。然而他们还无法得出关于植物结构的任何结论。在 17 世纪末，对生命可见结构的研究仍然拒绝把它们还原到亚单元的水平 —— 对显微镜的新发现表示欢迎的唯一领域是生殖学。在那之前，因为缺乏合适的观察器材，交配及生育的过程一直都很神秘。因此，当列文虎克和哈特索科（Hartsoeker）从各种雄性动物的精液里观察到了拼命游来游去的"小动物们"时，他们马上给它们找到了一个用处 —— 虽然事后发现并不正确。多年以来，博物学者试图把这些"小动物们"要么变成专门负责生殖的执行者，要么变成无足轻重的旁观者。因此，仅仅注意到观察对象，并不意味着它们就可以被研究，我们还需要一个与对象相匹配的理论。**在理论和经验的对话中，理论总是具有优先发言权。理论决定了问题的形式，并为回答框定了界限。巴斯德说，机遇只偏爱有准备的头脑。在这里，"机遇"意味着证实理论的观察是意外获得的。但是，那个让意外的观察得到解释的理论，却早就存在了。**

§

与其他自然科学一样，今天的生物学已经放弃了它曾经怀抱的诸多幻想。**它不再寻找真理 —— 它正在建构自己的真理。**现实被视为一个动态平衡。在生命研究中，历史呈现为波动的曲线，像钟摆一样在连续与间断、结构与功能、现象的一致性与存在的多样性之间摆动。在此过程中，生命系统的结构逐渐显现，一层又一层地被揭示出来。在生命的世界里，跟其他地方一样，问题在于，如让·佩兰（Jean Perrin）所言，"用不可见的简单来解释可见的复杂"。然而，生命系统像非生命系统一样，齿轮里面还有齿轮。生命世界里的结构并不单一，而是彼此嵌套，就像俄罗斯套娃，打开了一个，里面还有一个。在研究可以触及的组织结构之外，还有另一个更高级的秩序，后者综合了前者，并赋予前者以特征。后者只有通过扰动前者才能得到研究。每一次我们发现组织结构的新层次，我们就需要重新考量生物体的构造。自16世纪以降，新的组织结构出现了四回：第一回，在17世纪初叶，可见的结构是器官，我们不妨把它称作一阶结构；第二回，到了18世纪末，细胞成为器官和功能背后的二阶结构；第三回，在20世纪初，染色体和基因成了隐藏在细胞内的三阶结构；最终，到了20世纪中叶，人们发现了四阶结构 —— 核酸分子，生物体各项遗传性状的基础。每一阶结构渐次成为研究的焦点。

本书试图描述的是自16世纪以来这些结构逐渐被揭示出来所需要的条件：从每一次看似重新创造并需要外界力量干预"出生"，过渡到所有生命系统的内在特点 —— 繁殖。从细胞到基因，到核酸分子，不断向内部深入，发现隐藏的对象。每一次发现"俄罗斯套娃"，每一次证明连绵的层次，所造成的都不只是观察与实验的积累。往往，它们表达的是一种更为深刻的变化，即知识本性的变革。

目录

第1章
可见的结构

1573年，安布鲁瓦兹·帕雷（Ambroise Pare）完成了一部关于繁殖的著作，题为《奇幻怪兽录》。他在书中指出："自然总是试图创造跟它自身类似的事物：之所以会有羊身猪头的动物，那是因为一只母羊与一只公猪交配过。"现在再来看这句话，让我们感到惊奇的不是融合不同动物特点的观念——每个人都曾经想过或者画过这样的涂鸦，也不是这只怪物的诞生方式。一旦动物之间交换形态和器官的可能性被接受，交配似乎是繁殖出这类混血儿的最简便的途径。真正令人费解的地方在于帕雷的论证过程——为了说明"后代长得像父母"这一在今天看来再平常不过的自然现象，他所乞灵的"意象"，依赖于某种在我们看来既不可能存在，也有违自然现象规律的东西。遗憾的是，帕雷并没有告诉我们，长着猪头的羊留下的后代长什么样，我们也无从知晓，其后代是否依然是猪首羊身。

彼时，人们还没有意识到自然现象，无论是动物的出生还是星体的运动，可能是受自然规律的主宰。人们还没有区分一般现象的必然性与具体事件的偶然性。马生马，猫生猫——这是再明显不过的事情。人们也不会想到这背后有一套生物体复制自身的机制，就像一台复印机拷贝文件那样。直到18世纪末，关于生物机体发育的词语和概

念 —— 繁殖 —— 才出现。在那之前，生物不繁殖；它们只出生。出生永远是一次崭新的创造，在某个阶段需要神力的直接介入。为了解释在亲子关系之间延续着的可见的结构，17世纪的人们认为，同一个物种的所有个体，在世界诞生之初，从同一个模子里，一步到位地被创造出来。在那之后，后世的生物都等待着各自降生的时刻，没有偶然，也没有意外。然而，在17世纪之前，生物的形成仍然服从于造物主的意志，而不是立足于过去。每一株植物、每一只动物的出生，在某种程度上，都是一次独特的、孤立的事件，与其他生物无关，有点儿像人类创造一件艺术作品。

1.代代相传

从远古时代到文艺复兴时期，关于生命世界的知识变化不大。当卡丹、佛内尔或者阿尔德罗万迪谈到生物体的时候，他们大体上只是在重复亚里士多德、希波克拉特或者盖伦早已说过的话。在16世纪，世界的每一个部分，每一株植物、每一只动物都可以被描述为物质和形式的特定组合。物质都是由四种元素构成，因此一个物体的特点就在于其形式。对佛内尔而言，一件物体的诞生就是一种形式的出现。当一件东西消失，失去的只是形式，而非物质本身；假如物质自身会消亡，那么世界早就因此而消失，或者日渐衰败。大自然之伟力赋予了物质以形式，从而创造了星辰、岩石及生物。然而，大自然也只是一个执行代理，是遵守神的旨意的一套工作原理。当看到一座教堂或者一尊雕像时，人们很清楚，曾经有一位建筑师或者雕塑家存在过，并创造了这些东西。同样的道理，当见到一条河、一棵树或一只鸟时，人们同样知道，一个高级的创造性的神力存在着，而且在创造了这个世界之后，仍然时刻引导着它，保证一切运行得有条不紊。

显然，安布鲁瓦兹·帕雷为了解释羊身猪首而提出的相似性，无法与今日的生物学观念等量齐观。为了理解万事万物，必须留心观察可见的迹象，大自然将其付诸表面正是为了方便人类理解它们的关系。必须留意系统之间的相似性、网络之间的类比性，正是它们提供了探索自然奥秘的途径。如波尔塔（Porta）所言，"神的旨意或许可从万物之间的相似性里推断出来"。为了理解一个对象，必须同时要考虑它与万事万物联系着的相似性。有些植物长得像头发、眼睛、蚂蚱、母鸡、青蛙或蛇。动物的形象出现在星座、植物、岩石里，皮埃尔·贝隆甚至说："在所有动物的形象之中，大自然似乎对鱼的形象格外青睐。"此外，那些不易觉察到的相似性仿佛还有特别的含义：它们是造物主留下的笔迹。如果没有这些笔迹，我们很可能根本留意不到这些相似之处。正是因为这些相似之处和造物主的笔迹，我们才有可能从形式的世界深入到动力的世界。通过类比，"不可见变得可见了"，帕拉塞尔苏斯（Paracelsus）如是说。因为这些相似之处既非百无一用，也不是凭空而来。它们也不只是上天随便开的玩笑。一些生物有共同的特征，那是因为它们有共同的本性。反之，相似的特征也暗示着相似的特点。一株植物如果长得像眼睛，那就意味着它可以用来治疗眼疾。事物的本性隐匿在相似性之中。因此，孩子长得像父母，只是万事万物隐秘关联的一个明显的例子罢了。

生命世界里的秩序与统治宇宙的自然秩序并无不同。一切皆为自然，浑然一体。从帕拉塞尔苏斯献给从医人员的这段话里可见一斑：

"从医人员需要知道，对感觉鲁钝的生物来说，何为利，何为害；对丧失了理性的动物来说，何为喜，何为惧，何为健康，何为病恙。凡此种种，皆法自然，举不胜举：秘方的奇效、出处、本性如何？谁是梅露西娜（Melusina），谁是塞壬（Siren）？何为张冠李戴、移花接木、点石成金？如何择其要害，参透精髓？何物超乎于自然、物种、生命之上？甘或苦，显或隐，本质为何？何为美味，何为死亡？渔夫、皮革工人、硝皮匠、染工、铁匠、木匠的技艺何在？庖厨、酒家、苗圃里藏着什么秘密？观天象、狩猎、勘探地质里有何玄机？为何有人偏爱浪迹天涯，有人安土重迁？和平的村庄是否已经自足？凡夫俗子与方外之人的关切有何不同？政府的起源、本性、诉求为何？如何辨别善与恶、毒与药，阴与阳？如何区分妇人与少女，赭与黄？何为黑、白、赤、灰？色彩由何而来？短与长，成与败，源头为何？"

一个生命体不能只还原到可见的结构，它代表的是联系着万事万物的秘密网络的一个小节。每一只动物、每一株植物不止与其他生灵相联系，也与日月山川甚至与人类的活动相关联，变化多端。它不止是它看起来的样子，还要考虑到它在庖厨里、在天上、在盾徽上，在药剂师、染工、渔夫、猎人的眼里是什么模样。当阿尔德罗万迪（Aldrovandus）谈论马时，他花了4页纸描述它的外形特征，但是他用了接近300页的篇幅详细记录这匹马的名字、血统、习性、脾气、易驯服否、记性如何、友善程度、感恩程度、忠贞程度、慷慨程度、对胜利是否热切、速度、灵活性、繁殖力、同情程度、疾病及治疗史。在这之后，怪兽马出场，接着是天才马、奇幻马、明星马，一并记录的还有何处赢得荣誉、在马术中扮演的角色、披挂的马具、参与的战争、狩猎经历、农耕、生产，以及马在历史、神话、文学、谚语、绘画、雕塑、铸币、盾纹中扮演的角色。

　　生命世界之排布并不以形式为准绳，对生命的排列发生在不同的层面上，依据的也是其他的知识体系。在自然界中，一切看起来都是连续的，人们在其中发现的是层级结构，而非类别。显然，这继承了亚里士多德的分类法。生命体之不同于矿物，所依据的是明显的差异，而其唯一的标准就在于是否具有灵魂。就生命体而言，我们又可以区分出植物、动物和人，其根本不同在于神赋予的灵魂的种类。但是，生命层级里的演进，则靠着它们之间难以察觉的差异得以维系。当不同的生物体具有重叠特征的时候，要区分其先后则非常困难。一只海绵，谁能断定它是植物还是动物？珊瑚 —— 它真的是石头吗？切萨尔皮诺（Cesalpinus）说："正如植形动物既像植物又像动物，蘑菇既属于植物，又属于非生物。"事实上，16 世纪，人们唯一可以毫不犹豫地截然区分的只有人类与野兽。在植物和动物之间，似乎有一段互相重叠的地带，在那里，再显著的差异性相较于相似性也无足轻重。

　　卡尔达诺（Girolamo Cardano）观察到："所有植物的部分，都与动物的部分对应。根对应于嘴，茎的下端则对应于肚子，叶片是头发，树皮则是毛皮，木头对应于骨头，经脉对应于血管，神经对应于神经，基质对应于内脏。"这种相似性模糊了精细的区分，抹平了差异。植物变成了颠倒过来的动物，头朝下生长。切萨尔皮诺认为，植物的心

脏 —— 灵魂的寓所 —— 位于根与茎相交的基部，"这是安放生命力的最合理之处"。

形式之间既然纠缠不清，也就不存在古典时代人们所理解的物种，即代际间所表现出来的可见结构的延续性。生物体繁殖出与自身类似的后代并非必然规律。为了解释生物体的繁殖，人们还需求助于神或者神的代理。要创造出一个生物体，跟万事万物一样，需要结合物质和形式。但是，生命体的属性还要求主宰世界的力量的直接介入。这个纽带依赖于两个中间体：其一是灵魂，它为每个个体所独有，其性质取决于它在存在等级中所处的位置，无法为感觉触及；其二是生命之火，所有生物都有生命之火，而且我们可以感觉到它。

当时的人以灵魂的存在来解释生命体的特征，正如当今以电流来解释雷雨现象。对繁殖而言，最重要的事件就是灵魂植入肉体。这是自然的活动，也是我们今天所说的生物活动。至于生命之火，那正是生命本身的标记。当死亡来临，生命之火湮灭，肉体冷却，尽管形状尚可维系一段时间。"我们仍可辨认出朋友，虽然他的生命已然不在，生命之火已然消失"，费奈尔如是说。生命之火充溢于所有的生物体，"即使是蛇这样的冷血动物，甚至是曼德拉草或罂粟这样的凉性植物，也不例外"。

造物主将生命之火，即生命之源，置于两处。一处是种子，在能够繁殖后代的动植物身上，雄性的种子可以把形式赋予雌性种子里的物质。因此，蒙田说道："吾观乎女子，若孑然一身，则分娩无形无状之肉团；若得天赋异禀之种，则怀天赋异禀之胎。"另一处是太阳。阳光直接激活各个元素，土、水及各种残迹以成万物："蛇、蚂蚱、虫子、苍蝇、老鼠、蝙蝠、鼹鼠以及所有不经繁殖就从腐殖质里自发产生的动物"，费奈尔如是认为。在16世纪的人们眼里，某些生物可以自发产生，另外一些通过繁殖产生，二者同样自然合理。复杂的繁殖过程是为了达到更完美的形式。"自然本可以从腐殖质里产生出所有的动物，"卡尔达诺写道。

> "然而，完美的存在需要更长的时间来完成。因为天气变化的原因，物质变化不居，格外需要生殖巢的呵护；因为这些原因，受精卵和果实需要适当的遮蔽直到它们成熟，因此，繁殖需要由种子完成。"

16世纪的人们为了描述繁殖而借助的模式或形象，源于人类的两种创造性活动：炼金术与艺术。利用热量转化物质正是炼金术士的不二法门。当他们需要水银、硫黄和硝石的新组合的时候，他们去炼丹炉或蒸馏瓶里寻找秘方。腐肉生蛆也是因为它产生的热量。同样，动物留下种子，也归功于肉体里的热量。物质及寓居其中的精神被揉碎了，碾平了，分散在心脏、肝脏、大脑、睾丸里，经由"弯曲、缠绕、蜿蜒如同藤蔓植物的卷须"（帕雷如是解释）。随着它们在"弯弯曲曲、百转千回的身体"里生长，体液以及种子习得了日后生长所需要的品质：旺盛的繁殖力以及分化成骨骼、神经、血管的能力。未知的力量在语言的背后发生作用。多亏了词语，神秘的自然终于做出了让步：因为它所创造的特征已经体现在词语本身里。说出或者写出它们，已经为揭其秘密找到了方式，正如留意到相似性为认识世界开辟了道路。然而，最终，"父母不过是联合物质与形式力量的一个驿站，"费奈尔写道，"在他们之上，有一个更强大的造物主。正是他决定了形式，并赋予了其生命。"统领宇宙的力量创造了生命，正如人创造了器具。因为大自然的伟力，它工作起来就像一个建筑师。石匠与木匠，先垒下房子的地基或者船的外壳，再修建其他的结构，或者像是"一个雕塑师从青铜或者石头里提取出来形式"，又好比一个画家绘出生命。正是从自然中发现的这种相似性，解释了父母与子女的相似性。由此，遗传迂回进入了类比的网络。遗传代表了艺术家留下的遗产，它融合了形式、组成以及品性，却没有物质；它通过种子从一代到下一代重演。"最美妙的事情在于，"蒙田评论道。

> "我们都诞生于一粒种子，而这粒种子不仅承载了祖辈身体的经验，而且也包含了他们的思想和性情！这一粒种子的什么地方可以容纳无数的形式？他们又是如何体现了这些相似性？考虑到其演变的过程如此变化多端、毫无规则，为何曾孙肖似祖父，外甥像舅舅？"

然而，自然的形象总是受到各种力量的影响，特别是当这些力量作用于发育过程中的胚胎的时候。"女人的想象力，"帕拉塞尔苏斯说，"类似于神启的力量，它外在的渴望会在孩子身上留下印记。"在这之后，一切都有了可能。所有的愿景、梦想与印象都能对尚在母胎里的孩子施加影响。父母的每一丝感情都能体现在孩子身上，留下印记。"当母孔雀坐在蛋上孵卵的时候，"费奈尔断言道，"如果她身披白色羽毛，那么她后代的羽毛也是白色，而不是五彩斑斓。类似的，如果她是五彩斑斓，那么她的孩子也将颜色各异……这种现象已被许多人观察到。"

因此，在完美的生命体繁殖其后代的过程中，相似性的网络也随之复制。一方面，遗传保证了形式及性情的重演。另一方面，通过父母的感受或者想象，下一代保留了被外界影响的可能。这样，所有可能的类比都能在孩子身上留下印记。在相似性的游戏里，生命之环宣告合拢。既然宇宙在人出生之前就已经在其身上反映出来，为什么人体不能在宇宙之中体现出来？在这个迂回之途，不可见的力量不断地反映着生命体之间的相似性。于是，形式的不同组合都变得可能：器官、四肢、所有生物体的优化都可以通过彼此之间的取长补短来实现。从细微的变化到无关紧要的差异，再到在蒸馏瓶里混合各种生物体的部件从而制造出怪兽，这个过程并非不可想象。各式各样的中间体都有记载，有"形似樱桃、李子、号角或者无花果"的植物，也有"母马生下来一匹人面小马驹"。

16世纪，关于生命世界的记录里到处是各式各样的怪兽。阿尔德罗万迪或安布鲁瓦兹·帕雷这样的人，他们就此写了一本又一本的书，不仅如此，在每一部生命的史书里，无论是鸟还是鱼，奇幻与日常的动物摩肩接踵。这些怪物总是反映着已知之物，或多或少都跟世界上现存的生物有些类似。简而言之，它们看上去不是像某一种动物，而是同时像两种、三种或多种动物。不同的身体部分对应于不同的动物："熊头猿臂""牛首人身""蛙面儿童""禽首犬身""身披鳞甲的狮子""长着主教之面的鱼"，以及各种可能的组合，不一而足。怪兽之间不乏类似之处，但是这些变了形的相似之处跟自然里所见的特征并不对等。那些可以辨别的组合和印记便不再代表世界的秩序，而只表明了错误是如何发生的。帕雷注意到，"怪兽看起来跟自然的进程相悖"，但并不违逆自然的动力，因为自然不会犯错。尽管人、动物或者植物时常会犯错，包括身体和德行的错误，但这些错误不能归因于规律，因为规律总是一丝不苟地执行造物主的意图。"在我们看来是畸形的东西，"蒙田解释道，"在神的眼里却毫不奇怪。在他创造的众生之中，他能看到无尽的形状。"如果一个女孩生着两个头，或者一个男孩在头上长了"许多小蛇"，那是因为种子过量了。反之，如果一个人生下来缺了胳膊或少了脑袋，那是因为种子不够。如果一个妇人生出来的孩子长了狗的脑袋，那可不是自然规律的错，因为自然"总是复制出它的副本"——错在妇人，她不该放纵自己与动物发生亲密行为。至于不端的想象，如果不是源于罪恶的念头，那又是什么呢？每一只怪兽都是不正当的或者不合乎自然规律的行为（或者念头）的结果。每一次对自然的悖离，无论是肉体上或德行上的，都会结下怪诞之果。大自然同样有道德律。

这些知识看上去荒诞不经，因为它是个包罗万象的大杂烩：观察、假说、推理、古代哲学，以及源自魔法与占星术的信念。尽管如此，这幅图景却十分连贯。每一项基于感官经验的观察都被一个超自然的力量编织进了一个无所不包的网络体系，无论是生命还是非生命，各就各位，各司其职。彼时，知识与信仰密不可分。生命体的形成过程与星体围绕地球转动的过程并无本质的区别。繁殖，无非是神为了维持世界而每天都需要的一道秘方。

2.解密自然

在17世纪和18世纪，即古典时期，人们仍然认为生命体的诞生需借助于繁殖，但是繁殖的作用和地位发生了变化。在不到一个世纪里，可以说，生命体将脱胎换骨。它们会褪去类比、相似性或者神迹的外壳，以其真正的样貌赤裸裸地出现。动物和植物的形式无法再相提并论：旅行家、历史学家、法学家都表达了类似的观念。书本上读到的，或者道听途说的，都不能和眼见之实相提并论。于是，生物体可见的结构变成了分析与归类的对象。既然生物的大体结构在代际之间被忠实地复制，繁殖就保证了形式在时间之中得以维持，物种得以延续。每一个生物体的繁殖不再被视作一桩又一桩的孤立事件。繁殖，成了宇宙规律的一个表现。

　　自 17 世纪伊始，知识的本性发生了变革。在那之前，知识生长在神、灵魂与宇宙里。在古典时期，人们孜孜以求地，不再是借助于神秘的印记来发现大自然的终极目的，而是深入自然，尽人类的心智能力所及，发现连接了不同自然现象的法则。其焦点可以归结为人类和外部世界的对话。"只有两样东西是我们必须考虑的，"笛卡儿写道，"求知的我们与有待被认知的对象。"在人与自然的这种新的关系里，行动的中心变了：神的意愿被人类的心智替代。**问题不再是"自然是如何被创造的"，而是"自然是如何工作的"。**自然科学不再是沉思考据，或者猜谜，而是变成了解密。对伽利略来说，"哲学写在一本永远在我们眼前敞开着的大书里，要读懂它，我们必须首先理解它的语言，并学习这本大书用到的词汇"。对笛卡儿来说，"如果我们希冀解读一段用密码写成的文字，即便它的含义无法直接看懂，我们也不妨提出假说。这样，我们既可以检验我们对每一个字母、单词或者句子的猜想是否成立，又可以对它们进行排列组合，统筹考虑。我们理应能够穷尽所有推理的结论"。对莱布尼兹而言，"发现自然现象的原因，或曰真正的假说，是一门艺术，正如解密的艺术。在这里，一个天才的猜想往往可以大大缩短路程"。从那以后，科学日益摆脱了主宰着万事万物的隐秘的神意，转而用度量工具来衡量大自然，以揭示其秩序。创世者终于被解码者取代。重要的不再是创世之初神的暗语，而是人在寻求理解的过程中发现的秘密。但这两者并不总是一致。笛卡儿举过这样一个例子，"有一封信，里面满是拉丁字母，但是次序乱了一位。如果你想读懂它，必须把A读作B，把B读作C，依次类推；即使这并非作者的本意，但是，假如你以这种方式读懂了这封信，那么，即使你只是偶然猜测到这个窍门，你也不会怀疑这些单字里包含着这封信的真正意图"。正是意思的完整性与连贯性决定了所揭示密码的正确程度。同理，在探究自然的过程中，一个假说（或援引的理由）的解释力决定了它的价值。破解的方法源于组合分解，后者构成了科学探索的基本工具。为了建立思想的字母表，如莱布尼兹希冀的那样，复杂性必须要还原为其组成单元的简单性。正如任何给定的数字必须要考虑成质数之积，任何逻辑程序也必须要还原为基本元素的组合。正是逻辑的组合分解的力量展现了丰富的可能性。

　　任何试图解密自然并揭示其秩序的努力都需要一个确定的根基，即，在探索自然的过程中所用的度量工具不会改变。自然现象的规律性必须得到确认。任何邪恶力量的干预都必须排除在外，包括笛卡儿提到的"狡猾、诓骗、强悍的魔鬼，想要用尽一切手段来欺骗我们"。只有万事万物遵循着确定不移的自然法则运行，自然才可能得到理解。也许果真是神创造了世界，提供了第一推动力，并决定了未来的进展。然而，对今天来说重要的是，这个进展不能再变更，预定的方案不能再改动。如若不然，科学就不复存在。

在 16 世纪之前，神意能够实现人类心智设想到的一切可能。在古典时代，宇宙服从于某种规律性，这是神力也无法改变的法则，而其逻辑则与自然秩序偶联。至于自然定律是否一开始由某些神的旨意所决定，其他的世界里是否可能有其他的定律，运动是从普遍到特殊还是从特殊到普遍，却没有定论。一个无法改变的事实是：世界存在着，且如是运行。万事万物皆有安顿，彼此联系，协调相处。这不是由某种外在、玄奥、人类理性所不及的力量，而是由内在的定律决定的。解密自然便意味着分析现象本身，进而找出规律。第一因被动力因所取代。知识不再奠基于上帝之言，而是基于人类之语。

为了分析研究对象，对其进行组合分解，以理解其中的秩序和尺度，就必须用符号系统加以表征。这个符号不再是造物主留下的、供人类揣摩神意的烙印。它是人类知性的必要组成部分，既是思想为了分析之便的精心构造，也是锻炼记忆力、想象力及反思力的必要工具。在这个符号系统里，数学无疑是卓越的。通过数学符号，连续的事情可以被分解开，进行单独分析，并以各种方式重新整合。伽利略说，自然这本巨著是"由数学语言写成的，它的字符是三角形、圆形及其他几何图形"。在古典时代的大多数时间里，科学仅处理那些可以用数学语言表达的对象，先创造一个几何的世界，然后以分析的形式来表现它。随着牛顿的出现以及几何宇宙观的摒弃，计算褪去了单纯的数学意义，使得探索观察及测量结果、从中推导出自然的法则成为可能。正是对物理现象的代数分析为宇宙提供了综合的法则。只有对物理测量的数学表达才能再度引入一个神秘的力量——万有引力——它的来源并不清楚，但是数学计算需要它把天上和地下的动力学联系起来。物理学在 17 世纪和 18 世纪发挥了举足轻重的作用，原因不仅在于它扭转了我们看待宇宙的方式，并赋予了观察、实验和推理以新的功能，更因为物理学是唯一可以用数学语言表达的自然科学。物理学用逻辑取代了启示，用清晰、准确和连贯的计算，取代了晦涩的经文和叠床架屋的注释。从伽利略到牛顿，物理学为思想在世界中建立秩序的努力提供了合法性。

对秩序的求索起初仅限于数学对象，然后逐渐扩展到所有经验可以涉及的疆域，尽管这些对象乍看起来并不适于这类分析。组合分析，即把复杂还原为简单，把显见的复杂性分解为隐含的简单性，这一方法慢慢地被应用到无法直接测量的对象身上。最多样的对象，物质、存在，甚至性质，最终都可以被分类。让它们各归其位，就意味着，只要可能，就建立一套适用于纷繁的对象或者有待集拢的命题的普适规律，明确其分类；并且，在秩序允许的限度之内，考察规律适用的整个领域。只要能找到一套合适的符号系统表征这些对象并发现其中的关联，就可能建立秩序。因为，如孔狄亚克（Condillac）所说，哪怕有人创造出微积分来仅供自己用，他也得需要所有的符号，跟他打算用来跟别人交流研究对象和计算结果所需要的符号一样多。想象力必须可以用已经创造出来的符号来表达，否则就等于不存在。

3.机械论

在古典时代，生物学研究中的两种趋势日益明朗：一个是医学的后裔，生理学；另一个是致力于给地球上所有生物建立一份清单的博物学。因为当时的思想更倾向于分析可见的结构，博物学得以建立自身的科学地位，而生理学却因缺乏概念与方法而停滞不前。这里，有必要厘清生理学研究中的一系列意识形态上的倾向，这些倾向因从业者、研究对象、研究目标、所观察到的现象而异。但是，我们这里的讨论仅限于在生命体研究中使用的概念，而当时这类概念屈指可数。实际上，在整个古典时期，人们认为生命体的功能只是反映了非生命体的功能。

在17世纪，人类的宇宙观发生了转变：在这个宇宙里，日月星辰遵循可由数学表达的机械规律。于是，理解生命现象并解释其功能只有两条路可以走：要么生命就是机器，关键的部分只在于形状、尺寸以及运动；要么生命现象独立于机械规律之外，但这就意味着放弃已有知识的统一性。面对这个选择，哲学家、物理学家和生理学家没有丝毫的犹豫：自然是机器，就像机器也是自然。笛卡儿写道，"种子长成大树，进而结出果实，这是自然；许多齿轮构成钟表，并指示时间，这同样是自然"。霍布斯认为，动物要么被视作机器，要么是一个四肢被牵拉着的木偶——仿佛被赋予了人造的生命。自然是机器，这并不是隐喻、对照或者类比，而是同一性。日月星辰，鸟兽鱼虫，所有的物体都受制于同样的运动定律。在古典时代，机械论既是自然而然的，也是必不可少的，就如生物学发展初始阶段的活力论。

在19世纪之前，生物与非生物之间并无明确的分野。生命世界可以毫无间隔地延伸到无生命世界，万事万物都是连续的。布丰说道："从最完美的生命到混沌未开的物质，从最有条理的动物到最杂乱无章的矿石，中间都有着环环相扣的中间状态。"彼时，生物与非生物之间尚无根本的区分。通常用到的动物、植物及矿物的分类也无非是给物质世界做一个简单的分类。这样的分类本来也可能是依据物体的有序程度、运动速度或者思维能力，正如查尔斯·博耐特所做的那样。那样的话，分类将用来区分"野蛮无序的事物、有序无生命的事物、有序有生命的生物，以及有序有生命且有思维能力的生物"。分类之间并没有截然分明的区别。"在片状或层状岩石中见到的构造，"查尔斯·博耐特进一步写道，"比如在板岩或云母中所见到的那样；或者在石棉中见到的纤维状石头或构造，似乎代表着无序的事物与有序的事物之间的转换态。"组织体仍然只能代表可见结构的复杂性。在整个 17 世纪以及 18 世纪的大部分时间，人们还未觉察到组织体的特征。器官在行使功能，然而生命的功能是什么，并不清楚。生理学的目的是辨认出身体运行的机理。

因此，在 17 世纪的宇宙中，生物体并不占据特殊的位置，也不独立于宇宙的机械原理之外。在动物之中，只有那些与运动定律有关的功能才可能被研究。例如，动物的骨骼结构和它们的身体体积。如伽利略所说的，"无论是艺术，还是自然"，不可能无限制地增长而不破坏其统一性或损害器官的正常功能，"我相信一只小狗可以背负两三只同等体积的同伴，但我不相信一匹马可以背负哪怕是同样大小的另一匹马"。波若立指出，这同样适用于鸟类的飞翔。显而易见，体重、翼展以及肌肉力量之间必须满足必要的关系才能使鸟儿飞离地面。"人即使有了翅膀也不能飞，原因在于缺少足够强壮的胸肌。"这同样适用于血液循环。哈维说道，"这些纤维，有些近似轮船上复杂且精巧布置的绳索"；三尖瓣"仿佛守门人，位于心室的入口"；心室"用力将流动中的血液排出去，正如球手将反弹回来的球更有力地击回去，而且比简单的击球打得更远"。人们常说，哈维把心脏比作水泵，把循环系统比作水利系统，因此对探索生命世界的原理做出了贡献。

实际上这正好说反了。实情是，正是因为心脏像泵一样工作，它才得以被研究；正是因为循环系统可以用容量、流体与速度来分析，哈维才能针对血液进行实验操作，如同伽利略对骨骼所做的那样。但是，繁殖的问题不包含这种类型的机制，于是，当哈维试图理解繁殖的时候，他就束手无策了。

　　因此，在17世纪，"动物即机器"的理论恰恰是由知识的本性决定的。它代表了费奈尔或者维萨里（Vesalius）始料未及的一种态度。关于机械论的先兆在古希腊人那里也许出现过，比如亚里士多德或者原子论者，但是它们却有着截然不同的品质。首先，古希腊人最重要的关切在于自然对教化的类比意义，而在17世纪，重要的事端在于把主宰世界的动力统一起来。其次，亚里士多德认为，灵魂是生物体内所有运动的源头。然而，对笛卡儿来说，物体的性质只能从物质的构造上来理解。这适用于机械的运动，因为机械部件如此构造的唯一目的就是提供这样一种运动。显然，这同样适用于动物身体的运动，而不必援引"任何惰性或敏感的灵魂，或者其他任何运动和生命的特殊原理；所需要的只是由心脏里熊熊燃烧的生命之火驱动的血液和精神：生命之火与自然之火并无本质不同"。因此，机械论必须要适用于生理学的方方面面 —— 不仅是身体与器官的运动，还包括"感光、感热、听觉、嗅觉、味觉……这些感受对器官的印象，这些感受在记忆里留下的印记或滞留时间，以及欲望与激情的内在运动"。世界上的万事万物不受任何远程作用的操纵、任何可疑的感应、任何通过移情或厌恶带来的吸引或排斥。世间并不存在魔法，一切都可诉诸于物理规律。

　　然而，人们不久就意识到，单单靠机械论并不足以解释生物体的功能。随着生命的复杂性日益明显，把所有的生理特征都归因于力、滑轮、杠杆以及钩子就越发困难。早期的机械论无法解释的观察越来越多。生物体被视为由齿轮组成，而且只能进行特定运动的机器，这势必导致从机器之外来探索其成因与目的。一部机器只能从外部得到解释。机器为特定目的而创造，也只服务于该目的。因此，古典阶段所有试图强化或者限制机械论的努力不是出于当时的科学态度，反倒是因为形而上学。在笛卡儿对生命世界的描述中，他区分了两个疆域：上帝，他创造了世界，给了后者第一推动，之后不再插手；另一个是人类的思想，它的复杂性超过了动物或者任何木偶人可能取得的成就。语言就是一个例子：虽然喜鹊、鹦鹉或者木偶也会学话，但它们不会构造出回答的形式，不会"表现出它们所说的即是它们所想的"。这些要点正是唯物论与活力论所要反驳的。

　　古典阶段的泛灵论有两个要素。第一，它需要给生命赋予更高的价值。生物体在某种程度上总是充满了魔力，难免让人有点儿盲目崇拜。生物汇集了所有自然之力。在生物体内，物质具有神奇的性质：它们被激活、影响、转变。借着一系列的形象、比喻和移情，生命在世界中占据了一个特殊的地位。它总是集万千宠爱于一身。相形之下，无生命的物体则形象干瘪，缺乏色彩。从非生物到生物的演变，从尘土到思想，复杂性逐渐增加，价值逐渐升高。生命世界的现象不仅更复杂，而且更完美。完美是一种如此独特的性质，必须有一个独特的由来。完美很快成为一条解释原则。所有的生命，特别是人类，都有其独特的价值，这体现为两种类型的人类中心论：一个是等级趋于无尽的独立智力；另一个是把人类的特点投射到所有的生命形式之中。一个明显的例子是 18 世纪对蜂巢那令人惊叹的规律性的解释。自古以来，人们对蜂巢所体现出的建筑工艺、规律性及对称性就赞不绝口。到了 17 世纪末期，医务人员和几何学家们开始更仔细地研究它们的结构。他们研究蜂巢的基座，测量它的角度，计算其相互关系。令他们感到惊奇的是，每一间蜂房都跟晶体学家们研究的菱形十二面体吻合，这种对称性恰好也最大效率地利用了蜂房空间。每一间蜂房与另外十二间蜂房毗邻，其中六间在同一平面，另外有三间在上、三间在下，比邻而居，分毫不爽。面对如此高效的构造，有两种可能的反应：或者惊叹，或者寻找其机理。完美可以通过两种方式来构建：第一，像睿欧莫（Reaumur），我们可以把人类的特点赋予蜜蜂。菱形十二面体表现出了蜜蜂的技艺，它们建筑的质量，甚至还有它们的经济意识。睿欧莫写道："我确信蜜蜂偏好使用金字塔形基座的原因，或者说原因之一，在于节约使用蜂蜡；在所有同等体积的金字塔形基座的蜂房之中，最大效率地使用蜂蜡的构造中的菱形内两夹角是 70°和 110°。"可见，蜂巢的经济节约是依赖于严谨的数学知识。然而最终，对蜜蜂的一味褒扬蕴含了对人类的轻慢。在惊叹的同时，人们可以像冯特乃尔（Fontenelle）那样，有所保留地表扬蜜蜂："（蜂巢构造）角度之精确，水平远远超过一般几何学，或属于某种基于未知理论的新方法，诚然令人惊叹。若果真如此，蜜蜂则未免知道得太多了，过分的荣耀对它们自身不利。我们必须承认，是一个无所不能的神让蜜蜂们盲目地执行他的指令。"数学家们也许会承认动物知道一点初级几何，但是微积分 —— 没门儿！

　　与此相反，另一种态度则是不在乎完美与否，而是把令人惊叹的各要素在其合理的位置进行分析。形状和运动本身就足以解释结构的规律性。于是，像布丰，我们可以分析几何构造出现所需的条件。一个相似的六边形常常出现在矿物质和晶体里，特别是在它们形成的过程中。它们有时也出现在生物体里，在反刍动物的胃壁里，在消化过程的微粒里，在某些种子和花朵里。当组成相似的物体在相对的方向上受到大致相当的力时，这种形状才出现。比如，有些鱼的鳞片会同时生长，彼此牵制。它们趋于最高效地利用空间，最终形成了六边形的构型。我们甚至可以对圆柱体或者球体在等力的作用下，进行机理模型的实验。"把一个杯子灌满豌豆，或者其他任何圆柱体形的种子，"布丰说道，"灌满水，封上口；然后加热待水沸腾，（重新打开杯子），你会发现：所有的圆柱体形的豆子都成了六角柱形。原因很简单，纯粹是机械作用：每一颗圆柱形种子，（当浸在水中并受热膨胀的时候）在给定的区域内趋于占据尽可能大的空间；于是在彼此的压缩之下自然就成了六角形。每一只蜜蜂同样在给定的区域内试图占据尽可能大的空间；因为蜜蜂的身体是圆柱形，于是蜂房就成了六角形，同样是受力挤压的结果 …… 人们不愿意看到，甚至从未揣测，这个近似的规律性独独依赖于数量及形状，而不是这些小动物们的智力；它们的数量越多，彼此之间的相对作用力就越强，于是，机械原理上的限制就越强，规律性更明显，最终的结果也更趋完美。"因此，蜂房的形状可以不必依赖任何智力而得到理解，而这丝毫无损于蜂巢之美，或者蜜蜂的诗人品质。

古典阶段活力论还有一个明确的抗衡对象，即笛卡儿式的机械论以及对它的误用，特别是对其逻辑的过分延伸，如霍尔巴赫（Holbach）和拉美特（La Mettrie）所希冀的那样。哈特索科说，研究生命现象但认定"任何事物仅仅依据机械律进行，无须灵魂和心智的帮助"是荒谬的。彼时，泛灵论属于被炼金术和医学复兴了的古老传统。然而，这种形式的泛灵论较少专门留意生命特有的现象，更多是出于制衡唯物论的倾向。起初，它是为了对抗无神论，以及认为偶然才是主宰宇宙力量的想法。它拒绝承认原因"只会带来偶然的结果"，如斯塔尔所说。生物体的完美，它们的特性、繁殖，依赖于一个未知的原则，超出我们的理解力。既然找不到其他途径来解释生物体存在的目的，我们就必须援引一种精神力量，即，执行着神意的灵魂。这个神秘的代理有各种各样的名称：最初是灵魂，然后是智能，甚至是"可塑的自然"。在18世纪末，这个代理的性质发生了细微的变化，变成了"生命力"。彼时，它不再是一个中心原则，立足于生物体的心脏而发挥作用，统摄所有活动：它是包含了生物体在内的一个物质属性，一个分布于全身的原则，寓居在每个器官，每一寸肌肉、神经，赋予它们各自的性质。身体的每一部分都有这种"感情""直觉感知""本能"，作为其活动的基础。然而，对于生命与非生命的区别和生物学的建立而言，虽然18世纪末和19世纪初的活力论是一个决定性的阶段，但是古典时代的泛灵论并未促成知识。这并不是因为泛灵论或者活力论比机械论产生的观察少，而是因为它们的观察极少**依赖于**活力论，或者证实了生命力的存在。活力论总是在观察**之后**才出场，它并未对探索新发现提供帮助，而是为了阐释。指导魏理仕的柳叶刀解剖小脑并探明联结的不是活力论，引导哈特索科在显微镜下发现雄性动物精液里的游动生物也不是活力论。杨·史万默丹（Jan Swammerdam）发现昆虫的变形过程之后，他把它归因于精神以及神恩的规律性——不过这并不重要；对古典阶段而言，重要的是，第一次驱除了围绕在研究对象和生命诸事件周围信念的迷雾，以及狼来了的寓言。生物与非生物必须要摆脱神秘和惊奇；它们必须要置于可见且可分析的范围之内——简言之，必须转化为科学的对象。这也是为什么机械论虽然并不完美，却代表了当时唯一与知识兼容的态度。即使是泛灵论也采用了机械论的核心类比来描述其研究方法。"任何一个决意探究自然现象的人，"哈特索科说道，"就像一个人面对着一台无比复杂的机器，他只能从外部进行观察与研究。"尽管他试图理解机器内部是如何工作的。总之，古典阶段的泛灵论代表的不是科学探索的方法，而是一种哲学和伦理的态度。

诚然，随着牛顿的出现，机械论经历了质变，进入到物质的内部世界，进而为化学的诞生做好了准备。在这幅无生命世界的图景中，物理学融合了运动定律以及物质的微粒性质。物质不再是无限可分的均一混合物，而是包含有限数量的可以分离的粒子，不尽相同且彼此独立。笛卡儿的世界里是物质与运动，牛顿带来了空间，也就是粒子在其中运动的虚空。引力维系着粒子各就各位，并把它们联结在一起，形成一个连贯的世界。引力本身并非宇宙的组成部分。它不在宇宙的建造里，而是在宇宙的组成原子之间，通过彼此依赖的网络勾连起来，为世界赋予了连贯性。在炼金术士那里，把金属与日月星辰联系起来的是星象作用；在化学家那里，则是引力的概念。当物质被混合的时候，它们克服了惰性而在引力的作用下结合。因此，在不同的物体之间，有的结合起来容易，有的则更困难。若弗鲁瓦认为，当两种"有意结合"的物质结合之后，如果有第三者出现，它就"弱化现有的联结"，取代其中一个，而与另一个吸引力更强的物质结合。不同性质的微粒联结在一起的力被称作"亲和力"。它不再是一种炼金术士认为的神秘原理，而是物质的属性——通过取代实验可以测量亲和力的相对大小。

　　渐渐地，具有相同性质的物质族系和群体显现了出来，比如酸碱类。族系内部的各成员都可以与另一个族系里的成员结合。于是，像植物一样，物质也可以被分类；为此目的，必须采用同样的方法学：拉瓦锡（Lavoisier）采用的分类法与进行的实验操作，与林奈（Linnaeus）所采用的一致。无论是对植物还是物质进行分类，都要认识到其关键属性，并循此而命名之。拉瓦锡认为，在物理学里，名称必须要引出观念，而观念必须要描绘事实，因为这三者是"一枚图章的三个印纹"。因为化学也是分析科学，对物体的命名举足轻重："分析方法即是语言，语言即是分析方法。"在此之前，化学术语斑驳芜杂。一些由炼金术士引入的表达，具有某种神秘难解的品质，涵义只有其门徒清楚。还有一些术语的命名，并非遵循着事物的本性，而是因为纯粹偶然的机缘[1]，或者外表特征。化学家们会说起"塔塔粉""砷黄油"或"锌之花"。对拉瓦锡而言，关键在于把分析态度引入化学，而这只能从完善词汇表入手。要从那些无法被化学分析分解的简单物质开始命名。拉瓦锡写道："但凡可能，我都用简单的名字给简单的物质命名…… 以便它们可以表达物质最常见且最独特的性质。"由简单物质结合而成的复合物必须要有复合的名字。随着两两组合的数目迅速增加，必须引入分类以避免混淆。"在观念的自然次序中，一个门类的名字表示的是一群个体共有的特点；与此对应，物种的名字象征着少数个体独有的特点。"比如，酸类名称由两种简单的物质名称组成，一个赋予了它普遍的酸性，另一个则表示它是一种特殊的酸。适用于酸的同样适用于其他物质，金属杯具、可燃材料等。物质可以通过秩序和测量而得以理解，我们可以对之加以分类、命名、测量其属

---

1. 译注：比如发明化合物606的故事。

性，化学因此而成了具有自己的技术、语言和概念的科学。

作为机械论的一种改良版本，化学取得了长足的发展，这也开启了生理学研究的一个新领域。哈维之所以能够在17世纪分析血液循环，正是因为该生理功能几乎完全依赖于运动原理：心脏是一个泵，而血液作为流体遵循流体力学定律。同样，18世纪有两项功能得以用化学的概念和方法来分析，从而进入了研究的触及范围，它们是消化系统和呼吸系统。睿欧莫和斯巴兰扎尼之所以能够开始研究消化系统，因为，如睿欧莫所说，"它的工作原理无非是一种溶质的发酵过程"。胃液了一连串的化学反应，它作用于"皮肉与骨骼，就像王水之于黄金"。同样的方式，拉瓦锡用以理解呼吸，因为鸟儿的呼吸过程跟蜡烛的燃烧过程近似：它们都可以用同样的概念、方法、测量工具来分析。呼吸与燃烧过程的相似性让拉瓦锡把它与其他功能，起码是其他可以用物理与化学概念来考察的功能，联系了起来。最初，他把呼吸与消化系统联系了起来：在18世纪末，人们认识到了燃烧需要消耗燃料，而"如果动物不补充通过呼吸而损失的食物，它们就会日渐衰亡，如同油灯燃尽了油一样"。然后，他把呼吸与循环系统联系了起来：因为燃料需要以某种方式输送给油灯。下一个是呼吸与流汗，因为持续燃烧的时候需要散热。因此，凡是器官执行功能的地方都可以用化学方法研究，即使是大脑和思考过程。"人们可以计算出发表一番演讲，或者演奏乐器相当于消耗了几磅的重量，甚至可以衡量出哲学家沉思、文学家写作或者音乐家作曲所需要的机械力。"

对拉瓦锡而言，动物可以被当作机器来研究。但这架机器的工作原理不再只是形状与运动，而是更加丰富，例如那时候人们已经在青蛙的大腿里发现了电流的现象。描述生物体最好的模型是蒸汽机——它需要供给热量的来源、冷却系统以及协调各组成部分的配件。"动物机器，"拉瓦锡说，"包含了三件主要的调控原件：呼吸，消耗氧气和碳来提供热力；流汗，根据供给热力的多少调整流汗的程度；消化，它给血液补给了因呼吸和出汗而流失的物质。"于是，生理学中不同的领域都可以用物理与化学的方法、概念来研究；同时，由此观察到的相似性以及用到的模型，又反过来剧烈地改变了18世纪末人们看待生物体的方式。一切都合乎生物体的功能，所有的要素彼此关联，所有的组分相互连接。在形式的背后，生理学呼之欲出。一个生物体不只是各个要素的偶联，不只是各个工作器官的并列。它是一个统一的功能体，每一个功能都满足了某项精细的要求。不仅器官之间彼此依赖，它们的出现和构造也是某种必然性的结果；这种必然性，也就是来自于主宰物质及其变化的自然规律。正是这种关联，使部分结合成一个整体，体现出生命的特征。这就是隐藏在可见结构背后的组织。生物体的特点融为一体这个观念由此诞生——在19世纪，它将被称作"生命"。

4.物种

在整个古典时期，人们辨识生物体的可见结构，并加以研究。比较性研究取代了之前的相似性研究。关于事物的知识建立在它们的关联、同一性和差别之上。如果所探究之物与已知之物具有某种共通的"本性"，那么比较研究就不难进行，而且结果清楚。如若不然，那就需要进行细致的分析，从而揭示复杂的组分背后共通的本性。为了建立分析和比较，感官从对象中识别出的属性便不具有同等价值。只有可见的属性才能让我们理解世界，好比我们可以看到星辰，但无法触摸到、品尝到或聆听到它。也许正是因为对生命世界的态度，人类的心智才难以摆脱数百年来因袭下的习惯与成见。它必须扫除"让想象力疲倦"（图恩发语）的层层叠叠的图像，把生物体还原到观察者肉眼所见的范围。直到17世纪末，当所有可疑的类比、不可见的关联、模糊的相似性被果断抛弃——如林奈所说，"（它们）在最低程度的感官看来都不清晰"——利用生物体的可见结构进行分类的博物学才得到发展。

博物学的首要任务是观察并描述生物体。所谓描述，是指如实道出肉眼所见的生物体，拒绝任何"借助放大镜才变得明显"的现象。这意味着把生物体还原为其可见的方面，并把它的形状、大小、颜色和运动表述成语言。描述应避免细枝末节，但也不能对"独特性"或者关键要素匆匆带过，它应当既准确又简洁。林奈说："三言两语可以说清楚的事情大可不必长篇大论。"

博物学要求独特性。这一点既适用于观察者，又适用于观察对象。一个博物学者的首要素质，是能够拒斥既成观念，并知道如何观察。但是，仅仅是观察还不够，还需要懂得取舍，知道哪些是要害，哪些可以忽略。博物学者不能热衷于把生物体当作一个整体来研究。他必须进行分析，研究各个部分，把握关键特征。所研究的对象必须满足探索的条件。显然，植物比动物更容易分析：它更少受到执念与秘象的拖累。动物很难安静下来，或在运动，或在抖动。植物则安静得多，而且把形式与设计都展示给观察者。在动物的外表下潜伏着一片神秘的疆域。在毛皮、羽毛或者甲壳之下，有一个隐秘且费解的世界，器官、内脏 …… 层峦叠嶂、机关重重。相比之下，植物毫无保留，所有的组织器官都一览无余，用途也显而易见。图恩发评论道："如果我们知道各个部分的功能，那么理解机器的组成并记住它们的名字就容易得多了。"

表面上看，一只动物，或者一株植物，都有异常复杂的建筑结构。要从整体上对各种形式进行比较，困难不小。然而，如果我们把整体拆解开，然后单独比较各个部分的相似与不同，那么问题就简单了。植物里可见的部分明细能看出一组线、面、体。只要所观察的性质是合理选择过的，整体的结构可以或多或少地还原成几何形状的组合。不是每一个可见的特点都有普遍性。以颜色为例，它在不同的个体之间差异就很大。林奈说："但凡可能，描述应当只用数字、式样、比例及情景。"因此，要对植物进行比较，就需要对比雄蕊的数目、花萼的形状、花粉囊的位置、雄蕊与雌蕊的比例。最终，每一株植物都可以用一定数量的要素组合及比例来描述。其中每一个要素都可能有无数的变化，不同的要素之间又有无数种组合。于是，植物变成了一类包含了无限可能的组合系统。

要素之间的组合必须合乎秩序并分门别类 —— 这委实是一项精细繁复的任务。困难首先在于生命世界的多样性：在 17 世纪末，已知的生物种类已经过万，而且这个数目还在持续增加；显微镜的出现又进一步扩展了人类的视野。其次，困难来自于生命世界的连续性。在 19 世纪之前，生物与非生物之间还没有清晰的分界，整个生命世界形成一个连续的网络。万事万物皆各归其位，和谐共生。自然界无飞跃。在鸟、兽、鱼之间，自然已经建好了桥梁，扩展了边界线，从而把万事万物都拢集起来，彼此联系，水乳交融。"自然派了蝙蝠在鸟类之间飞行，"布丰写道，"又把犰狳困在甲壳类动物的铠甲之下，她按兽的样子塑造了鲸，又把兽切了半截，造出来海象与海豹，它们在陆地出生，又投身海洋与鲸为伍，好像为了证明所有的生物本是同根生。"生物固然可以分门别类，然而大自然却不认这些门户观念。在相近的两种生物之间，差异小到刚刚好，"以至于再小一点即成了同类，再大一点就出现间断"，让·巴蒂·罗宾奈（Jean-Baptiste Robinet）如是总结。两种生物已经无比接近。两者之间容不下中间状态，也没有虚空。查尔·波奈（Charles Bonnet）说："如果在两种生物之间还有虚空，那怎么还谈得上过渡呢？"因此，从最低等到最高等的生物等级之间，有无穷无尽的中间体。生物体，作为一个整体，形成了一个连续的序列、一个不间断的链条，"蜿蜒地球表面，潜沉海底深渊，凌跃云霄之上，飞往星际空间"（波奈语）。如果博物学者忽视或者看错了生物链上的某些环节，那只能归咎于自己的无知。不同种类的个体之间看起来是如此的接近，以至于从整体来看，生物体很可能"形成统一的整体，并进一步成为宇宙万物的一部分"，安德森（Adanson）如是说。

最后，给生物世界建立秩序的第三个困难在于，如布丰所述，"在自然界中真正存在的只有个体，属、目、纲只存在于我们的想象之中"。从极端的情况来讲，要一丝不苟地研究自然，对生物的分类也要不断分支，以至无穷。那样，所有的个体都将单独成为一个类。然而，那样就扼杀了科学。为了研究植物学，人必须要与自然妥协。图恩发认为，我们有必要"像采集花束一样，采集彼此类似的植物，并与其他不同的植物分开"。这意味着，我们需要在看似连续的地方辨

明"分界线"，发现自然都没有认出来的"间断"。虽然宇宙并不真是
分隔的，但它看上去却是如此。这本身就是分类的一个足够充分的理
由，博物学者的作用正在于发现最明显的间断。"这一最必要的秩序
却不是自然的创造，"冯特乃尔在《图恩发颂歌》里写道，"自然偏好
宏大壮丽的斑驳芜杂，而不在乎博物学家的工作方便；要在自然中构
建秩序，在植物中找到一个系统，还得反求诸己。"

　　为了给植物分类，植物必须先得用符号来表征，也就是说，得命
名。从命名开始，分类就已经开始了。这两项过程紧密缠绕，不可分
割。它们是一个组合体系里的两个方面，命名与分类必须清楚地表达
出可见的结构。二者的交点，即可以看到、用来命名与分类的关键之
处，就是性状。林奈说："植物与名字应当互现：以植物可以见名字，
以名字可以见植物，两者皆是性状的体现。名字记录性状，而植物体
现性状。"性状与结构的细节关联，组成了植物的"适宜标记"。它也
代表了对植物的观察与描述在思想上留下的痕迹。确实，描述即道出
一切，拢集了所有可见的事实。反之，寻找性状意味着从某些个体身
上找到一般特点，可以把它与其他植物区分开来。关键在于，从一系
列可见的特点之中选出特定的细节；这些细节在观念之中与植物密不
可分，而且可以替代详细的图景。通过单一性状进行命名，并在观念
里保持它的独立性 —— 简言之，把植物还原为单一性状，思想把它
从相关图景的无序之中解放了出来，于是思想就能执行分类的工
作了。

　　分类从来都是一个金字塔，是由不同层次的类别组成的等级系统。
每一个类别之下还有一个或更多的亚类。每个等级可以在不同复杂程

度下行使功能：简单的如"精要处理"，类别被还原为一组连续的非此即彼的关键词；更精细一些的，比如"系统"分类，这一水平上的分类又可以进一步分成至少两个亚类。在18世纪，整个生物世界的等级系统包含五个层次：界、纲、目、属、种。越往后，归类的种类越多样；而多样性的来源，林奈认为，是"偶然的变故，一般可以归因于天气、土壤、气温、风象等"。将生物世界分成这五个层次也只是为了方便。任何生物，如果不能直接或者间接地安排进某个层次的归类，那么它的分类就没有完成。

有两种方式可以构建出这种类型的等级结构：或是依据某种逻辑推演，或是根据经验总结。换言之，要么"成系统"，要么"依方法"。比较起来，系统比方法要古老得多。从亚里士多德到经院哲学，系统一脉相承。要构建一个系统，离不开关于自然对象及其关系的特定观念。因此，有多少种观念，就有多少种体系。甚至可以说，有多少个植物学家，就有多少种体系。因为变量如此之多，即使是面对同样的数据，因为精度不同，分类也会不同。所有的体系都试图厘清性状的构造及其逻辑关系，从而更好地服务于分类。如图恩发所言，"人必须求助于组合的艺术，即我们必须把植物的各个部分组合起来，最终的结果既要体现出植物的一般特点，又要与经验相符"。我们可以进而分析这些组合的可能性：参与了更多组合的部分就可以作为分类的基础。可见，分类依赖于主观选择的标准。

与此相反，借助方法则不需要先天概念。对植物细致入微的比较就足以揭示其区别，因此，这只能使用一种方法。它包含了选择作为参照的植物，留意不同植物的差别以及多余的部分。安德森说："要描述一株植物，我首先把植物的各个部分按其细节分成许多小节；遇到新的物种，我会先把它与之前描述过的植物联系起来，再单独描述它们，忽略掉所有的相似之处，而只记录不同之处。"于是，大量的相似性成了背景，差异由此显现出来。从差异的自然分组之中，分界线浮现出来。因为差异有大有小，分界也不同程度地弱化，然而区分还是显现在类别的等级里。

因此，系统与方法是源于不同，甚至相反的原则。虽然步骤不同，但是两者的语言相通，而且结果类似，因为两种路径都支持同样的五层等级建制。在两种情况下，都有一个主观决定的步骤，决定了整个结构的长远基础。由此出现了分类系统都会面对的一般性难题。布丰说："科学史上最困难的一点，在于知道如何正确地区分何为客观实在，何为主观考虑。"系统人士比如约翰·雷（John Ray）、图恩法（Tournefort）、林奈，与方法人士比如麦格诺（Magnol）、亚当森、德朱西厄，对于分类的选择，只能基于这样一个论点：更少人为的决定，更多自然的分类。发现存在于自然中的真实秩序，这就是博物学的目标。为此，必须区分"本质"与"偶然"。

数百年来，从亚里士多德时期到经院哲学阶段，生物群体的统一性都是基于"本质"的概念：种加属差。在古典时期，生物体"本质"的含义与作用都有变化，但是对本质的寻求仍然是分析与分类的大前提。在比较不同植物的时候，关键是本质的差异，而不是那些偶然产生的或者自然规律之外的变数。图恩法说："结构，正是把不同植物区分开来的本质性状。"但是人人都同意，选择性状的时候有很大的臆断成分。因为期望不同，性状可能是植物的任何部位，从某一器官的

"特殊印记"到整个植物的印记总和。对林奈而言，性状分为三类：人为的、本质的、自然的。为了建立不同类型的区分，关键一点是只选择"最有代表性的本质性状"，而拒绝所有因为生长环境、温度、灌溉、通风、阳光而带来偶然特点 —— 简言之，所有因为培植条件的差异而带来的不同。植物的本质即一切自然发生的特点，不因外界作用改变。跟偶然的特点不同，本质必然是客观的。它不依赖于观察，而是自诞生伊始就如此。生物体的本质受制于自然的安排，而不是人类的理性。所有植物皆有本质，这让博物学者的良心得以安宁。这允许他可以"毫不犹豫地"（图恩法如是建议）区分不同的类别，只需考虑是否有效。对林奈来说，植物的本质要素是因"物种不断的繁殖"而产生的。

虽然系统与方法各有其内在逻辑，但是这些逻辑跟现实的自然并不搭界。因此，有必要求助于一个外在的要素：在世代更迭过程中延续的可见结构。博物学者需要把他们的分类奠基于现实的自然，于是物种的概念在17世纪末应运而生。物种的概念之所以特殊，是因为它不仅仅依赖于个体间的相似性，而且也在于繁殖过程中体现出的世代相似性。约翰·雷说道："公牛与奶牛各自的特性，正如男人与女人的特性，是因为这样一个事实：它们由同一对父母所生，而且往往是同一个母亲。"动物与植物结构中的秩序之所以能维持着，是因为结构和它的整体特征，忠实地从父母传递到后代。约翰·雷观察到，一个生物体的特殊形式以某种方式延续到种子里，"没有哪个物种从另一个物种的种子里产生，反之亦然"。如果这个说法成立，那些不育的杂合体和非自然交配产生的"骡子"都要被排除在物种之外。一个物种要保持它的永恒性状，繁殖的过程必须要"连续、持久、恒定"，布丰说道："简言之，要与其他的动物类似"。在这些条件下，生命世界与非生命世界一样，自然的进程得以有序执行：它们都遵循自然规律，而物种不过是自然规律的一个表现。

　　因此，在古典时期，博物学奠基于生物体的世代相似以及由此衍生出的物种观念。事实上，物种在两个层次上使得对生命世界的分类成为可能。第一，既然物种不是只依赖于对可见世界的臆测区分，而是内化了自然规律本身，它就为所有的分类提供了一个共通的、公认的基础；物种正是这一基本单元。物种不像属（genus）那样引起了那么多争论。它为赋予生物之链以秩序的努力、为梳理生命世界里连绵网络的努力提供了合法性。只有在物种"存在"的前提下，关于生物世界的科学才有自然的基础，而不只是人类的想象。第二，物种在代际繁殖过程中的恒常性确保了这一点，今天所见的生命世界确实也体现了生命在原初阶段的样子。林奈说，"关于植物的物种，我们认为这些不同且稳定的植物形式在一开始就被创造出来了"。博物学要想在知识体系里找到自己的位子，仅仅在生命世界里建立秩序还不够。分类必须也要建立当前的生命世界与其起源的联系。物种的概念佐证了生命形式自创世以来即恒定不变的观念。"单一个体在宇宙之中微不足道，"布丰说道，"成百上千的个体依然不足挂齿。物种是自然里唯一的生物体，永恒的生物体，与自然同寿，如自然恒常；每一个物种都可以被视为一个整体，遗世独立；而整个物种又是创世之初的一个单元，因此，它也是自然的一个单元。"

　　因为在生命体之间可能建立起来的关系，总是基于另一套逻辑前提：对图恩法与林奈，它是可见形态的恒定；对居维叶，它是生物体功能的整合；最终，对达尔文，它是演化的筛选。

5.成形

随着物种观念的出现，繁殖成了自然规律的一个表现。然而在古典时代，对繁殖的设想仅限于生物体的可见结构与机械论的规律。与血液循环系统不同，繁殖现象既不能通过测量流量、运动、速度来研究，也无法用杠杆、滑轮或者泵这样的词汇来描述。当哈维投身研究繁殖现象，他并不比来自阿夸本丹特的老师，法布里修斯，做得更好。法布里修斯曾经养了一窝母鸡，然后孵育了很多鸡蛋，每天打开一颗以研究胚胎的状态。哈维研究的是英格兰国王的母鹿，在它们的交配季节，他每天解剖一只鹿来观察子宫内的东西。然而他所能观察到的无非是形状模糊的肉团，黏糊糊的小坨，一点"疤痕"——正是从这个"疤痕"里，心脏、血管、内脏、头和脚逐渐显现出来。哈维不得不牵强类比。雌性因雄性而受精，正如"铁与磁石接触过之后获得了磁性"。或者，子宫之所以看似大脑是因为"子宫因交配而兴奋……类似于大脑因想象或者欲念而兴奋"。因为他在《论动物的繁殖》一书的题词里写下了那句著名的格言——"卵生万物"（Omnia ex ovo），哈维被公认是提出"所有动物都生于胚胎"概念的第一人。然而对哈维来说，"卵"不只是"胚胎"，而是指任何有一定组织的物质——腐肉、朽木、粪便，或者昆虫的蛹；简言之，任何生物体可以从中涌现的东西，无论涌现出的是兽、蝇、虫子还是植物。

在16世纪，自然发生论与种质繁殖论有同样的解释力，因为它们都需要神力直接介入物质。到了17世纪，神秘的力量已经被物质的组织与运动规律所取代：生物形成、物体坠落、星辰运动，都服从同样的规律。诚然，对笛卡儿而言，这没有丝毫的困难。既然组成世间万物的物质本身是一样的，生物体与非生物体的区别只在于物质的组织方式。因此，毫厘之差便足以使物质活化，从而诞生生命 —— 一丁点热或者压力、轻微的摩擦都足以引起物质对自身的作用。"既然创造生命所需甚微，那么从各种腐败的物质里自发产生出如此多的动物又有什么可奇怪的呢？"热与运动必须要缓慢地交替作用于动物的不同环节。无论是在腐肉还是在动物的胚胎里，新生命的形成都不是一蹴而就，也不是一出现就完美无缺，如同罗马神话中密涅瓦从朱庇特的脑袋里蹦出来。物质的秩序是逐渐形成的，一个器官接着一个器官，按部就班，如同一个精密复杂的发条机械。生物总是繁殖出与自身相似的后代，所有的原理都已经蕴含在种质的有序构造里。当谈到胚胎发育的时候，笛卡儿使用的词汇类似于后来拉普拉斯描绘宇宙时的词汇："如果我们知道一只动物的种质里的所有组分，那么根据这些条件，通过特定的数学推理，我们就可以推断出它四肢的形状和形态。"

然而，越来越多的观察都对自然发生说提出了挑战。这个过程是缓慢发生的：当肉眼借助放大镜或显微镜的辅助可以更细致地观察昆虫的时候，可见的结构也变得更加复杂。大幕揭开，背后是一个纤维、气管与神经纵横交织在一起的网络。"一只苍蝇拥有的器官并不比一匹马或一头牛的更少，也许更多，"马勒伯朗士（Malebranche）惊叹道，"马只有四条腿，而苍蝇有六条 …… 牛的眼睛里只有一颗晶状体 …… 而苍蝇的眼睛里有几千颗。"史万默丹和马尔皮基的观察揭示了蚕、蟋蟀、金龟子和蝴蝶的变形过程，这两位博物学家也描绘了它们的性器官及交配方式。所有这些不断积累的观察，都与腐肉生蝇之说相悖。在17世纪，排除昆虫的自然发生说之成为可能，那是因为所需的实验仅仅涉及空气和生物的运动：只需要把肉放在一个密封的容器里便足以避免腐败或者生蝇。弗朗西斯科·瑞迪在关于繁殖的著作中解释道，阅读《荷马史诗》给了他做这些实验的灵感。瑞迪问道，如果腐肉本身就足以生出来昆虫，那么，在《伊利亚特》第十九章，为什么阿基里斯如此忧虑于千万不能让苍蝇沾上帕特罗克洛斯的躯体？为什么他请求西蒂斯保护帕特罗克洛斯的身体不让任何昆虫接触，以免生出更多的虫子败坏死者的肉身？实验表明，阿基里斯的担心是有道理的。"这些虫子都是在昆虫播种之后产生的，"瑞迪说道，"而腐肉无非是动物在繁殖期间产卵的巢穴，并为幼虫提供食物来源；换言之，我确信腐肉本身不能产生任何生物。"这也适用于在人和动物的肠道里生活的虫子。它们并不是从宿主的内脏里生出来的，而是来自于空气或水或食物中的种质，后者通过呼吸或者进食进入动物体内。这同样适用于植物里生出来的昆虫。并不是植物的果实或根或者虫瘿产生了它们，而是昆虫在其中产了卵。到了17世纪末，这一点已经得到公认：虫子生虫子，苍蝇生苍蝇，鳝鱼生鳝鱼。凡有生物体出现的地方，必有与其类似的生物存活过，并孕育了它。从逻辑上讲，自然发生论应该就此消亡了；然而，它很快又找到了一个庇护所：人们用显微镜在排水沟与植物的汁液里发现了一个本来不可见的、且不乏怪诞的"微小动物"世界。进一步的实验还不足以否定它。物种的概念还有待巩固，界线有待厘清，其恒常性还有待建立。

生物繁殖下一代的秘密隐藏在种质里。正是在种质里，形式与运动的原理取代了神秘的力量。成形的能力会出错，母系心血来潮的想象，食物或者梦对胎儿的影响，简言之，所有打乱事物正常运转的白日梦与不规则，都与宇宙里和谐、自然的规律不一致。在17世纪和18世纪，繁殖唯一可以被研究的方面，也是唯一可以被观察（靠着显微镜带来的分辨力）到的，这就是种质的成分。在古典时期，只有在这里才能用图像与微粒来取代原理与德性。当时，一个经常提出的问题是：两性的种质里到底包含的是什么？更确切地说，为什么有的动物是卵生，而有的是胎生？通过解剖躯体，人们发现，胎生雌性的"睾丸"里包含的是一小团类似蛋清的液态物质，而且在动物交配之后它会变黄。仁尼·德哈夫（Regnier de Graaf）甚至发现，这些突起的数目与在子宫里孵化出的胚胎的数量相关。这些突起一直被认为就是卵细胞，直到19世纪胚胎学家们才发现它们其实是卵泡，真正的卵细胞被包裹在里面。无论如何，在17世纪末的观念里，雌性都有卵细胞。斯坦诺（Steno）说："我确信女人的睾丸就是卵巢。"无论新生动物是从蛋里孵出来，比如鸡仔；或者从肚子里降生，比如牛犊子，繁殖的过程是一致的。在山羊、绵羊、奶牛和其他动物里，人们通过解剖发现了同样的生理结构。德哈夫说道："女人体内的繁殖过程也是一样的，因为她们在卵巢里产卵，而且由输卵管连接到子宫里，跟动物体内的构造一样。"尽管女士们为此抗议，为自己与母鸡相提并论而愤愤不平，人们更关切的是卵的产生是否需要交配，处女或者性冷淡的女人是否也有卵，卵是在每月例假的时候产生还是只在"高潮的一瞬间"才产生。

利用显微镜，人们从雄性的精液里发现了不计其数的活物，正如那些排水沟里或者庄稼垛里小虫子一样的活物，向不同的方向游动。在这个新发现的世界里，只有雄性精液里的小动物们能够找到一个位置与目的。排水沟里的小动物们意欲何为颇为费解，人们不知道该把它们视为奇迹还是丑闻。相比之下，雄性精液里的小动物们正好代表了生理学家一直寻找的功能。如果雄性要扮演他的角色，如果种质要取代原理与德性，那么微粒和有组织的图景必须要替代它们。实际上，天上掉下来的馅饼比想象的更大。列文虎克观察到："整个地球上的男人加起来的数量也不如一个男人体内的精子数量多。"当然，他也小心翼翼地指出，作出这个观察并没有牺牲他自己的子孙后代。

雌性体内有卵细胞，雄性体内有小动物：这应该足够制造出一只复杂的动物了。如果有人拒斥接受机体的官能可以逐渐形成，并否认任何神秘力量的介入，如果他希望仅靠运动规律就能组织这些粒子并把它们转化成动物，那么问题是无解的。"两性间的融合不可能产生出如动物的身体那般惊人的作品，"马勒伯朗士说，"一个人也许相信运动与协调的普遍规律足以形成并发展出有组织的身体部件，但是很难设想它们会形成一个如此复杂的机器。"

在一个只从可见结构来认识生物体的时代，要理解繁殖，就必须要解释生物体的主要结构是如何在世代之间维持的。结构不会自己消失，它必须在一代又一代的种质里延续。为了维持形态的连续性，新生命的"幼胚"必须要包含在种质里；它必须要"预成"。幼胚已经代表了下一代的可见结构，它与父母体内的可见结构类似。它是未来生物体的蓝图。这份蓝图并非作为潜能藏在种质的某个有活力的部位，并伴随着新生命的发育而徐徐展开；这份蓝图已经实现了，就像未来生物体的一个缩影。它像一个等比缩小的模型，已经具备了所有的部件，细枝末节各就各位。未来的生物体已经在种质里完整地实现了，尽管它还没有了活力。受精的功能是激活它，并开启生长的进程。

只有受精之后，幼胚才开始发育，向周围扩展，最终变成成体大小。这像日式纸花：买来的时候是干的，一旦浸在水里，它就膨胀、拓展，绽放成最后的形状。植物与动物的情况是一样的：在植物的种子里，植物未来的微缩形式可以清楚地辨认出来：主干、旁枝和折叠在一起的叶片。没有必要在受精与胚胎发育的过程中再为物质赋予生机。每一个生物体都是经由某些已经类似它的东西开始的。动物里的情况和植物里的一样，杠杆、滑轮和弹簧足够确保幼胚的发育，这是生长需要做的事情。幼胚里的每一个原件在各个方向上扩展，微缩的结构于是全面绽放。

　　繁殖的核心问题于是变成了：是雄性还是雌性的种质里包含着幼胚？显然，有两种可能的回答。一种认为幼胚在卵细胞里。于是繁殖力也依赖于雌性，新生命的微缩版在卵巢里韬光养晦，等候着受精的那一刻。在这种情况下，雄性发挥了适度的作用，即精液以某种方式激活了幼胚。事实上，一系列的论证都支持卵细胞对繁殖发挥了主要作用。首先，马尔皮基和其他人在没有孵化的鸡蛋里辨认出了一团形如小鸡仔的东西。其次，公鸡没有凸出来的性器官，它把精液洒在卵子上从而激活了后者。鱼的情况也是一样的。雄性只是把精液洒在雌性孵出的卵上。这也适用于青蛙，它们的交配方式最为独特：雄蛙在雌蛙的背后稳稳地抱住它，持续数周保持这个姿势，没人知道雄蛙是如何使雌蛙受精的。史万默丹认为青蛙跟鱼相似，雄性只是把精液洒在雌性释放的卵子上面。然而，受精是否真能在雌性的体外发生？还有，如何确保幼胚只从卵细胞里产生，而不是来自别的地方？

　　男人也知道，他在高潮的一刹那射出的精液并没有抵达女人的子宫，而是不久就倒流了出来。甚至有不少案例表明，男人的精液没有进入女人的身体，她们也怀孕了。看来，只有那个高度"精神化"的部分抵达子宫，挺进卵巢，而后从专门的孔里穿透卵子。另外一个可能是，男性精液里的"微妙"的部分蜿蜒进入了女性的血管，与她的血液融合，从而引发了"让女人痛苦不堪的磨难"；只有当女人的所有血液受之后，它才抵达卵巢，从而让卵子受精。当然，后代跟父亲的相似性带来了不少困惑；很明显，男性的力量，凝聚在其精液的精神里，对胚胎的发育肯定发挥了作用。胚胎的性状实际上取决于多个因素：幼胚的形式、母亲的活动及孕期的生活方式，以及父亲的精液中激活胚胎的力量。

然而，另外一种可能是，在雄性的精液里游动的小动物才是幼胚的来源。于是，所有的繁殖里都来源于雄性，"这更符合雄性的尊严"。如果可以看到它们在雄性的精液里到处游动，为什么还需要在雌性的卵子里寻找新的活物参与繁殖呢？生物体的繁殖也就是那些小动物们的发育。"每一个小动物里面都包含着一个小小的雄性或雌性动物，它们就隐藏在一层柔嫩的皮肤之下。"哈特索科如是说。于是，雌性的作用仅在于提供幼胚发育所需要的巢穴和营养。它们抵达子宫，挺近卵子，在新的住处寻找到一个合适的安顿处。然而只有一颗精子可以成功穿透卵子，因为"卵子只有一个开口允许进入"，哈特索科说道，"而且一旦有一个进入了，那么开口就会关闭，把其他精子关在门外。"一旦在卵子里安顿好，这个小生命就开始生长，发育，直到长到成熟时才出生。通过仔细观察这些小动物，人们注意到了两种不同的类型。"小动物们是有性别的，"列文虎克认为，"而且雌雄是可以分辨出来的。"许多人试图在显微镜下观察精子里面的小动物的形体，但都无功而返。无论他们怎么努力，始终没有找到隐藏在精子的薄皮之下的形体。因此，人们只能想象那个被困在精子里的胚胎，状如雏形人，腿蜷曲着，脑袋缩在胳膊里，整个小人都包裹在精子里。除此别无选择。幼胚形似鱼或者幼虫，这与自然的规律也一致。谁又能从金龟子的幼虫里认出来成体的形状呢？谁会相信，翩跹飞舞的蝴蝶曾经是只能爬行的丑陋的毛毛虫呢？"毫无疑问"，若弗鲁瓦总结道，"人是从虫子开始的。"

因为缺乏隐藏的二级结构作为佐证，在古典时代，幼胚的预成就成了确保可见结构代际延续的唯一方法。不过，这只是把问题往后推了一步。因为真正的繁殖变成了幼胚在精子里的形成。现在需要理解的是幼胚的起源及其组织结构。此外，难题依然存在，不再寻求神祇的力量也就意味着要诉诸于运动规律，但是它不足以解释幼胚的发育。只剩最后一招了：即，过去、现在与未来的所有生物的幼胚在创世之初就已经形成，它们只需等待受精开启的那一刻。这就是关于幼胚的"先定论"。既然所有的幼胚必须要无限小，即使用显微镜也不可能看到它们。但是，马勒博士认为，"心智不应当在眼睛看不见的地方止步，因为心智需要更富洞察力的眼睛"。

先定论有两种不同的解释方式，取决于等待被激活的幼胚所在的位置。第一种可能：幼胚漂浮在现在的生物之外，充塞于天地之间，如克劳德·佩罗（Claude Perrault）所建议的那样。这些幼胚无处不在：在水里、在人们吃的食物里、在呼吸的空气里，但是它们是如此微小以至于人们视而不见。"繁殖永远不会中止，"佩罗说，"这些小生命种类繁多，不计其数，充塞天地间；因此，有些被带到种子里并不奇怪。"幼胚会选择同一物种的同伴聚集，然后形成一个微小的生命等待受精，而后成长。

　　但是幼胚同样可能藏在生物体内。每一个预成的生命都包含了子孙的幼胚，而这些幼胚又包含了它们的子孙，"子子孙孙，无穷匮也"。在每一粒苹果籽里，马勒博朗士认为："未来所有世代的苹果树、苹果及苹果籽都按其大小比例尽在其中。"同样的道理适用于动物。后世所有人类的幼胚都可以追溯到创世纪，史万莫丹认为它们可能都包含在亚当或者夏娃的耻骨区。一切都取决于幼胚所处的位置，或者在卵子里，或者在精子里。如果幼胚生活在卵子里，那么"最初的雌性动物与该物种的其他所有生物都是一道被创造出来的"；反之，如果幼胚位于精子里，那么"最初的雄性动物与该物种的其他所有生物都是一道创造出来的"。无论如何，这两个版本的成形论都预设了雄性与雌性的幼胚是不同的。既然只有一个包含着所有子孙后代的幼胚，层层嵌套如同俄罗斯套娃，那么从一代到下一代，玩偶的大小递减比例正合乎该生物与其胚胎的比例。一千年之后要出生的胚胎跟九个月之后要出生的胚胎都已经成形了。唯一的区别是大小不同。虽然人类的肉眼看不到这种逐级递减的幼胚，但是这并不意味着它们在自然规律之外。如果人类不知道物质是无限可分的，那这种观点自然听起来不合情理。按照这个原理，成形论应该会保护幼胚，使其在发育过程中免受母亲幻想的作用。然而，一年之后，马勒博朗士就写道："一个妇女参加追封皮尤斯为圣者的庆典，对着他的画像凝视良久，而后她生的孩子长相竟酷似这位圣徒。他有一张老者的脸，唯独没有胡须。他的胳膊交叠在胸前，眼睛望向天堂……这件事情全巴黎的人都目睹了，我也看到了，因为这个孩子在福尔马林里保存了很长时间。"

17世纪的科学家们把知识还原到生物体的可见结构和机械律，因此，真正的繁殖问题，即从物质中构建出生物体的过程，就被归结到了创世纪的领域，他们也就不再过问。科学感兴趣的只能是当前的时代所能认识到的宇宙，即所有创世的成果，以及表述它们运动规律的法则。尽管繁殖仍未被视作子女以父母的形象再形成的过程，但是它已经获得了新的作用与地位。繁殖不再是一个孤立的创造过程，独立于万物，也不再是某个单一意图的直接呈现。一个生物体的繁殖变成了一个漫长规划实现过程中的临时舞台。为了维持物种世代之间的相似性，所有个体的幼胚必须在一开始就按同一种模式、一次性地全部被创造出来。由于出生被视作可见的结构重新建构的过程，它就不可能再受其他因素的影响；于是，唯一的可能就是，繁殖的后世其实也是在同一时刻被创造出来的。父亲、儿子和孙子都是一起被创造出来的。先定论的思想与物种的观念天然地契合。如果在配子里成形的幼胚在创世之际就包含了所有的子孙后代，那么任何外界因素就不可能再干扰繁殖，父母的幻想、违逆自然的罪过也不可能再带来怪胎。一代继承一代，代代相同，因为它们本来就是同宗同源。物种于是变成了一系列幼胚的集合。

因此，成形论与先定论把生物体的繁殖拉回到了与其他自然现象同样的水平。生物体，类似于非生物体，"皆始于创世纪，"莱布尼兹说，"亦将终于湮灭。"宇宙诞生于上帝之手，万事万物完备无缺。神的意志是一切的起源。每一颗星辰、每一粒岩石、每一个将要诞生的生命在创世之初就一劳永逸地确定下来了。在第一推动之后，整个宇宙系统就按照自然规律按部就班地运作下去，不再受任何神力的介入。斗转星移，海枯石烂，生生不息，循环不已。

在整个18世纪，只要生物体被视作可见元件的组合，成形论和先定论就为繁殖问题提供了唯一的解释。它们也是仅有的对冯特乃尔观点的仅有的反驳：

> "你是说动物像手表一样是机器吗？把一只公狗和一只母狗放在一起，最终会生出第三只小狗，但是你把两块手表放在一起，永远也不会生出来第三块手表！"

因此，生命的繁殖是某个计划的成果，无论就其概念还是就其现实，这一计划都和世界的诞生紧密相关。后代所维系的正是可见的秩序，表现在物种和时间中的生命形态要保持连续性，那么，这些形态在繁殖过程中势必也要有连续性。如果鸡蛋里没有鸡的特征，即某些可见的结构，那么它是怎么孵出鸡的呢？谈到幼胚的激活与发育需要何种机制，哈勒（Haller）说："问这个问题，跟问为什么雄性精液会刺激男人的胡子生长同样不合情理。"

在18世纪，博物学者做出了许多细致、耐心又可信的观察，体现了他们的聪慧与技巧。然而，实验设计依然受制于机械论与技术条件。对繁殖的研究因此也局限于这些方法所能认可的方面：比如把四肢分解，甚至大卸八块，然后观察相应的后果。显然，在繁殖的诸多要素当中，最易于用机械论进行分析的是种质本身。精液抵达其自然终点的过程可以被阻断；精液可以被单独采集，然后再与卵细胞混合；精液可以被稀释，可以被加热，来看是否依然保持活性。正是通过这些操作，繁殖可以通过实验来研究，虽然实验技术仍然比较原始。然而，成形论是如此必要，而且又没有任何替代选项，以至于所有的观察结果都被解释成支持成形的胚胎理论。

很快，精子卵子哪个更重要的问题有了结论：来自单性生殖的观察表明卵子更为重要。在睿欧莫的建议下，波奈开始研究蚜虫的繁殖。让人意外的发现是，单个个体就可以产生后代。"拿一只刚出生的蚜虫，"波奈建议道，"马上把它单独隔离出来，最好采取必要的措施避免它与其他蚜虫交配，你要比神话里的百眼巨人阿尔戈斯还要机警。然后你就会发现：当这个独处的小生灵长大了一些，它就开始分娩，不消几日，你就发现它身边已经有一个大家庭了。"

毫无疑问，蚜虫"理应被称为雌蚜虫"，既然生物在"没有同一物种的其他个体交配的情况下"也可以繁殖，那么幼胚显然只能存在于卵子之内。哈勒与波奈都考虑到，蛋黄内部附着的那层膜依然附着在鸡仔胚胎的肠道里。但是，"既然卵子里的蛋黄在受精之前就存在了，这也就意味着幼胚在受精之前就存在了"。显然，只有一个结论：鸡仔的诞生并不依赖于父亲的精液。它的"微缩版"早在受精发生之前就在卵子里存在着！

而精子对于繁殖的作用，却依然模糊不清。布丰考虑到，精子里的那些小虫子是一种类似动物的生命，而不是真正的动物生命。关于这些小动物的"动物性"，也是众说纷纭。即使它们有动物性，那么雄性精液里的这些小动物跟排水沟里的小动物也无法区分。它们无处不在：不仅在雄性动物的精液里，也在雌性动物里（比如发情的母狗），甚至在生肉、牛肉冻、粪便里。这些小动物根本不是什么受精的因子，它们也许只是让精液更均匀，或者增加种质的吸引力。或者，它们纯粹是服务于"肉体的快感"。

　　精液及其中的小动物的作用可以通过简单的机械论的概念来研究，即研究物质与力。通过物理的办法，人们可以阻断物质的转移，但不是力的传递。卵生动物最适于做这些实验，因为人们可以同时收集到受精与未受精的卵。因为青蛙的交配习性特殊，它就是一个特别好的例子。雄蛙与雌蛙抱对，如胶似漆，持续数日。睿欧莫安排了一个忠实的合作者来观察这样一对青蛙伴侣，她目不转睛从始至终地观察了整个过程。"从我刚一开始安排她去做这件事，"睿欧莫说道，"她就盯住了那只雄蛙，眼神再也没有挪开。而几乎同时，她就注意到了一股液体喷射出来，像是烟斗冒出来的一阵青烟。"然而，没有任何证据表明，这股青烟对卵子的受精有任何作用。如果确实有某种物质从雄性转移到卵子，且如果喷射出的液体就是精液，那么，一旦我们阻止了精液接触卵子，它们就应该不育。睿欧莫想出了一个点子，给青蛙穿上一个由胆囊做成的马裤，正好可以套在青蛙的胯部。但是这并没有阻止受精的发生，小蝌蚪还是从卵子里孵出来了，因为青蛙经过一番努力，成功褪掉了它的马裤。斯巴兰扎尼的技巧更胜一筹，他制作的马裤没有被青蛙褪掉。"穿上了这件马裤的雄蛙一样进行交配，但是结果可想而知 —— 没有一个卵子孵出蝌蚪，因为精液都留在马裤里了。"

　　利用这种材料，人们可以在体外单独收集精子和卵子。下一步的想法就是，在体外混合精子和卵子从而实现受精。斯巴兰扎尼写道，"通过模仿两栖动物自然的繁殖方式，实现了人为繁殖新生命的方式"。果然，在把雄性的精液撒到卵子之后没几天，小蝌蚪出现了，并开始到处游动。人工授精制造出了更多的动物，包括蟾蜍、蝾螈、蚕，甚至包括狗：有人用注射器把从公狗身上采集到的精液注射到一只发情的母狗的子宫里。

人工授精为实验分析提供了必要的工具，因为我们可以进行观察并测量。于是，人们可以尝试对精子或卵子进行各种预处理，然后观察它们是否依然可以受精。斯巴兰扎尼于是就能够测定精液里的活性物质到底是什么：是精液里的某种力，还是小动物本身？他先把雄蛙的精液稀释到1升水里，然后发现即使是一滴稀释后的精液仍然有活性——考虑到精液里的小动物的数量众多，这并不意外。然后，他把卵子置于精子之上，但是不让两者接触，这样，卵子也没有受精；于是，他得出结论，受精需要两者的接触，因此"精液蒸气"之说就可以被排除了。然后他用加热的办法把小动物灭活了，然后发现它们仍然可以使卵子受精：于是，雄性精液里的活性成分不在于小动物，而是"激活蝌蚪心脏的力"。当然，斯巴兰扎尼的最后一个实验是有缺陷的，而且这个结论直到大半个世纪之后才得到更正。然而，当时斯巴兰扎尼考虑的是，这证实了卵子里确实存在着一个先定的幼胚，这是一个新的证据，表明了"胚胎里的小机器本来属于雌性，而雄性提供的精液激活了它的运动"。

即使是最直接的观察证据也被否定了。诚然，受精卵里胚胎的发育，完全可以用18世纪现有的技术方法来研究。彼时的观察仅集中于形状和运动，因为当时的问题在于区别"预成"与"渐成"。通过在显微镜下观察一只鸡仔的发育，卡斯帕尔·沃尔弗（Caspar Frederic Wolff）发现了层叠的膜，先是平滑，而后折叠起来，形成了凸起、沟回、管道，器官的大致轮廓开始出现：先是神经系统，然后是导道、消化管道，如此等等。由此可见，生物体的初级结构并非在受精卵里预先成形，而是通过一系列的褶皱、凸起、出泡，一连串机械运动在时空中逐步组织起来的。半个世纪之后，冯·贝尔（Von Baer）从类似的观察里得到了同样的结论。尽管沃尔弗的《繁殖的理论》一书在19世纪将成为实验胚胎学的源头，渐成论在整个18世纪都被人们忽略了。由于没有理论框架可以容纳渐成论，预成论成了繁殖问题的唯一答案。

6.遗传学

尽管18世纪的科学家们不愿意放弃预成论或渐成论的想法，但是他们对这些理论的不完备之处也有所觉察。简单的计算就足以说明问题。布丰认为，单个的幼胚比其成体小10亿倍：假定成体的大小是基本单位1，那么幼胚的大小则是$1/1,000,000,000$，即1×10^{-9}；而第二代的幼胚呢，则是1×10^{-18}；到了第六代，则是1×10^{-54}。然而，相对于宇宙的大小范围，"从太阳到土星"，假设太阳比地球大一百万倍，距土星的距离是太阳直径的一千倍，那么显微镜能看到的最小的原子的大小也不过是1×10^{-53}。也就是说，第六代的幼胚比最小的原子还要小！布丰认为，这太荒谬了。

同样重要的是对再生现象的观察，即某些动物可以由部分生长出整体来，比如波奈研究的水虫、特朗布莱（Trembley）观察的水螅。就像树木抽枝，"这种在淡水里生活的水螅状如牸角，年幼的水螅就在母体身上生长，不断膨胀，直到跟母体分离，然后开始下一轮循环"。随意切割一只水螅，切成片断，乃至剁碎，但是两到三周之后，每一点碎尸都会长成一只完好的新个体，年幼的水螅一样从它身上萌芽。同样地，断了腿的淡水龙虾会再长出腿来，就像蝾螈的四肢，还有蜗牛的脑袋，以及壁虎的尾巴。更重要的是，无论淡水龙虾的哪条腿被切去，无论是整个还是部分被截去，缺失的部分都会分毫不差地长出来。预成论要如何解释这些观察呢？残缺的个体是不是必须要求助于它的后代，借来缺失的部分？睿欧莫认为，我们必须要假定"龙虾的腿上包含了另一条腿的卵子；更不可思议之处在于，腿之于身体，正如卵之于四肢"。尤其让人叫绝的是，一旦新腿长出来，它也可以再次被砍去，又会有一条新腿长出来。新腿跟旧腿一样，也包含着无数的卵子，而且它们都可以正好替代可能被移除的那部分腿！

最后，还有遗传的现象。在那之前，家族的相似性并没有让渐成论的追随者忧心忡忡。如果一个孩子继承了双亲的特征，那总可以用熏陶或者营养的力量来解释。开始引起注意的是相似的规律性。当一个黑人男子娶了一个白人女子，后代的肤色总是混合的，近似于橄榄色。孩子总是继承了父亲的这些特点，母亲的那些特点——身高、脸型、外形和精神方面的诸多禀赋。这样适用于动物们：当公驴与母马交配，它们的后代既非驴也非马，而是骡子。先定论和成形论要如何解释未曾预料到的交配情形呢？莫佩尔蒂（Maupertuis）问道，"小骡子早就在母马的卵子里形成了，它之所以长着驴的耳朵，是因为驴在交配的那一刻把这个特征施加到了卵子身上吗？"显然，莫佩尔蒂认为这是无稽之谈。

然而，虽然遗传现象在 18 世纪有了新的重要性，它们始终囿于单纯的观察，还不是实验操作的对象，至少在动物里还不行。一旦生物体被视作可见要素的组合，进行杂交的动物间再怎么千差万别，人们能期待的也只是要素间的重组。即使当物种的概念已经把犬首人孩或者鱼尾母羊的可能性消除殆尽，生物世界仍然勾连绵延，结成一张无缝的大网，万物在其中各就其位。人们尚不清楚到底是什么给动物之间的交配设置了障碍。尽管如此，人们仍然可以努力去澄清一些以讹传讹的流言，特别是关于近似物种之间的杂交后代。比如，一些奇怪的动物被认为是公牛与母马、公牛与母驴或者公驴与奶牛交配所产生的后代。又或者是公狗与母猫、公鸭与母鸡的孽种。波奈建议斯巴兰扎尼应该把一只"放荡的斗鸡犬跟一群母兔子笼养"。睿欧莫确实把一只母鸡跟一群公兔子在同一个笼子里养过。"公兔子待母鸡如同母兔子，而母鸡接纳公兔子如同公鸡，自不待言。"尽管"热情的公兔子"爱抚有加，而且"这两种本不般配的动物之间相处甚欢"，然而母鸡下的蛋依然没有孵出后代，睿欧莫大为失望。尽管如此，所有这些失败了的实验都强化了这种观念：筛选是物种得以存在的必要条件。

面对失败，睿欧莫退而求其次，他找来同一物种的动物配对，可以通过某些容易识别的特征而区分它们。他精心挑选了两种鸡：一种鸡的"与众不同之处在于，多长了一只特别长的鸡爪"，另一种则是"少了一个重要而明显的部分——没有屁股"。有了这两种材料，睿欧莫设想了一个实验，把各种不同的类型"组合"交配。他解释道，五爪母鸡可以跟四爪公鸡交配；反过来，也可以让五爪公鸡与四爪母鸡交配；类似地，"有屁股"的母鸡可以与"没屁股"的公鸡交配，反之亦然。如果它们生出了后代，根据"鸡仔是否有屁股，有几只爪子"，我们应该就"可以知道幼胚最初是属于雌性还是雄性"。这个实验计划的新颖性在于通过杂交的方法进行分析一两个特殊性状的表现，而不是分析大量的性状。一个世纪之后，孟德尔正是通过同样的方法建立了遗传学。虽然睿欧莫想到了这个杂交的实验计划，他后来再也没有提及实验结果如何。最终，当遗传规律在植物里被阐明，人们才制造出了几株杂交体。结果发现它们同时具有双亲的特征，就像是中间体。库奥尔特（Kölreuter）说道，"就好像酸盐与碱盐结合，然后形成了第三种物质，即中性盐"。一些杂合体是不育的，在它们的后代里，有些祖辈的特征在不断的繁殖中重新出现。所有这些观察都难以与成形论兼容。

18世纪无法通过动物实验回答的问题，在对人类的观察中得到了解答。在人类世界里，虽然关于人与其他物种交配的幻想没有完全绝迹，但某些形态上的独特性能更容易、更可靠地识别出来。观察不仅局限于列举出孩子身上重现的特征是来自父亲，还是来自母亲，抑或两者兼备。对某些解剖特征的家谱调查甚至可以一直向上追溯。莫佩尔蒂讲道："柏林当时有位外科医生叫雅各布（Jacob Ruhe），他生下来一只手就有六根手指、一只脚有六根脚趾。他的母亲伊丽莎白（Elisabeth Ruhe）是这样，他的外婆伊丽莎白（Elisabeth Horstmann）也是这样。雅各布的父亲是正常的，但是他的8个兄弟姐妹里有4位患有六趾症，包括雅各布。1722年，雅各布娶了桑根（Dantzig Thungen）家的索菲亚（Sophie-Louise），这位太太四肢正常。他们育有6个孩子，其中2个男孩是六趾。特别值得注意的是一个叫雅各布二世（Jacob Ernest）的男孩。他的左脚有6根脚趾，而右脚有5根；右手有6根手指，第六根被截去了，左手在第六指的位置有一点疣。根据我对这个家族谱系的仔细研究，六趾症似乎既可以通过父亲也可以通过母亲传播。"

睿欧莫和波奈在马尔塔司家族也观察到了同样的异常现象，调查结果支持同样的结论。对于遗传现象，人们甚至已经可以使用数学语言和方法来描述。为了排除偶然因素对这种异常解剖结构在同一家族里重复出现的影响，莫佩尔蒂算出了随机出现的概率。在一个10万居民的城镇，调查表明只有2人有六趾症。

> "让我们暂且假定，忽略了另外3个六趾症，即，10万人里有5人，子女里有一个六趾的概率是2万分之一。那么，儿孙辈里有六趾的概率是4亿分之一。子孙三代里有六趾的概率是8万亿分之一；这个数字是如此巨大，最好的物理定律也达不到这样的概率。"

在谈论生物体的时候，生理学家已经开始使用数学语言和探索物理的论证方式。偶然规律如果对于无生命可以成立，对生命亦然。

*

在18世纪，博物学者正逐步替代了生理学家，成为研究生物体的新生力量。然而，他们还没有实现自身的独立性，也没有找到自己的方法、概念或语言。一方面，分类学成功地在可见构造的混沌里建立了秩序；另一方面，生理学的进展则揭示出了在深处隐藏着的秩序。但是可见的构造与隐藏的秩序仍属于不同的领域，它们之间尚未有接触点。18世纪的博物学机构绘制了一幅画卷，一个整体的两面，一个生命世界可以嵌入其间的网格。直到 18 世纪末，特别是在 19 世纪，生物体才获得了一个新的维度。到那时候，生物体的表层与内在之间、器官与功能之间、可见与不可见之间才建立起新的关联。

　　随着"繁殖"概念的出现，生物体的成形或者物种的延续便可能摆脱目的论的泥淖。即使当思想从主宰世界的神秘之力中解放出来，转而委身于自然规律，即使人们意识到这些自然规律统制着胚胎的发育，为了解释每个生物体的过去、现在或者未来，仍有必要诉诸于个体的创造力。胚胎的预先存在，在某种意义上表明，单纯通过施加于物质的运动规律，不足以解释繁殖。贯穿整个古典时期，物理学的实验方法很少应用于生命世界，后者依然充满了道听途说的信念和迷信。尽管物种的概念把不同的世代承接了起来，它的边界仍然没有厘清。许多怪物消失了，但是并未绝迹。睿欧莫费了很多苦心，但是仍然有许多伏尔泰所言的"可鄙的冲动"重组器官，再造奇幻的生物以及堂皇的家谱。以杂交为例，人们仍然不知道可能与不可能的界限在哪里。与此同时，物理学成功地统一了天上与地下的动力学，这个榜样彰显了观察与实验在揭秘自然中发挥的重要作用。牛顿在他的光学导论中体现的态度逐渐流传开来——"本书的初衷并不在于提出假说以解释光的特征，而是通过理性与实验来提出设想，进而证明它们"。事实的逻辑取代了系统的逻辑。在研究生命世界的过程中，一些事实，比如昆虫和水螅的再生，或是孩子肖似父母，跟生命在胚胎里预先成形的时兴理论并不吻合。

　　再生的概念正是源于这些观察。再生，最初是用于描述某些动物被切去的四肢重新长出来的现象。如果小龙虾的腿被切断了，新腿会重新长出来。"再生"这个词似乎首次出现于睿欧莫1712年发表在科学学会著作集里的一篇论文，题为《论小龙虾、龙虾以及其他动物里腿与甲壳的再生现象》。这个含义在整个18世纪保留了下来，特别是在波奈的著作里。他在给大百科全书写的"再生"条目中提到："所谓再生，通常的意思是之前存在的部分被损坏之后再次生长。举例：小龙虾的腿的再生。"似乎是布丰赋予了这个说法更广泛的含义。在他1748年出版的《动物自然史》一书里，"再生"不仅意味着残缺部分的重新形成，也有动物繁殖的意思。第二章题为《论一般意义上的繁殖》，其中写道："让我们更细致地考察这项动物和植物都具备的特征，即繁殖出类似自身个体的能力；正是个体连绵不断的存在之链组成了物种的存在。"于是，"再生/繁殖"的概念与物种的观念联系了起来，并得到了广泛的应用。尽管大百科全书里"再生"的条目仅给出了失去的爪子的再生这个例子，"繁殖"这篇文章则表示："这个术语一般意指繁殖的能力；凡有组织的生物皆具备此特征。"即使是先定论的拥趸也谈论再生/繁殖。比如说，波奈在他的《轮回哲学论》里专辟了一章，题为《论有组织的机器优越性之另一特征：各式各样的再生/繁殖》。虽然"再生/繁殖"这个术语被广泛接受，它的意义跟布丰理解的仍不尽相同。对哈勒、波奈、斯巴兰扎尼和18世纪末19世纪初的大多数科学家来说，生物体仍然是由预先成形的胚胎生出来的。

　　布丰跟莫佩尔蒂一样，都在寻找先定论的替代方案来同时解释亲子相似、再生和繁殖。遗传现象看似多姿多彩，然而，对莫佩尔蒂来说，问题的实质在于发现"生殖与延续的一般性自然过程"。对布丰来说，要点在于发现特质背后"繁殖得以进行的机制"。而且这个机制只能是隐藏的，你不可能通过可见构造的延续解释繁殖现象。对莫佩尔蒂和布丰来说，只有一个更高秩序的隐秘结构才能把见的部分联结并组织起来。然而，仅靠牛顿的机械论的帮助，没有必要的技术和概念（这些要到19世纪才出现），这些尝试注定会失败。但是，再生/繁殖的思想对适用于生物体的一般性机制的探求，以及孜孜不倦于透过可见的表层而诉诸于隐藏的结构 —— 所有这些努力共同推动了一个新兴科学的出现 —— 生物学的出现。

第2章
组织

　　只要生物体被视作可见结构的组合，要解释连绵的繁殖过程中延续的结构，先定论仍是最简单、最直接的选择。生命在时空中的线性延续，需要繁殖过程中形式的延续。繁殖的作用在于延续可见的秩序。物种代表了一类严格的实体，不变的整体，一个预设的框架，可供单一个体镶嵌其中。因此，物种理当具有系统的惯性。

　　在18世纪末和19世纪初，经验知识的性质渐渐改变。分析和比较不仅可以用于研究对象的组成部分，也可以应用于探索这些组成部分之间的关系。只有进入生命体的内部，才能逐步理解其存在的可能性。正是各部分之间的相互作用赋予了整体以意义。生物体于是成了三维的实体，内在结构有层次地组织起来，它所遵循的秩序由生命整体的活动所决定。生物体的表层由深层所决定，可见的器官由不可见的功能所决定。形式、特征、行为都是组织结构的表现。正是通过组织结构，生物体与非生物体区别开来。组织结构把器官与功能联结了起来，使生物体的各部分整合成了一个整体，可以应对生存的挑战，并在生命世界里呈现出特定的形式。组织结构于是成了生物里所有可感的特征所遵循的更高阶秩序。在18世纪转向19世纪的过程中，一个新的科学出现了。它不再以分类为鹄的，而以探究生命过程为要旨；它探究的对象不再是可见的结构，而是内在的组织。

1.记忆与遗传学

在18世纪中叶，生物往往被称作"有组织的存在"或者"组织体"。但是，"组织结构"仅用来描述可见结构的组分之间格外复杂的排序：只有在牛顿式物理世界的语境下，才有必要预设一个隐藏的结构。在牛顿的机械论里，可见的表面之下是粒子之间的隐秘组合。物体的内在特点及性质不仅取决于其原子的性质，也依赖于原子之间的吸引或亲和关系。生物体的特性也依赖于其组成的性质和相互关系。对组织体而言，可见结构同样依赖于粒子的排布，在一种类似于地心引力的力的作用下，整体才有了连贯性。

在18世纪下半叶，人们逐渐接受了"生物体由基本单元组成"这种观念。生理学家哈勒致力于分析肌肉与神经的构造与功能；对他来说，一个生物体"一部分是纤维，另一部分则是无数的血小板。它们通过不同的排布，占据不同的微小空间，形成微小的区域，从而把身体的各个部分联合起来"。组织体的基本单元是"纤维"：纤维之于生理学家，正如线段之于几何学家。"最小、最简单的纤维，是经由理性而非感觉才让我们感知到"，这也代表着用手术刀对肌肉、神经及肌腱进行解剖分析的理论极限。所有的器官都是由一种纤维组成。同样的纤维在各个方向彼此交织，形成一个连绵的网络，这个网络把生物体的所有部分联结起来。器官之所以有紧有松，软硬各异，正是由于纤维的交织方式、网格排布或者含水量不同。纤维本身已经具有了复杂的结构，它们之间的联结为生物体赋予了特征。波奈说道：

> "即使是最纤细的纤维也可以设想成无数各具功能的
> 小机器。整个大机器，因此，是庞大数量的'微机器'向着
> 一个目标协同运作的结果。"

生物体由基本单元组成 —— 这一观念的出现并不是解剖学的要求，而是逻辑的要求。"海盐的晶体"，布丰解释道，"是由许多小立方体组成的大立方体；毫无疑问，海盐的基本单元也是立方体"。同样地：

> "动物和植物都可以复制，可以再生；它们都是由类
> 似的有机体组成的组织体；它们的主要成分也都是类似的
> 有机物。它们的物质组成可以通过肉眼看到，但是基本成
> 分却只能通过推理和类比感知到。"

因此，把生物体还原为一连串基本单元，正是物质粒子论的直接延伸，也促成了这个理论的圆满。莫佩尔蒂把生物体的基本单元叫作"生命粒子"，布丰则把它叫作"有机分子"。两位科学家都认为，基本单元之于生物体正如原子之于物体，生命粒子的排布决定了生物体的形状及特性。我们无法肉眼看到这些基本单元肉眼，就像我们无法看到原子，但是逻辑上必须接受，它们代表了所有探索的最终目的；类似于原子，把生命单元连接起来的力被物理学家称作"引力"，被化学家称作"亲和力"，正是这些力把物质或者生命联系了起来；同样类似于原子，基本单元是不可毁灭的。然而，这些基本单元毕竟不是原子，它们是一种特殊的粒子，只存在于生命体之中。而生物体与非生物体在组成上的根本区别，就在于这些基本单元的性质不同。当生

物体死去，组成它的粒子并不消亡。它们只是散开，从而可能形成新的组合，参与新生命的构成。这些生命粒子充塞于天地之间，通过食物或者呼吸进入生物体内，有机分子被留下，"野蛮分子"则被排除。生命粒子最初用于生物体的发育；一旦它们长成，这些多余的粒子就用于形成种质以供繁殖。莫佩尔蒂说，"每个物种的生殖体液都包含了无数的元件，它们通过组合又可以形成新的生物。"

因为，对莫佩尔蒂和布丰而言，生物体的繁殖与它们的基本组成是相互关联的。为了不用先定论来解释繁殖，就有必要求助于隐藏在可见结构背后的秩序，而且，生物体也不再是铁板一块，不可分割的，而是可合并、可分解的"基本单元"的组合。布丰认为："在我们看来，这些部件组合成一个组织体，所以，繁殖无非就是这些相似部分的叠加而造成的形式变化，正如其损坏就是这些部分的分解。"生物体的诞生过程并不消耗任何物质，自然无非是把其他生物死亡之后留下的基本粒子重新组合。在组织体的繁殖过程中，有机分子重新排布，父母的形象得以再生。这是物种独有的一种组合模式，即组织。

因此，在18世纪，人们在物质的粒子结构里找到了解决方案，打破了先定论的僵局。然而，要研究粒子背后的隐藏结构，人们既缺乏理论概念也没有技术手段。比如，组成父母的分子跟那些注定要形成孩子种质的分子肯定是相同的。每个种子都包含了一整套不同类型的分子，以便形成不同的器官。因此，机体的所有部分都参与了种质的形成，贡献了其特征性分子。"实验或许可以阐明这一点，"莫佩尔蒂说，"如果我们连续很多代都截去动物的某个部位，也许截去的部分会逐渐消减，最后甚至会消失。"这个实验已经有人做了，先定论的坚定追随者波奈反驳道：某些部落有切除男性一颗睾丸的习俗，但是新生的男孩仍然有两颗睾丸。

　　微粒之间通过引力聚合在一起，形成了新生命。孩子的每个部分都是由来自父母的同样类型的微粒结合而成的；同等类型的分子之间有巨大的亲和力，所以它们能够识别对方。有人认为，这种"来自双亲的类似分子之间存在吸引力"预见了20世纪的遗传学家们在同源染色体里观察到的配对现象。然而，18世纪与20世纪谈论的是截然不同的东西。对遗传学家来说，遗传性状的组合与它们在后代里的重新排列都是由独立因子介导的；这些独立因子统制着性状的表达，但是在性质和功能上又与性状不同。然而，对莫佩尔蒂而言，种质里的微粒跟其余部分的微粒并无不同。每个种质都包含了与其祖先一样的粒子。自然，孩子肖似父母：他们本来就是由同样的粒子组成。既然同样的粒子在每一代重新出现，于是，性状也就在血统里延续。但是"偶然性，或是某种家族特征的欠缺，有时也会产生其他族群"。正是这样的偶然组合导致了那些怪异的后代：比如生下怪胎，或者一对黑人夫妇生下一个白人孩子。但是，即使18世纪可能设想出一个统制生物特征与形式的隐秘秩序，它也不可能想象出不同层次的结构。彼时，人们尚未区分"家族特征"，机体决定了特殊性状的粒子，种质主宰着繁殖的粒子。

　　尽管如此，18世纪的科学家还是清晰地觉察到，如果父母的形式通过基本粒子的重新组合变成了下一代的孩子，那么它需要某种形式的"记忆"的介入，来引导粒子的重新布局。对先定论者来说，只要所有世代的胚胎形成均归因于创世纪的一刹那，"记忆"的问题就不存在，或者说，在连绵的世代里用于维持可见结构的"记忆"正是结构本身。但是，一旦粒子需要在每一世代里重新组合才能产生父母的形象，那么，这份形象就需要以某种方式得以保存。这一难题有两种解决方案。对莱布尼兹的追随者莫佩尔蒂来说，指导生命粒子形成胚胎的记忆正是心智记忆。物种不仅拥有记忆，而且还有"亲密或疏远的智力"。生命粒子因为亲和力而聚到一起，但是，只有记忆可以告诉它们在胚胎里占据什么位置。每个粒子"仍然记着它之前所在的位置，而且一旦可能就返回原处，于是就在胚胎里形成了同样的结构"。

对于唯物论者布丰而言，情况正好相反：在繁殖过程中保持了父母形象，并决定了孩子体内有机分子位置的，并不是任何物质的粒子有的共同性质，而是一种特殊的结构。如果没有一个模式引导、塑造它们，粒子就无法形成父母的模样。"正如我们可以制造出模具从而随心所欲地塑造物体的外形，自然制造出的模具不仅可以塑造外在形象，也可以塑造出内在形式。"因为生物体繁殖的不仅仅是组成了外在的线、面与体的组合，也包括决定生物体功能与器官的隐藏结构，即内在构造。因此，生物体的繁殖需要布丰说的"内在模具"，这是"模仿机体内部构造"的唯一途径。因为这个论断，布丰常常被同时代的人及后人们嘲笑。实际上，他准确地觉察到并分析出了理解繁殖与生长的最关键的一个困难：在一维或两维上复制结构是可能的，但在三维就不可能了——这个困难直到最近分子生物学的出现才得到解决。布丰选择模具作为模型，因为要复制一个三维物体的最明显的方式是雕塑师用蜡或石膏塑成一件物体。但是蜡只能"感知"到物体的表层，而不能"触及"表层之下，也无法"得知"物体内部发生了什么。因此，在繁殖过程中，模具只能重现物体的表层，除此之外再无其他途径影响物质。于是，以雕塑师的模具来比喻生物的繁殖是不完备的，它缺少了一个内在的模具。用布丰的话来说：

> "或许有人质疑，认为'内在模具'这个表达自相矛盾：模具的概念只能用于表面，而内在模具的概念应当跟内在物质相联系；这就好像有人试图把表面的概念跟内在物种的概念结合起来，把'内在模具'说成'物质表面'。"

理解胚胎发育的过程也遇到了同样的困难，因为器官的生长发生在三维世界，而不是二维的平面。跟流俗观念相反，布丰认为发育的过程不可能只通过表面分子的叠加来实现，而是"借助穿透物质的套叠过程"。事实上，用于生长的物质必须能够进入各个环节和所有维度，它所遵循的是"一定的秩序和标准，如此就不会再出现物质分配不均匀的情况"。

因此，内在模具组成了一个隐秘的结构，一份"记忆"——正是这份"记忆"把物质组织起来，按照父母的样子生出孩子。孩子于是通过"表观遗传"而成形。新的成形并不完全是新的创造（如亚里士多德和16世纪的人们所理解的那样），不是从混沌中重新生出的完整组织，而是靠着父母中存在的组织记忆，在内在模具的绵延之中被保留下来。布丰说，"自然中最恒定的是每个物种的印记或者模具，植物与动物都是如此；最多样、最易变的是组成它们的物质成分"。莫佩尔蒂则想象出来一种特殊类型的生命粒子，它们在一代又一代的繁殖过程中保留了物种的代表性特征。

"粒子的这种本能，是否如同共和精神，分布在身体各处，从而构成了身体？或者，如同在君主制国家中，它们只属于少数？在后一种情况下，这些少数是否组成了动物的本质，而其他部分只是一层包裹或者是某种外套？"

在18世纪，生物体由基本要素组成的观念仍然无法直接诉诸于观察与实验。在当时的条件下，布丰使尽了浑身解数，来证明有机分子存在于自然界，且有能力彼此结合。但是他的结果没有说服任何人。此外，这些不同于原子的生命单元的起源又是什么？尽管布丰把它们的形成归因于物质受热活化，但是，人们只看到了保证其创生的最终原因。对先定论的支持者而言，生命单元仅仅代表了又一个新的理论。它的最直接效果是为自然发生论赋予了新的活力。原因在于，既然有机分子无处不在，而且可以在热的影响下组合，那么，岂不正是这些有机物质本身 —— 布丰称为"宇宙种子"—— 产生出了我们通过显微镜看到的无限怪诞的世界：那些甚至都称不上动物的小活物们，在雨水里、在植物的汁液里、在动物的精液里游荡？在这里，实验本来可以发挥些作用，因为这只涉及一个简单的机械原理。既然加热可以杀死这些小动物，我们就可以把肉汁封闭在一个罐子里，加热，然后检验这些小动物是否仍然会繁殖。尼达姆神甫（Abbe Needham）注意到，加热并没有阻止这些小东西的繁殖。斯巴兰扎尼神甫做了更细致的实验，发现加热过的肉汁里是没有小动物的。但是加热的效果始终是一个可以辩论的话题，因为人们不知道热究竟作用于物质还是活力。"物质"是在肉汁里的小动物身上还是在罐子的空气里？斯巴兰扎尼的实验排除了自然发生的可能，即使是微生物也不例外。但繁殖也需要"繁殖力""生育力"或者叫"弹性"，它们是肉汁还是空气的性质？实验并没有解决这个问题。如何证实这些力的存在？或者，如何证伪？要到下一个世纪，人类的理智才准备好了彻底否认自然发生论。

无论是莫佩尔蒂还是布丰，他们在提出这些理论的时候，丝毫没有打算涉足形而上学。受牛顿的影响，他们希望的是用通行的物理定律来理解生物体的性质。他们之所以提出基本单元、生命粒子和有机分子的概念，正是为了调和机械论的生命观与牛顿式的宇宙观。对布丰而言，无论是生命体还是非生命体，都是基本单元的组合，而"自然可以发挥它无尽的创意"。这适用于生物体，同样适用于化学物质：只有元素具有个体性；化合物都是暂时的组合。于是，研究生物体也就意味着研究基本单元遵循的组合规则。繁殖只是这些基本单元重新组合的方式，就如杂交体身上体现了双方的遗传特征。由此，18世纪的后期萌生了一种新的态度。在生物体的结构、过程和习性的多样性背后，整个生命世界里必须有组成与功能的统一性。想一想呼吸的动物，布丰看到了"同样的基本组织、同样的感觉、同样的内脏、同样的骨骼、同样的肌肉、同样的体液运动、同样的固相作用"。在探索生命体的过程中，重要的不只是肉眼可见的器官，还有它们彼此联结起来的方式，即它们的组织。

2.隐藏的建筑

在整个18世纪，组织仍然只用来描绘结构间的组合与赋予生命以特征的基本要素。然而，到了18世纪末，组织获得了新的作用与地位。随着组织逐渐替代可见结构，它也为单纯描述生命整体与生命功能提供了一个隐蔽的基础。

一方面，人们意识到了生理学的重要性。拉瓦锡的化学分析工作，使得器官及其功能的相对重要性发生了反转，满足机体需求的功能的理念变得不可或缺，功能之间协作的重要性也被揭示出来。如果呼吸是燃烧，每个生物体，无论它的形式习性如何，都必须获得氧气。它必须从食物中得到燃料，运输到燃烧的地方，排出废物，并控制温度，简言之，必须准确地协调一系列活动。因而，肺、胃、心或肾不能单独考虑。生物体的各个部分不是简单地各自行使功能，而是为了整体的共同利益相互依赖。

另一方面，博物学者的态度逐渐发生变化。整个18世纪，物种的解剖结构已经得到单独研究。人们细致地描述狮子、蜜蜂与蝙蝠的生理结构与功能，海量的文献足以证明这一点。然而，到了18世纪末，解剖学不再局限于描述生物个体的各个器官，它们开始尝试把器官与其表现联系起来，并对动物的器官进行横向（比较不同动物的同一器官）和纵向（比较同一动物的不同器官）比较。在道本顿（Daubenton）看来，只研究马腿是不够的，我们还必须把它跟人腿比较，以便确定骨头数量、形状与功能上的相似性。或者，对坎珀（Camper）而言，鱼的大脑和听觉系统必须要跟人的大脑和听觉系统相比较，从而在结构与功能之间建立起联系。又或者，对维克·达济尔（Vicq d'Azyr）来说，必须平行比较肉食动物，比较它们牙齿、胃、爪子以及肌肉的结构，从而揭示它们的关系，阐明稳定性。重要的不再是表层的差异，而是深层的相似。

由此，生物之间的网络关系逐渐显出轮廓。在18世纪之前，性状只是生物体的一小部分，是为了分类的方便而挑选出的独立要素。对物种生命活动相似性的研究，让性状摆脱了孤立状态，成为整体的组成部分。这并不是说用于分类的性状消失了，无论对维克·达济尔还是对斯托尔来说，性状仍然保留着图恩发与林奈所赋予的价值。但是性状不再被单独考虑，而是跟生物体整体的结构联系了起来。"关系总是不完备的，"拉马克说道，"如果他们只考虑一个孤立的方面，也就是说，当他们只考虑一个方面就来决定关系的时候。"于是，重要的不再是性状本身，而是性状之间的关系。只有分析这些关系，才能建立起有待定义的生物体，区分它的分类。对生物体之间相似性与差异性的观察，即使做得非常详细，也已然不够；我们需要大量的比较。歌德写道："心智必须拥抱整体，而后根据抽象推断出一般类型。"器官经过组合分解之后，生物体的逻辑开始显形。

对彼时的博物学者而言，生物体的不同部位对整体的功能不尽相同。为了生活，动植物必须先生存，再繁殖。生物体的所有组成单元的组合正合乎这些主要需求。如果性状被赋予了不同的价值，这不再是纯粹为了分类而做的臆断区分，而是反映了它们在整体结构中的相对作用。因为仅仅统计性状的数量是不够的，还需要考虑它们的"权重"。根据它们在不同动物之间的恒定性，不同性状的"权重"可能相差好几个数量级。比如，第一级的一个性状相当于第二级的好几个性状，如此等等。"在统计性状的时候，"安托万·罗兰·德朱西厄（Antoine Laurent de Jussieu）说道，"不应当把它们视作均一的单元，而是必须依据其相对价值，这样一个恒定的性状就等于甚至大于另外几个的组合。"正是它们在生物体结构中的作用决定了性状的重要性和地位。繁育果实的器官之所以重要，不只是因为它们对分类有帮助，而且是因为它们发挥了重要的作用 —— 繁殖，而这反映了整个植物的结构。拉马克在《植物的繁育》一书中写道，"必须特别注意繁育果实的器官，即果实、花朵以及它们的附属器官。这个原则首先依赖于这些器官的显著性：它们包含了子孙后代的蓝图。其次，跟其他器官比起来，繁殖似乎居于中心地位。"性状之间的从属关系反映了结构的等级关系。

因此，在 18 世纪末，内在与外在、表层与深层、器官与功能的关系都发生了转变。通过生物之间的比较，位于生物深处并使它运转的关系成为分析的对象。在可见的形式之下，人们瞥见了生存法则塑造出的隐秘建筑。这就是第二阶结构，即组织。它把可见的与不可见的勾织成一个连贯的整体。对拉马克来说，"要合理并自然地探索动物的分布，组织是最重要的引导"。它为探索指明了方向，因为"动物里重要的关系，总是由内在的组织决定的"。组织使得我们可以纵观整个生物世界，把握复杂中的秩序，因为"各个类型的动物应当包含其独有的组织系统"。通过这种方法，结构的差异与功能的统一就在同一个框架内有条理地展现出来。组织为生物体赋予了内在法则，这一法则进而决定了其生存的可能性。

于是，组织的概念在生物世界里占据了核心地位，这带来了好几个结果。首先，生物体被视作一个整体，整合了不同器官的不同功能。在一个生物体中，我们需要考虑的不是各个单独的部分，而是整体，"全部组织形成的构造"（拉马克语）。如果说不同部分具有不同的价值与重要性，那也是相对于整体而言的。在最简单的组织形式里，这体现得最明显。拉马克讲道:"特别是在昆虫里,人们可以观察到对维系生命最关键的器官均匀分布于身体各处,而不是局限在特定的位置,最完美的动物同样也是如此。"

其次,组织的概念深化了18世纪出现的一个想法,即生物体不是在真空中孤立存在的一个结构,而是与自然融为一体,形成了多方面的联系。生物体要生存、呼吸、觅食,负责这些功能的器官及其外在条件需要具有某种程度的协调。这就是拉马克所说的"情境",意指在地上或水里的栖居之所,包围生物的土壤、气候以及其他生物,简言之,它们生活环境的多样性。

最后,组织的概念给世间万物带来了崭新的、革命性的分类。在这之前,传统的分类方法把自然界分成动物界、植物界和矿物界。在这个分类里,事物跟生物息息相关;这种观念体系在矿物与植物之间、植物与动物之间都有天然的衔接。在18世纪末,帕拉斯(Pallas)、拉马克、维克·达济尔、德朱西厄和歌德把"自然之物"分成两类,而不是三类,其唯一的标准就在于是否有组织。早在1778年,拉马克就写道:

> "人首先留意到大量的物体由基本的、无生命的材料组成,这些材料的组成排布会渐趋复杂,但没有任何内在的发育原则。这些物体一般被称作无机物或者矿物……另外一类物体,它们有不同的器官执行不同的功能,体现出显著的生命力,而且可以繁殖出与其相似的物体,我们一般把它们归为有机物。"

　　从此以后，世界上只有两类物体：无生命、无活力、惰性的无机物与呼吸、觅食、繁殖的有机物；后者生存，并"注定死亡"。组织，成了生命体的特征。生物彻底与非生物区别开来。

　　一旦生物体与其他的物体分离开，并经由组织而统一起来，生命世界与非生命世界如何产生的疑难也区别开来。如拉马克所建议的那样，不必再假定全部或多数生命形式一旦创造出来就有全部的复杂性，它们也可能通过一系列连续的变异而依次产生。因为自然的进步倾向在生物体的结构上表现出累积效应，所以，生物体在空间里的连续排布是由它在时间中的连续转变造成的。生物体以及它们多样性的出现，都依赖于这一特征：生物体能够变异，也可以适应。

　　新的科学逐渐浮现出来。对这门科学而言，植物或动物不再被看成是大自然中的不同类别，而是被组织赋予了特定性质的生物体。几乎与此同时，拉马克、特里维兰纳斯（Treviranus）和奥肯（OKen）开始使用"生物学"这个词来定义这个新科学。拉马克说道：

　　　　"一切植物和动物，以及单独适用于生物体的功能，无一例外，都属于生物学独特且宽泛的范畴：因为刚刚提及的这两类生物，本质上都是生物体，并且是地球上仅有的具有这一性质的两类生物。关于生物学这项考虑与动植物本性的差异无关，它们只是各自具有不同的状态和功能而已。"

　　名正则言顺。新科学在19世纪逐渐发展出了它自己的一套概念与技术，虽然生物体有不同的形式、特征及习性，但所有的生物系统都有共同的特征，正是这些特征组成了"生命"。

3.生命

在古典时期的唯理论看来，知识依赖于客体和主体的相符，依赖于事物及心灵中事物的形象表象的一致。在18世纪末期，随着康德提出所谓的"超验领域"，主体在探究自然的过程中发挥的作用愈发显著。先定和谐被抛弃，认知的官能支配着有待认知的对象。为了揭秘自然，发现规律，单单寻找生物与非生物之间的相似与差异，进而编制进一个二维的分类系统已经显出其不足之处。经验材料必须组织起来，在不同的水平相互联系；所依据的原理是一些共通的，既依赖于知识又超乎于知识的要素。正如在每一个经验领域，单靠内在分析不足以解释整个生命世界。生命本身成了参照系和超验之物，意识因而得以把不同的存在和同一存在的不同要素与表象联系起来。生命的概念让生命世界的研究能够获得后天（*a posteriori*）真理，并实现综合。

组织的观念从此成了理解生命的一个不言自明的环节，但是，如果缺少与生命一致的目标，它就难以理解。这个目标不是来自于外部，为了满足让灵魂（Psyché）具有繁殖力而强加上去的，相反，它源自于组织本身。正是组织与整体的观念，让目的论成为必要，以至于结构与目的难分难解。康德认为，如果有人在沙滩上看到了画出的几何图形，那么他就可以确定，这一图形的要素绝不是偶然聚集在那里的。各个部分似乎是由外在的关系结合起来，但是正是整体赋予了其连贯性，在无序之中体现了有序。一旦听任风吹雨打，沙滩会趋于平整，图形也会消失。图形的成形与维持只有通过内在动力才能抵抗偶然与破坏。一个有组织的自然物体既是目的，也是手段。歌德说，"每一个物体，都包含了它存在的原因；所有的部件彼此作用 …… 因此，每一只动物在生理学的意义上都是完美的"。可见，生命世界的目的论正是源于生物体的概念，因为生物体的各个部分必须彼此联系，形成整体；因为，如康德所言，生物体必须"自组织"。这样，康德就以稍微不同的方式重新发展了冯特乃尔提出的手表论证。一块手表，每个部件都帮助了其他部件的运动，但是一个齿轮绝不产生另一个齿轮。一个部件**为了**另一个而存在，但不是**因为**另一个而存在。制造齿轮的原因不在齿轮的本性里，而是在工匠身上，工匠外在于手表，但可以把他的思想付诸实践。手表无法再生丢失的部件，无法替换损伤的部件，也无法在时间不准的时候校正自身。因此，有组织的生物体不是一架简单的机器，因为机器只有运动的能力，而生物体自身便包含了构造、调控以及在自身的组成成分之间产生关联的能力。

只要古典阶段的主要关切在于证明宇宙的统一性，生物体就必须遵循统制着非生命体的机械律。要解释生物体何以产生出生命力，人们参照的是在固体和流体中发生的持续运动。彼时，生命的概念尚未存在，从大百科全书的定义里可以看出这个几乎自明的真理：生命"是死亡的反面"。在 19 世纪初，重点在于界定生命的特征。对生物体的研究不能再被视为物质研究的一个延伸。分析生物体需要新的方法与概念，也需要新的语言。因为关于组织体的科学当时所使用的语言传递的仍是物理科学的观念，并不适用于生物学现象。"如果生理学在物理学之前就发展出来"，马利·弗朗索瓦·泽维尔·比沙（Marie François Xavier Bichat）说道，"我确信，人们会把前者应用于后者；

人们会把河水的流动视作河岸的辅助作用，晶体的形成视作它们彼此感觉的激发，植物的摆动视作远距离的作用。"

在19世纪，用重量、亲和力和运动来描述生物体的功能已经不再合适。为了维持机体的连贯，保证生物体的秩序不同于非生物体的无序，必须要有一个特别的性状，康德称之为"行动的内在原则"，换言之，必须要有生命。

对于刚出现不久的生物学而言，组织的观念既解释了何者让生命成为可能，也解释了何者由生命决定。尽管生命是一切生物的来源，但它却不能通过分析生物的特性与功能来得到理解。它是赋予组织体以本质特征的玄奥之力，把自身的分子拢集在一起，不受外力的影响而分崩离析。如居维叶所说，正是这份魔力赋予了年轻女子以容颜：

> "那丰满的曲线、大方的仪态、温润的热情，那性感的泛着玫瑰红的脸颊，充满爱意与灵气的眼神，因激情的火花或者聪敏的思绪而活泛的面相。但是，一个瞬间便足以摧毁这份魔力。"

生物体同时受着各种因素的影响，既有生物也有非生物因素，而这些因素往往对它不利。为了抵御这些作用，就需要某种反作用。生命正是这种抵御损坏的反作用。对比沙而言，生命是"对抗死亡的活动的总和"；对居维叶而言，生命是"与统制非生命体的法则相抗衡的力"；对歌德而言，生命是"跟外界自然相抗衡的繁殖之力"；对里比兹而言，生命是"中和分子之间化学作用力、黏滞力与亲和力的

一种动力 "。死亡是该抗衡之力的溃败，尸体是生命体被物理之力重新占领的结果。秩序、统一和生命永远都在与无序、破坏和死亡斗争。生命体正是战争的舞台，健康与疾病反映了对阵双方的命运。如果生命之力胜出，那么生命体会重获和谐并痊愈；反之，如果物理之力胜出，死亡便降临。这种情景在非生物体里是没有的；物体一成不变，如同死亡本身。

　　然而，尽管组织、功能与整体结构起初都需要生命原则的介入，生命最终是蕴含于生物体之中的。虽然物质的物理性质永恒不变，生物体的生命特征却转瞬即逝。非生命的物质进入生物体，从而充满了生命的特征。用居维叶的话说，生物体 "好像一个熔炉，无生命的物质源源不断地进来，在熔炉里结合 …… 直到离开，重回无生命界 "。在生物体的生命旅程之中，物理特征被生命特征 "包裹 "了起来；因此，物理特征就无法依照它们的自然倾向而活动。但是这种联盟并不长久，生命特征很快就会耗尽。"时间风干一切 "，比沙如是说。有生之物注定有死。生物体以某种方式捕获了生命的力量，并把这种力量固定了下来，但转瞬之间，它又被生命的源泉重新毁灭。"如果生命孕育了死亡，"卡巴尼斯（Cabanis）说，"死亡也反过来诞生了生命，如是循环，无休无止。"生物体于是成了生命须臾之间接触过的一团物质。虽然生命特征在每一个生物体里逐渐耗尽，它们却在整个生物世界里保存了下来。不论是从种子里还是胚胎里出生，每一个生物体都曾经参与组成了另一个与之类似的生物体。在获得自主性之前，在成为独立的生命寓所之前，每一个生物体都参与了另一个生物的生命过程，直到后来分离。生命在一代又一代之间传递，永无止息。

这种活力论跟古典阶段的唯灵论截然不同。在19世纪，人们之所以援引活力论，是源于生物学本身的态度以及这样一种需求：区分生物与非生物，而且它们的区别不在于基本组成物质，而是不同的力。活力论作为一种抽象的原则发生作用，生命对我们的理解有明确的作用。生命是植物和动物研究探索的目标。生物体与非生物体的区别，生物科学与物理学的区别，都在于这个未解的"生命"。正如机械论之于古典阶段，活力论之于生物学的建立至关重要，对博物学家、生理学家、外科医生和研究"有机物"的化学家同样如此，有机物是生物体的成分或产物。里比兹说道："有人或许认为，我们在实验室里研究的化学反应对于研究生物体没有用武之处。"

4. 生物化学

18世纪末，许多有机物的组成都得到了充分研究。特别值得一提的是，舍勒（Scheele）和伯格曼（Bergman）分析了一系列有机酸，并分离出了"油里的甘甜成分"，后来名之为"甘油"。19世纪初，分析方法大有进步，特别是由于电解的发现，原子理论得到了更清晰的界定。大量的化合物被归在"有机化学"的名下；它们都包含了碳元素和氢元素，有时也有氧，偶尔也有氮、硫或磷元素。这些化合物或参与组成了生物体，或组成了生物的排泄物和分解物。拉瓦锡已经引入了一套分类方法及普遍命名的原则。贝采利乌斯（Berzelius）创造了一套普适的编码：每个元素都用其拉丁名字的首字母来代表，如果有必要，再添上第二个字母以免混淆。而化合物的配方则用其组成元素排列在一起来表示，每个符号都有一个数量系数来描述分子里的原子数目。新的分析方法及符号使得人们可以利用大量的分子符号来表达生命体的组成。

　　然而，为了建立有机化学，仅靠提高无机化学的技术是不够的，还需要生物学的视角。后者超越于生物体的多样性之上，开始在生命世界中寻求统一性。在人们的想象之中，统一的生命世界里包含了无数的结构，当然也就包含了无数的化合物。如果生命系统有特殊的组织结构与功能，如果它们一直在摄食、生长、繁殖，那么人们就可以研究生物与非生物化合物的性质差异，研究生物体内进行新陈代谢的化学反应。这厘清了介于化学与生物学之间的一个领域：一方面它毗邻化学，因为生物体的组成跟自然界的化学元素是一致的；另一方面，它又与生物学接壤，虽然这些化合物跟无机化学的研究对象相比，性质毕竟有所不同。

　　最容易展开的化学探索是研究物质在生物体里的流动过程，即从食物变成各种各样的化合物，再形成并排出废物的"变形"过程。因此，研究物质在生物体内的转化过程，识别进出生物体的元素和物质的性质就成为有机化学的任务。但是，这些转化过程对常规化学规律而言显然是个挑战：当基本元素以新的方式组合起来之后，生物体里的成分便体现出了截然不同的特性。有机化学需要鉴定出生物体的组成成分和代谢成分。它需要分析这些化合物，而不只是证明可以通过化学合成完成这些转化。利比兹说，"（机体）的所有生存进程都有某种非物质性的活动的参与，而化学家并不能随意支配这些活动"。维勒（Wöhler）通过煮沸氰化铵溶液在实验室里制造出了尿素——但是他自己并不认为他从无机物里合成出了有机物。因为它的原材料——氢氰酸——虽然简单，但本身就是一种有机物。维勒在给贝采利乌斯的信里写道："一个自然哲学家会说，动物的有机特征并未从氰化物的组合里消失，因此，我们仍然可能得到其他有机物。"直到贝特洛（Berthelot）利用碳和氢制造出乙炔，化学家才打破了有机物与无机物之间的壁垒。然而，仅仅通过分析的方法，科学家在19世纪的上半叶就在生物体内发现了大量的化合物，有些含有氮元素，有些则没有。依它们组成的不同，这些物质在生物体里发挥着不同的作用。

同一元素的不同组合往往也具有不同的性质，这取决于它们是出现在矿物质还是有机物里。因此，生物体必然包含一种特殊的力，这种力能够改变物质的形式和运动，能够打破在食物里维系着的化学惰性状态——这就是"生命力"。利比兹说："正是生命力导致了食物的分解，扰乱了粒子之间的吸引力。它改变了化学力的方向，使食物里的化学成分分解，再重组成新的物质……它打破了食物里的亲和力，使得物质可以有新的组织形式。"

使无机分子里的原子组合在一起的化学力，在生物体里则成为生命力有待克服的阻力。如果这两种力旗鼓相当，那么生物就不会变化，没有生长，也没有繁殖。如果化学力胜出，生物就开始消亡。如果生物体要生存，生命力必须要赢得胜利。生命力不能归结于任何单独的器官、组织或分子。它是整个生物体的特征，它来自于"特定分子以特定的方式结合"（利比兹语）。它依赖的正是生物体的组织。

生命力在19世纪初成为一个重要概念，是因为它当时承担了日我们后才理解的两个概念的功能。**时至今日，生物体被视为物质、能**

量与信息的三相交汇之所。 在早期，生物学只能够辨认出物质的流动；但是因为缺乏后两个概念，它必须要假定存在一种特殊的力。诚然，直至 19 世纪中叶，热量和功的联系仍然非常模糊。卡诺把热量与身体里微粒的运动联系起来。虽然卡诺的工作标志着热力学第二定律的诞生，但它被忽视了近 20 年，直到能量的概念被提出、能量守恒规律被揭示出来，人们才能把所有关于热量的现象综合起来。与此同时，人们在寻找一个因素可以中和分子里元素之间的亲和力，重新分配元素之间的化学键，再组合成新的化合物。除了阳光之外，必须要借助某种力，植物才能把氧气从其化合物里分离开，以气体的形式释放出来。利比兹说，"（植物）必须要花费一定量的生命力，才能维持含氮成分的秩序、形式及组成，并同时抵抗空气中的氧气以及植物生长过程中释放的氧气对植物的作用"。这正是今天的生化学家所说的内容，不过"生命力"换成了"能量"。对贝采利乌斯、利比兹、维勒和杜马斯而言，"生命力"并不是一种像万有引力或磁力那样远距离作用的力，而是在"物质的聚集态之内"，在物质彼此接触时才发挥的作用。为了体现它的存在，生命力需要某种程度的热量，因为所有的生命现象在寒冷时都会停滞。正是空气中的氧气加上食物的燃烧提供了热量，这类可以被氧化的物质发挥了"呼吸"的作用，它们主要是富含碳和氢的物质，比如糖类和脂肪。

相反，含氮化合物在器官和组织的形成之中发挥了"塑造"的作用。但是为了解释含氮化合物的组成与产生，仍有必要借助生命力。在所有被研究过的生命体和组织体之中，人们发现了许多复杂但相似的含氮物质。当人们分析这些物质时——不论是血液里的纤维蛋白和球蛋白，或者牛奶里的酪蛋白——总会发现一类碳、氢、氧、氮元素按恒定的比例组合的混合物；偶尔，还有不等量的其他元素，比如硫和磷。因此，必须承认，所有的生命组织基本成分一致，而这些基本成分可以由不同数量的其他元素组成。因此，正是这些特殊的组合赋予了不同的器官和组织以特性。穆尔德（Mulder）把这些基本组成称为"蛋白质"（protein）以强调它的重要性与基本性[1]。正是这些"蛋白质"与特定元素的组合搭建起了生物体的整体建筑。利比兹写道："下列陈述是实验证实了的法则：植物精心合成出了蛋白质，然后生命力塑造了它们，在氧气和水分的影响下，创造出了动物活动的所有器官和组织。"然而，如果组成相似的物质体现出迥异的功能，那就意味着还有新的原则有待发现。必须承认，在这样的分子里，同样的原子可能占据着不同的位置，而正是这些位置决定了分子的性质和特征。[2] 对一系列简单化合物的分析也得出了同样的结论。一对具有不同性质的物质经分析表明具有完全一致的元素，比如氰酸盐（cyannates）和雷酸盐（fulminates），再比如外消旋酸（racemic acids）和酒石酸（tartaric acids）。在这里，正是原子的位置不同决定了分子的性质差异。贝采利乌斯把这类具有同样原子组成但是结构却不同的分子称为"同分异构体"。因此，分子结构必然存在某种规律，这样，原子之间的相对位置才能决定分子的性质和特征。在现代生物学里，分子的不同结构和不同构型之间的差异，是由熵与信息的概念来解释的。对于19世纪初的有机化学而言，为了解释原子的位置，不可避免地要诉诸于一种神秘之力。

---

1. Protein的希腊词源是 prōteios（意为首要的），后者又来自prōtos（初始的）——译注。
2. 一个显著的例子是钻石与石墨的区别：二者都是由碳原子组成，但是区别在于，而且仅仅在于，碳原子之间的构型不同。在钻石里，碳原子组成了正四面体结构，而在石墨里组成了平面网状结构；二者的宏观性质因此不同——译注。

关于生物体内化学反应的机制，它们显然跟化学家在实验室里的操作有所不同。呼吸固然是一种燃烧，正如拉瓦锡所表明的那样，但是它是一种非常特殊的燃烧。在生物体里，食物在较低的温度下缓缓地消耗，不像在高温的烤箱里那么迅速。在实验室里，糖类可以被碳化，但是并没有像酿酒酵母那样转化成乙醇和二氧化碳，或者像在奶酪里发生的那样转化成丁酸和氢气。因此，在生物体内，存在着某种特殊的原则或者物质，叫作"酵素"。它们会改变化学反应的进程，调整元素之间的联结，利用底物制造出产物。有两种方式来看待这种酵素。

第一种，像利比兹那样，设想某些物质可以把它们的某些性质传递给其他物质。酵素正是这样的物质，它们的原子处于更高的激发状态，可以把自身的运动传递给其他物质，从而转化后者。

"物质分解的自然现象只能这么解释：它们接触到了一种本来就在分解或者燃烧的物质……化学反应中的物质具有某种影响力，可以把自身的运动传递给它接触到的物质。"[1] 酿酒酵母可以催化糖，那是因为酵母里含有一种处于"变形"过程中的物质。因为酵素的特殊化学性质，它分解的性质可以传播到周围，影响临近的分子。

第二种，像贝采利乌斯那样，人们可以把酵素的性质与一种新的化学力联系起来；这种化学力在特定物质的转化过程中体现得比较明显。无论处于固态或液态，许多单质或化合物能有抵抗化学力，它

1.译注：想一想向篝火里添加木柴的过程。

们能保持其他化合物的内聚力，也能引起它们改变。这些物质以一种
非常独特的方式发挥作用。它们可以调整现有物质里原子之间的联
系，但是本身并不参与化学反应，因为最后发现它们完好无损。比如，
镁、银或者血纤维蛋白导致过氧化氢的分解；硫酸，和发芽的种子一
样，可以把淀粉变成糖类；精细分布的铂在常温下就可以使纯酒精燃
烧，或者把稀释的乙醇氧化成乙酸。贝采利乌斯把这类在某种物体的
存在下才发生的但是起源不明的反应，称为"催化"。

　　　"催化力体现在某些物体的存在可以'唤醒'那些在
　　给定的温度下本来沉寂的化学亲和力 …… 因此，它像热
　　一样起作用。"

　　在生物体内发生的反应因此可以比作催化反应。比如，酵素并非
均匀分布于土豆之内，而是只在"发芽"的地方，只有在那里淀粉才
会变成糊精和糖类。因为催化反应，靠近"发芽"的地方成了为新生
苗提供营养的中心。贝采利乌斯说道，"在植物或者动物里，可能有
上千种不同的催化反应在进行，因此，从单一的原材料开始才可能产
生出大量不同的化合物 ……"

　　因此，借助化学的概念与技术，一个旨在探索生命体组成的新科
学逐渐建立起来，并形成了自己的概念与词汇。渐渐地，那些似乎只
有生物体才具有的美妙化合物的性质也被揭示出来。人们再一次发现，
在分子构造的复杂性背后，是组合系统的简洁性 —— 化学家最爱的
研究对象油脂类物质里，情况就是这样。从炼金术到18世纪，猪油、
牛脂和黄油一直被混合、搅拌、焚烧，但是它们的性质或组成从未被

厘清。谢弗勒尔（Chevreaul）使用了稍微精细一些的分析方法，发现脂肪是由几种更简单的化合物组成的。正如合金是由特定的金属以一定的比例混合而成，脂肪也是由几种"甘油"与所谓的"脂肪酸"组成。脂肪酸多种多样，正是脂肪酸的类型加上甘油决定了油脂类物质的性质。

在涉及有机化合物的反应里，一类常见的情况是：一种元素取代了另一种元素的位置，而整体的分子结构不受破坏。这种"替换"可能影响的不只是单个元素，还可能是一团原子，或者在化学转化过程中仍然联结在一起的"活性基团"。活性基团因此可能作为一个整体添加到分子里，分离出来，或接受额外的原子而基团本身不发生变化。因为杜马（Dumas）、劳伦特（Laurent）、格哈德（Gerhard）、利比兹与维勒的工作，人们渐渐发现了家族类化合物、"类型化合物"或者"核心化合物"；在此基础之上，大量的活性基团可以连接起来，赋予分子以特定的化学功能：醇、醛、酸、胺、酯类等。有机物质的复式分类法也因此建立了起来。一方面，某些具有同源系列的物质由于组成类似而自成一家；另一方面，通过化学功能，人们可以在不同家族的类似特征之间找出联系。

最后，有机化合物丰富的多样性可以被还原到有限数量的类型及功能的组合系统。分子及其特性的多样性可以归因于特殊原子或原子团的运动：它们可以增加或减少，而不改变整个分子的构造。这有点像在一个建筑的框架里，石头或瓦片可以被替换，而基本结构不受影响。在生物体的形式、器官及化合物的多样性之后，是多种多样的化学反应在工作：分解食物，重组食物，构造出生命所需的分子，并排出废物。在生物学与化学的交汇之处，新的科学试图来厘清生命的界限距离，而在 19 世纪之初，人们还普遍认为生命是不可还原的。有机化学度量了生命体与非生命体之间的界限，并摸索到了哪些服从物理定律，哪些不行，而到了 19 世纪末，人们已经逐渐接近理解这个界限了。这得归功于从物质中发现秩序的两种新方式：其一，从无序的分子里归结出的统计规律；其二，物理化学在分子结构中引入的规律。

5.组织的规划

在 19 世纪初，自然学者试图找到统制一切生物的秩序。当然，人们主要的分析对象是动物，而非植物。尽管结构的复杂性在植物里更突出，但结构的功能在动物身上体现得更为明显。在动物复杂的构造背后，人们可以窥探到功能的奥秘，它们造就了生命永无止息的律动，生命因此成为生命。动物的行为，从健康到病恙的转变，以及无处不在的潜在危险，都是生命之力与死亡之力鏖战不休的见证。

为了研究动物的组织，单单进行解剖、分类、绘出草图，是不够的。对器官的考察，必须要与器官在整个生物体里发挥的功能联系起来。但是，把生物体拆解开来研究，也就意味着改变了它们的性质，因为，如居维叶所说，"我们所探究的对象一旦被拆解开，便毁掉了"。形态学的细节无法与作为整体的生物体相媲美。解剖结构的排布反映了内在联系，反映了功能之间的密切协调。因为，功能是生命的基本要求，器官只是生命的执行手段。虽然功能不能随心所欲，器官却保留了某种程度的自由。纵观整个动物界，人们便可以发现什么是恒定的，什么是变异的，进而推断出功能对器官所能接受的变异程度。因此，居维叶写道，生物体是"大自然进行的一类实验，她在各个生物体里添上或删去某些部件，如同我们在实验室里所做的那样，然后向我们展示实验结果"。在不同的形式背后，功能的关联逐渐显露出来。胳膊与翅膀在结构上的差异远没有它们功能上的类似重要。肺与鳃也许看起来大相径庭，然而它们都是呼吸器官，区别在于一个是在天上，一个是在水里。睾丸与卵巢、输精管与输卵管、阴茎与阴蒂在形态上的差异并不遮蔽它们结构上的对应、功能上的相似和解剖上的联系。无论何种生物体，若要产生生命现象，就需要具备一层外壳，让它们免于外界力量的侵扰。"无论这一层外壳是皮肤、树皮，还是贝壳，"歌德说道，"一切的生命，一切具有生命现象的事物，都有这层外壳。"

这些相似性的基础是位置和功能，而不是形状。这使得古老的亚里士多德的类比观念得以复兴。博物学者们承认，同一个结构在不同的物种里会因功能差异而形状不同。若弗鲁瓦·圣提莱尔指出，人们可以"观察不同用途和不同形态的前肢，可以看到，它用于飞行、游弋、跳跃、奔跑，不一而足；它可以是挖掘的工具、攀爬的钩子，或是用于进攻或者防卫的武器，它甚至可以是主要的触觉器官，最后，人类拥有了最为高效的工具之一 —— 手"。

其实，对若弗鲁瓦·圣提莱尔和居维叶而言，"相似性"一词包含了欧文后来区分的两个截然不同的方面：同源性（homology）与相似性（analogy）。同源性描述的是结构之间的关联，而相似性描述的是功能之间的关联。不同物种的同源器官占据了同样的位置，发挥着类似的功能：比如一个人的手与一只鸟儿的翅膀。在不同物种里，相似的器官发挥了同样的功能，即使它们解剖学上的结构、位置、关联并不相同。比如，不同形态的甲壳类和脊椎动物里的消化内脏或肝脏。横向比较同一类别的动物，可以发现器官在结构、位置与功能上的某种联系，尽管它们在大小、形状和颜色上有无数的差异。形状变异并非随机分布，各个组分都与其他组分相联系，从而保证了整体的和谐。居维叶说道，正是"功能之间的彼此依赖与互助，奠定了器官之间关系的法则，这些法则如同形而上学和数学原理一样必要"。分析的对象不再是有无数可能组合的结构，而是生物体内彼此严丝合缝组合在一起的关联系统。为了分析，更为了对生物系统进行分类，这些组合必须围绕着最重要的功能展开，比如循环系统、呼吸系统、消化系统等。于是，动物学开始致力于研究这些功能的不同运作方式，它的主要方法是比较解剖学。

　　对19世纪的生物学家来说，有两条路径进行比较解剖学的研究。第一条路径几乎只涉及形态学研究。涉及生理学的，仅限于对大型功能单元的分析，若弗鲁瓦·圣提莱尔称之为"区域"。因此，在整个物种的谱系里，必须要逐个区域地寻找对应的组织或者"类比之处"。鱼的鳃盖可以跟陆生脊椎动物耳朵里的听小骨相比较；或者，陆生动物的喉头、气管和支气管可以与水生动物的鳃门、齿骨和软骨比较；又或者，鱼、鸟和哺乳动物舌骨的组成、形状、位置及解剖联结可以相比。这样，如果我们所关注的区域在某些物种中发育得比较充分，我们就可以选择这些物种为基准，从而根据替换或者变形的原则，对其他形态类型进行排列。往往，不同物种的同一个器官会体现出从一个极端到另一个极端的渐变趋势。最终，虽然这些器官的细节略有差异，我们还是可以发现结构的共同要素或要素的相同数目。同源性显而易见。

　　不过，同源结构有时候无法形成一个系列，这可能是因为我们还不了解过渡型，或是因为它们已经消失了。在这种情况下，要鉴定一个结构或其他类似之处，就有必要求助于"关联"。因为一个区域的最恒定的特征在于组成之间的关联。无论一个解剖结构的形状、容量、位置如何变化，它总是保留着与周围区域的联系。若弗鲁瓦·圣提莱尔说道："一个器官可以发生改变，可以萎缩，可以被弃置不用，但是不能被颠倒。"关联的原则可以帮助我们在新物种里鉴定出特定的结构。很少有结构同时存在于两个位置。在一个特定的区域内，不同的结构并不独立。器官之间存在某种"制衡"，以至于一个器官的过度发育会影响周围的器官。一个正常的组分如果获得了新功能，它周围的相关器官必然会受到影响。"如果一个器官严重膨胀，"若弗鲁瓦·圣提莱尔写道，"它就开始抑制周围器官的正常发育；尽管如此，所有这些部件仍然被保留了下来。"如果我们仔细考察脊椎动物的肩胛骨对于呼吸的作用，并观察它们的形状、大小与位置，我们就可以区分出四个不同的发育阶段：两极分别是过度发育和初级发育阶段。在鱼身上，肩胛骨穿越心脏，抵达鳃后，好似胸骨。一个特殊的结构于是与周围的器官整合到了一起，或是保持了它本来的功能，或是获得了新的功能。歌德写道："大自然的预算总量是固定的，但是她却可以自由决定具体的支出。如果她在这里有所开销，那么必然在别处有所节制。所以大自然不会欠账，也不会破产。"

　　最后，如果对相关性没有帮助我们识别出同源性，那就得考察所关注的区域在胚胎中的位置。在胚胎发育的阶段，我们常常能观察到成体里消失的解剖特异性。通过这种办法，不同脊椎动物盖骨的各个部分就被识别出来。对成体动物而言，鱼比哺乳动物的头骨包含更多的部件。但是如果我们研究胚胎的头骨，通过骨化中心的数目来推算出骨头的数目，这种区别就消失了。如若弗鲁瓦·圣提莱尔所观察到的那样，"所有脊椎动物的头骨都包含了大致相当数量的部件，而且这些部件总是保持同样的构型、同样的关系，并服务于同样的目的"。

比较解剖学也可能涉及生理学与形态学之间更细致的关联。生物体被视作一个整体，而不是一个区域接着一个区域。对比结构的多样性可以发现功能的恒定性。居维叶认为，解剖学可以作为工具来发现"动物是如何组织起来，以及这种组织在不同的物种内如何发生变化"的规律。生物体的存在不仅取决于特定功能的执行，也依赖于它们之间的协作。为了执行各自的功能，器官以多种方式组织了起来，但并不能因此就把生物体视为器官简单的聚合。这些器官还必须要组织起来，形成一个和谐的整体，"因为在生物体内"，居维叶说道，"器官不仅仅紧密排列在一起，而且相互作用，服务于同一个目标……没有哪个功能不依赖于其他部分的帮助与合作。"因此，一个结构的任何改变都会对其他结构造成影响。某些变化无法共存，便产生了排异；另外一些变异则是相互吸引。这种吸引不仅发生在毗邻的器官之间，而且发生在那些乍看起来联系很少甚至彼此独立的器官之间。从器官之间的相关性可以推断出决定器官关系的"共存律"。

"食肉动物必须能够看见它的猎物，追踪、捕获、剿杀它们。因此，它必须要有犀利的眼神、灵敏的嗅觉、迅捷灵活的步伐和锋利的爪牙。而那些长着蹄子的动物就不会有那些锋利的爪牙，对它们来说，蹄子只是用来支持体重，而不是剿杀猎物的。"

根据这一规则，有蹄类动物都是食草动物。彻底暗示着扁平臼齿和长长的消化管道。这些定律决定了执行不同功能的器官之间的关系，而在同一功能"体系"内，不同部分之间的差异之所以能够得到协调，同样也归因于这些定律。譬如，在消化系统中，牙齿的形状，消化管道的长度、曲度及膨胀性，还有消化液的量之间存在相关性。

共存律以及由此而建立起来的相关性，完全改变了人们观察研究生物体的方式。对居维叶而言，重点不再是区分出生物体的组分，通过比较以阐明它们的变异规律。结构被有层次、有深度地组织起来，遵循的是一个必须通过类比才能发现的隐秘规律。一个生物体因此就是一个"独特且自足"的整体。所有的部分都互为对应，并通过互相作用而协力完成同一个目标。尽管任何局部的变化依赖于周围的变化，每个部分又是独立的，比如运动器官和脊椎动物的骨骼。居维叶说："没有哪块骨头可以改变它的表面、曲率和凸起而不影响其他部分；因此，通过观察一个骨头，在一定程度上，就可以推测出整个骨架的模样。"古生物学就是建立在该原则之上，通过化石残片重建出已经灭绝的生物体。在比较解剖学这里，一个残片不再是孤立的片段，它是整个组织结构的象征。

然而，器官不只是通过相关性的网络而彼此联系，它们也是生物体等级结构的一部分。安托万·罗兰·德朱西厄已经表明，性状是次要的，但性状仍是由结构界定的。如果某些性状比其他一些更常见，那么有理由认为它们更重要。对居维叶来说，性状的重要性仅仅是其功能重要性的量度，结构的从属关系反映了结构的等级，并控制着器官分布的协调系统。一个器官的相对重要性可以从它对其他器官所施加的限制推测出来。某些结构特征排斥另外一些特征，有时又需要另外一些特征。不同器官之间的关系于是可以"计算"出来。居维叶说道："那些拥有最大数量的不兼容或共存的部分，无论是特征或结构特点，即，对整个生物发挥了最显著影响的，也就是重要的或者说是主导的性状。其他的则是次要性状。"这为鉴别重要性状提供了方法：在一些生物体里，它们是最恒定的。如果要比较生物体的性状，那些变化最小的特征也就是最重要、最保守的特征。这适用于"动物功能"，比如动物本身具有的灵敏性和自主运动；也适用于"植物功能"，比如动植物都需要营养与繁殖。心脏和循环系统的器官组成了植物功能的中心，正如脑和神经系统组成了动物功能的中心。纵观动物界，这两个系统逐渐消退，直至消失。"在最低等的动物那里，既不存在可见的神经，也没有清晰的纤维，消化器官只是由均一的身体简单内陷而成，囊泡系统甚至比神经系统更早地在昆虫里消失。"因此，生物体的分类不再仅仅依赖于结构的标准。分类的基础是执行功能的组织，它把某些生物体集拢起来，同时把另外一些排开。运动器官的排布、神经物质或呼吸系统的分布程度而导致的形式之间的关联，确实是对动物进行分类的必需基础。

因此，在19世纪，生物体的存在本身依赖于器官之间的和谐，后者又进一步依赖于功能之间的相互作用，这也改变了人们对生物体可能性的想象。在18世纪，所有可观察到的形式差异，都可以无限地组合下去，进而产生出一切能想象到的生物变异。在19世纪，这种观念只剩下了抽象的价值——不是所有的变异都是可行的，只有那些满足了生命功能要求的组合才能实现。生物体的结构必须要服从于协调整个功能活动的整体组织方案。然而，虽然比较解剖学的发现明显表明了这样一个蓝图的存在，它对若弗鲁瓦·圣提莱尔远不如居维叶认为的那样重要。圣提莱尔认为，没有哪项解剖结构是物种特有的，没有哪个部件在此处出现，而在彼处消失。在一个生物里存在的，在另一个生物里也存在，尽管它们有显著的区别，以至于难以确定相似性。譬如，当一个特定区域变得如此重要以至于影响到了毗邻区域时，我们就可以看到这一点，因为后者无法完成正常的发育过程。尽管如此，它们仍然被保留了下来。即使它们已经还原到了最简单的形式，或者退化成了累赘，我们依然可以辨别出它们。对圣提莱尔来说：

> "自然总是使用相同的材料，她唯一的机巧则在于变换形式。事实上，自然好像只能使用某些基本的材料，她总是试图在同样的条件下，使用同样的连接，创造出一模一样的原件。"

就好像动物的结构遵循的是一个单一的方案 —— 不是说脊椎动物是一套，软体动物是一套，昆虫又是一套，而是有一个针对所动物的"普适方案"。比如，脊椎动物和无脊椎动物的区别在于形式，而不是组成部件；后者保持了整体的构造和联结。圣提莱尔认为："昆虫的每一个关节都能在脊椎动物身上找到对应的部分，它总是在那个位置，总是保留着至少一项功能。"昆虫身体里的脊柱，正好比软体动物的甲壳。

这已经不是第一次有人提出"所有的生物体都源于一个建筑蓝图"这样的想法了。早在 18 世纪下半叶，就有人如此建议过。在布丰看来，在整个生物世界里存在着"同样的基本组织"。道本顿发现了

"一个主要的、普适的设计"，对维克·达吉尔而言，自然似乎"总是依照一种主要的普适模型而运作，不大情愿悖离"。对歌德而言，存在着一种"大自然总是使用的基本形式"。在若弗鲁瓦·圣提莱尔之前，也包括他在内，所有这些由单一方案控制着所有生物体的组成的观念，依然是那个古老的观念——生命世界是连续的，也就是18世纪所理解的生命之链。他们认为，为了在动物界里寻找唯一的组织模式和类型，生命深处必定潜藏着某种不可见的连续性。

这种连续性被居维叶打断了。组织的规划体现出了两种不同形式的变化，一个在生物体之外，一个在生物体之内。"生物体的不同部件，"居维叶说，"应该有所协作，进而不仅在它自身，也在它和其环境的关系上；由此，整个的存在成为可能。"居维叶认为，一方面，生物体并非活在真空中，它生活于其中的世界决定了其"生存条件"。生物体占据着特定的空间，并发挥着生命所有的功能。通过它所涉足的土地、呼吸的空气与吸收的食物，生物体往外伸展。居维叶说，"它的影响范围远远超出了生物体本身"。生物与允许生物存在的世界之间存在一整套相互作用的网络。在所有这些可能性之中，生物体只能活在生存条件所规定的界限之内。

另一方面，生物体也有组织结构。其连续性不在于形状和结构，而是在于经过协调以适应生存条件的功能。通过功能的联系，相似性在整个生命世界里分散开来。在更高级的生物里，这些相似性更容易发现；越是简单的生命形式，相似性反而越低。只要整体的和谐保留了下来，那个执行代理——也就是器官——可以自由变换。理论上，每个器官都可以无限变化，而每种变形都可以与其他器官的所有变形组成一个连续的整体。实际上，这类组合从未发生过，因为器官并非相互独立的要素 —— 它们彼此作用。如果把每个器官单列出来研究，我们就有可能追踪它在整个生命世界中逐渐蜕化的过程；即使是在那些已经不使用它的物种里，仍然可以辨认出残留的痕迹，好像自然不愿意完全消除它。然而在动物界，不是所有的器官都沿着同样的顺序蜕化。"以至于，如果有人按特定器官来对物种分类，那么，有多少种器官被选作基准，就会有多少种相应的序列。"

长远来看，人们并没有在动物界中找到一个线性序列，从一极逐渐过渡到另一极，中间是一些过渡状态；实情是，它们形成了不连续的区域，彼此分离。虽然同样的功能总是出现，但它们属于不同的等级系统，组成了不同的组织，发挥着不同的功能。因此，对居维叶而言，生命世界里并不存在一个单一的方案，而是有好几个。

"可以说，所有的动物都是按照四种主要方案而塑造出来的，后续的分类只是细微地修饰，一些部件的发展或者增加并未改变方案的本质。"

生命世界，细究之下，其实包含了细小、孤立的群岛，中间隔着无法跨越的鸿沟。比如，头足纲动物跟别的动物就"不搭界"。它们似乎不可能是从其他动物发展而来，而且它们的发展也"没有产生任何更高级的生物"。我们因而可以看到，"自然界里有飞跃"，从一个方案"跳到"另一个方案。在大自然的创造物之间，它留下了"明显的间隙"。为了清楚地表示各大类的动物之间无法形成一个连续的序列，"支"这一术语派上了用场。软体动物和脊椎动物，无论是数目、部件还是组织，没有任何共同点或相似性。只有在不同类型的动物里追踪各个"支"，才能找到连续的序列，但是即便如此，它们也不是线性的。

> "乌贼和章鱼是如此的复杂，以至于无法看出来如何合理地把它们跟其他鱼类分隔开。在这个大类之内，有一个蜕化的序列，一套共同方案，执行之严格堪比脊椎动物；以至于我们可以从乌贼追溯到牡蛎，正像从人追溯到鲤鱼；但是从这一支到另一支，却没有单一的线索。"

最终，链条断了：在这之前它把所有生物联系起来，好像在两个相关的生物体之间有无数的中间体。断裂不仅出现在生物与非生物之间，同样出现在不同的生物类群之间。在动物界，不再有一个渐变序列把所有的生物联系起来。也不可能只是增添一点什么结构，或者更复杂一点、更完美一点，就足以从一端过渡到另一端。在整个生命世界中，存在着同样的功能要求。所有的生物都需要觅食、呼吸、繁殖，无论是在天上还是在水里，在热带还是在寒带，在白天还是在黑夜。因此，连续性体现在功能里，而不是执行功能的方式。为了展示生物并使它们的组织适应于生存条件，自然会发生飞跃。居维叶认为，动物围绕它的"组织中心"而展开，这个中心决定了深层次的结构安排，就像物质围绕着一个核心而集中。中心之外，器官一层一层地排开。最核心的于是就包埋在生物的最深层，次要的则在表面。生物的核心几乎从未变过，因为一旦它改变了，其余的一切都要改弦易张。反之，次级结构的变动余地更大。越是不重要的结构，越是靠近表面，它们也越容易发生变化。居维叶说："生物的本性显然是把最不重要的部分、最不担心被损坏的部分放在表面；于是，变异的数目是如此巨大，以至于古往今来的博物学者至今也没有穷尽它们。"同一组群的生物体，其组织中心是一致的，往外则差异渐渐显露。它们在隐蔽之处是相似的，在表面则开始分化。也正是由于表面上无数的差异，我们才可以发现微小的连续序列。而在深层，只存在剧烈的变化和方案之间的跳跃。

因此，在 19 世纪初，生物体在空间中的排布方式发生了急剧变化：不仅是所有生物体各自占据一个孤岛，属于相互独立的序列，而且在于生物体自身所占据的寓所，围绕着核心外层渐次连续排开，延伸至它的生存环境。重新排布的既是生物体各个部分之间的联系，也是把所有生物体统摄起来的关系。

6. 细胞

在 19 世纪，生物学家对生物体组织结构的研究拓展到了新的水平。动物学家试图辨识出错综复杂的器官背后统摄其功能的方案，这就是"宏观组织"。除此之外，生命的"微观组织"也被揭示了出来，这就是组织体最核心的结构。尽管它们的形式多种多样，但其基本组成为每个生物赋予了无机物所不具备的特性、构造和属性。

人们通常认为，细胞发现于 17 世纪。在原始的显微镜下，罗伯特·胡克、马尔皮基、格鲁（Grew）和列文虎克，研究了木塞切片与某些植物的软组织，发现了蜂窝状的排列（胡克称为"细胞"），但是人们并不知道如何概括这一结构，也不知它有何功能。莫佩尔蒂和布丰力图把非连续性引入生命物质之中，同时考虑到了其基本构成，但当他们这样做的时候，反而更像牛顿的忠实门徒了。生命粒子和器官分子只是表明了这样一种思考方式，即从生物体中辨识出物质的非连续性，并根据18世纪的机械论来理解生命世界。但是，为了使生物体的性状跟物质的结构相对应，就有必要诉诸于生物体特有的分子。最终，正是这些分子的特殊性把生物体与非生物体区别开来。然而，在18世纪，解剖分析的最终目的是理解生物体的基本构成，人们通过解剖肌肉、神经或者肌腱而发现了纤维。此外，在大多数器官里，纤维仍然是抽象的存在，它被想象成分子束，通过"胶蛋白"这种黏性物质而连接起来。哈勒认为，所有器官在本质上都是由纤维构成。同样的纤维交织成一个连绵的网络，从骨头延伸至肌腱，从肌腱到肌肉，从肌肉再到神经和血管。正是纤维的组织方式、纤维网络的质地与孔隙里保留的液体含量，决定了器官是结实还是松弛，是坚硬还是柔软。

到了19世纪，情况发生了变化。虽然形式多种多样，但是同样的器官总是发挥着同样的功能。到了器官的结构这个层次，无所谓恒温动物、哺乳动物或者爬行动物，只要有肌腱、血管、骨头或膜，它们总是发挥同样的作用，因此也具有同样的性质。如果鸽子和青蛙的肌肉有什么不同，那不仅是因为一个是鸟类，一个是两栖类，也是因为外界条件的不同：它们的功能与环境不同。功能的相似性需要结构的统一性。

与此相反，对皮内尔（Pinel）与比沙来说，在同一个生物体内发挥不同功能的器官不可能具有同样的组成。比沙写道，"稍微动一下脑筋就能够理解，这些器官必然有所不同，不仅在于纤维的组成方式和交织方式，更在于纤维自身的性质；它们的组成和性质都不相同"。

器官的特性不只是取决于形状本身，更重要的是其组成成分的特殊性质。乍看上去，生物体内有多种多样的细胞组织。然而这种印象是有偏颇的，因为细胞组织不是器官的特性，而是"系统"的特性，无论是神经系统、循环系统，还是肌肉、骨骼与运动系统。系统代表了解剖学与生理学的交汇点，这要归功于组成这些系统的细胞组织。一个生物体因此包括了一层又一层的细胞组织，覆盖了多个器官，并通过隔膜把身体分成了若干主要功能区域。器官表征的只是某个区域中一个特定的范围，系统中某一部分的细胞组织所表现出的外形。无论器官的位置如何，跟周围区域的关系如何，我们既要把它与自身系统联系，以推测其功能，又要把它与自身的细胞组织联系，以理解其性质。

然而，当细致地考察细胞组织的质地、厚度和活性，而不只是外在特征的时候，它的多样性就可以还原到少数的几种类型 —— 解剖学家认为这个数目在10和21之间。对比沙来说，"大自然的进程是一致的，只是在结果上有所不同，在方法上节约而在成效上慷慨，它通过无数种方式来修改几个普遍原则，因地制宜，从而产生出了不计其数的现象"。根据它们的结构、性质和作用，膜被分成了两大类：简单膜和复合膜。"简单膜单独存在，跟毗邻的部分只是通过间接的组织关系联结"；复合膜往往由"两到三个部分组成，性质迥异"。最终，关键的性质体现在细胞组织里，而生物体的性质则体现在细胞组织之间的联系里。每个要素、每个组织都从细胞组织里凸显出来。正如一个生物体包含了一系列的器官，每一个器官都对整个系统的功能做出了贡献；同样的，每个器官包含了若干相互交织的细胞组织，各自发挥其功能，为整个器官赋予了特性。这样，少数几种细胞组织就足以产生生命世界里的多样性。比沙说："在化学里，少数基本物质通过组合可以形成多种复合物 …… 类似地，在解剖学里，少数的细胞组织形成了各种各样的器官。"

因此，对比沙来说，一个新的结构水平浮现了，它介于器官与分子之间。细胞组织代表了解剖分析的极点，这是生物体通过手术刀所能抵达的极限。生物体或其组成部分的性质，并不是基本物质分子所固有的。事实上，一旦分子分散开，失去了原来的组织，这些性质就消失了。事实上，正是组织细胞里分子的整合使得生物体具备了其特有的性质。细胞组织是原始材料，每一种只能发挥特定的功能。软骨和腺体由不同的细胞组织形成，正如府绸用来做衬衣，呢绒用来做外套。"细胞组织"这个词本身就意味着结构的连续性。构成生物体的正是这些绵延的层叠，它们卷曲成器官，彼此交织，互相分离而又互相包裹，从一个结构延伸到毗邻的结构。复杂的功能系统，归根结底，可以还原为简单的解剖结构。

细胞组织的连续性跟生物体的整体性相关，而后者对19世纪初的生物学来说举足轻重。一个活生生的生物体不能被无限拆分。它不可能再像莫佩尔蒂或布丰所想象的那样，只是简单元素之间的偶联。即使当奥肯再一次提起生物是由基本元素组成的想法，他考虑的也不是自发聚合在一起的单元，而是跟生物体的整体性交织在一起的单元。奥肯的新想法是：把大型动物体与显微镜下观察到的生物联系起来，想象后者其实是前者的基本要素 —— 简言之，设想一个复杂的生物体是由简单的生物体联合而成的。这为细胞理论的出现作了铺垫。无论是动物的骨肉，还是植物的组织，在死亡腐败之后，它们都分解成无限数量的"纤毛虫"。这些微芥之物好像只包含一滴黏液，跟所有生物体内发现的黏性物质可以等量齐观。对奥肯来说，这些在死亡之后释放出的小生物们事实上代表了组成生物体的基本要素：它们先组成囊泡或细胞，再形成生物体的细胞组织。然而，如果动物要维持一个整体，细胞可不只是聚成一团，仿佛一堆麦子或者一座沙丘。"正如氧气和氢气消失在水里，"奥肯写道，"汞和硫磺消失在辰砂里，这里所产生的是微小生物真正的交融与统一。"因此，生物体的基本单元和它们的整体性——这两个概念之间并非彼此排斥；只要生物体被视为基本单元的"整合"体，而它死后分解被认为是"去整合"的过程。这些基本单元无法只通过彼此的联系而在整个生物体中保留个体性，它们必须融汇进入一个超越于它们的新个体，部分必须融入整体。

　　生物学的这种新的世界观为我们开辟了新的方式来考察生物体的精细结构。在18世纪，生命粒子通过它们的亲和性汇聚成组织生命，这个观念仅仅代表了形成宇宙万物的组合系统的一个方面。有机分子也只是生物分子的一个特殊性质，它们是不可摧毁的，一旦死后被释放出来，它们总可以进入新的组合，在另一个生物体中重新出现。在这个过程中，生物体的性质只代表了各个组成分子的性质的总和。在19世纪，情况则大相径庭。生物学感兴趣的不是生物体的形式，而是生命的组织结构；生物学因此能够在最复杂与最简单的生物之间建立联系。因为最小的生物体被认为是更大的生物体的基本单元，人们开始寻找所有生物体的基本单元。这个基本单元不再是一个简单的分子、一个惰性元素或者一团物质。它自身就是一个生物体，一个复杂的组成单元，可以移动、觅食、繁殖；它本身就具备生命的关键特征。但是，一只动物或一株植物又不能是这些微小、独立的生物涌动而成的一团物质。考虑到生物体由基本生命元素组成，考虑到它的统一、协作与调控，就必须承认，这些基本元素不是简单堆积到一起，而是整合在一起。这些基本单元必须彼此融汇，形成更高阶秩序的单元。它们必须服从生物体，并为了整体而放弃自身的独立性。只有付出这个代价，这些基本单元才算是形成了生物体。生物体不是一个合众国，而是大一统。

只有当生物体与其组分之间的这种关系被接受之后，17世纪以来在细胞组织中发现的细胞、囊泡及蜂巢状的图案才能说得通。在随后的几年里，人们对动植物的精细结构及繁殖过程做出了一系列观察。因为，如同莫佩尔蒂和布丰所展示的那样，对繁殖的研究无法与对生物体组成的研究割裂开。细胞理论的重要性在于，它同时为两个看似无关的问题提供了共同的解决方案：通过把生物体还原为一个个代表了生命特征的细胞，这个理论同时为繁殖现象提供了意义与机制。

与此同时，显微镜的分辨率开始提高。人们研究了不同来源的细胞，从中都看到了微囊、微泡、细胞，它们或紧或松地排布在一起，有时也被间隙隔离开。首先，人们在植物里发现了它们，因为它们的大小与形状都更容易观察；随后，人们又在动物组织里发现了它们。甚至某些原生生物看起来也像细胞。比如，一颗阿米巴没有可以分辨的器官，但是迪雅尔丹（Dujardin）认为，它体内包含了一滴"黏性透明又不溶于水的物质，附着在解剖针上，收缩成小球状，从而使得它像黏液一样吸附线头"。这种物质，最初被迪雅尔丹命名为"原肉质"，后来被普金耶（Purkinjie）和冯·莫尔（von Mohl）称为"原生质"。当植物组织受热或者经酸处理而分解之后，总是出现同样的膜泡：同样的小球体。人们尝试用各种溶液对组织染色，以期把细胞内的某些区域区分出来。于是，细胞的图景渐渐清晰起来 —— 它并不是一滴黏液，而是一个微小的城堡，有不同的区域、巢穴和颗粒，而且可以看到它们一直在动。最重要的是，每个细胞的核心都包含一团更黑更厚的物质，布朗（Brown）称之为"细胞核"。无论它们的形式和功能如何，无论在生物体里处于何种位置，无论它们属于植物还是动物，所有的细胞看上去都具有同一种样式，它们就好像都遵循着同一种方案。

有了显微镜，我们看到，每个生物体都可以还原为一堆排列的单元体。这是大多数细胞组织学家得出的结论，后来被施莱登（Schleiden）和施万（Schwann）推广到植物与动物，统一到"细胞理论"的旗下。然而，细胞理论并不局限于结构的问题。因为施万，细胞的位置和作用在某种程度上被翻转了。细胞不再只是生物体研究的一个极限，它本身就是生命的基本单元 —— 它具有生命所有的特征，它同时也是所有生物出现差异的起点。

> "所有组织的基本单元都是细胞；这种组合方式如此类似，以至于虽然它们也有多样性，但我们仍然可以断言：无论它们多么不同，生物体的基本组成有一个普适的原则 —— 这就是，细胞组成了生物。"

重要的不再是所有的组织里都有细胞，也不是所有的生物都由细胞组成，而是细胞本身就具备了生命的特征，它同时还是所有组织体的必然起源。

正是因为这个原因，细胞理论否定了曾主导生物学的活力论的一个基本假设。为了区分生命与非生命，过去的一个假定是每一个生物体都是不可再分的整体。动物学家、解剖学家或化学家，都曾经认定了生命是作为整体寄居于生物体内，而不是在这个或那个器官、局部或者分子里。生命无法被还原为简单的元件，它无法诉诸于分析与阐释。因此，这就要求生物体的内在结构具有连续性，比沙在细胞组织里发现了它，奥肯在多细胞融合而成的"纤毛虫聚合体"里发现了它，每个元件的个体性都潜藏于此。施万所反对的正是这种整体性和连续性的观念，不仅仅是因为这与生命体的基本结构相悖，而是因为决定生命的两项最重要的特征 —— 营养和生长，都不需要这种假设。在活力论者看来，这两个现象的原因在于生物整体：分子组合成一个整体，于是产生了让生物体从外界物质中摄取物质并维持生长的力量。因此，没有哪个部分可以单独摄食并生长。但同样有可能的是，在每个细胞之内，分子和细胞的排布方式可以吸引其他分子，于是自身就可以生长。生命的特征不再必须归因于整体，而是来自于各个部分 —— 更准确地说，是各个细胞 —— 它们以某种方式具备了"独立的生命"。

施万认为，对大量动植物的观察都验证了第二种理解方式。动物的卵细胞是什么呢？可能是一个可以生长并复制自身的细胞 —— 特别是通过孤雌生殖而繁育的卵细胞，因为在这种情况下，不可能再诉诸于受精提供的神秘之力。那些产生出低等植物的孢子又是什么呢？是细胞。还有某些植物，扦插一小截就可以再长出来一株新生命。因此，没有理由认为整个植物有什么特殊的性质。"营养及生长的原因不在于生物体是一个整体，而是在于它的各个基本组成 —— 细胞"，施万总结道。

把生物体还原为基本单元并不必然破坏它觅食、生长及繁殖的能力。生命的特异性不在于生物整体的特点。"每个细胞都过着双重生活，"施莱登写道，"一方面它是独立的，与自身的发育相关；另一方面又依赖外界，因为它已经变成了整体的一部分。"生物不再被视作一个统一体，好像是不与民众分享权力的独裁政府。生物变成了一个"细胞之国"，一个集合体系，在其中，施万说道，"每个细胞都是一个公民"。虽然一个生物体内的不同细胞都是由同一个方案建筑而成，它们仍然是不同的类型，在不同的细胞组织，发挥着不同的功能；每一种类型在整个社群里执行着特殊的任务。在细胞社群里，也有任务分配、劳动分工。因此，生物体的存在依赖于各个细胞的合作。虽然生物体决定了细胞生存的条件，但它不是细胞存在的原因。

因此，生命的特征必然归因于细胞，这并不必然出于神启之力，而是因为特殊的分子构造使细胞易受特定化学反应的影响。施万认为：

> "这些现象可能归为两个自然分类：第一类涉及分子形成细胞，因而证明了细胞的可塑性；第二类可以说是化学反应产生的代谢现象，无论它们源于细胞组成或周围细胞质的变化。"

细胞可以被视作一个个体，通过膜与外界隔离开来。尽管如此，虽然膜隔离开了细胞，它也允许细胞跟环境建立关联：从外界获取营养，并排出废物。为了解释膜区分胞内与胞外的能力，膜必须具备特殊的性质。施万写道，膜必须能够"对跟它接触的物质进行化学修饰，并且有能力把它们分离开，或在胞内或在胞外。还要排出那些血液里出现的新物质，比如，尿道细胞分泌尿素 —— 如果细胞本身没有这些功能，这些现象就无法得到解释"。

对施万来说，没有必要求助于任何神秘力量的介入。当时人们已经知道了电流可以引起某些物质的分解，为什么膜的性质不可能是因为其组成原子的位置不同呢？为了解释生命现象，完全可以假定一种力的运作方式，正如物理定律遵循"严格的、盲目的必然性"。

细胞理论的第二个方面涉及细胞与组织的繁殖。这个问题不再是关于组成或结构，而是关于起源。每个人都能看到细胞一分为二，正如菲利普·弗兰兹·冯·西博尔德（Philipp Franz von Siebold）在单细胞原生生物里观察到的分裂与繁殖。因此，生物体相当于原生生物的一个殖民地；受精卵通过一系列的分裂形成了动物的身体。然而，施莱登和施万假定，虽然一个细胞通过不断分裂可以形成一个群体，每个细胞并不必然由另一个细胞而产生。在特定的条件下，细胞也许可能通过类似自然发生的方式，由"原始胚芽"产生。菲尔绍（Virchow，又译作魏尔啸）的工作表明，细胞不可能从有机物的原汤里出现。"细胞总是由之前存在的细胞产生，正如动物总是由另一只动物而生，植物总是由另一株植物而生。"人们在代际传承中观察到的形式和特性的连续性，不仅适用于动植物，同样适用于组成它们的基本单元。细胞理论假定的最终形式，如菲尔绍总结的那样，"每一种动物都好像是生命单元的总和，而每一个单元又体现了生命的全部

性质 "。

　　有了细胞理论，生命的组成及特征便不再依赖于系统的需要，而是依赖于可以直接被观察到的对象。最终，实验分析成功统一了组合体系的逻辑必要性，正如莫佩尔蒂和布丰所寻求的那样。不论生物体的本性如何，不管是动物、植物或是微生物，它们都是由同样的基本单元组成。细胞的排列方式、数量及特性为生物体赋予了形状及特性。尽管细胞是一个高度复杂的对象，但它们同样遵循生命世界与非生命世界里的建筑原则。细胞成了生物学的原子，细胞理论改变了生命研究的方方面面。往后，要想揭示生命的特点，就必须研究细胞并分析它的结构，在不同的类型里找出细胞共有的、必需的东西；或者相反，找出不同的，对于某些功能的执行而言是特异的东西。

　　细胞理论对生物学最大的影响在于它改变了人们对繁殖的研究。在那之前，19 世纪的生物学家们只是简单地延续着肇始于前一个世纪的研究。渐渐的，显微技术的进步和更加精细的观察平息了先成论与表观遗传的古老争论。通过过滤提纯雄性动物的精液，普雷沃斯特（Prevost）与化学家让·巴蒂斯特·杜马清楚地表明，微小的动物们——"动物精子"——是受精必需的。人们也认识到，卵细胞并不是德哈夫在卵巢里观察到的那些卵泡，而是由冯·贝尔在卵泡内部发现的白色物质。受精之后胚胎的发育过程成了系统研究的对象，沃尔弗在一个世纪之前详细描绘的现象重新被证实，而且被描述得更加详细。在卵细胞受精之后，冯·贝尔所观察到的现象并不是一个预先成形的生物体的发育过程，而是一系列的复杂事件，未来成体的形状及结构由此逐渐浮现。受精卵像一只小球，起初 "分裂" 成两瓣，然后四瓣，然后变成了一大堆挤在一起的囊泡。渐渐地，折叠开始出现，"叶状体"彼此滑动，卷起，弯曲，内陷形成器官。"脊椎动物的发育过程包括在中央平面内形成四瓣叶状体"，冯·贝尔说道，"其中两瓣在中轴之上，两瓣在下。在这个演变过程中，胚胎逐渐开始分层，初级管道分裂成次级物质。而后者，包含在其他物质里，成为基本器官，形成其他所有器官。"

在所有物种里，胚胎的发育总是以同样的方式进行，按同样的时空顺序，仿佛遵循着一定的方案。首先，随着形式及组织体的逐渐分化，动物的机体也不断完善；然后，大体成形的框架逐渐定型，更专门的结构便明确了下来。

若是比较同一个家族内毗邻的物种，你就会发现发育过程中令人惊叹的相似性——这就是冯·贝尔所说的胚胎相似规律。

"我有两个保存于酒精里的小胚胎，但忘记了它们的名字，现在我也难以断定它们属于哪类。它们可能是蜥蜴或者小鸟，或者是非常年幼的哺乳动物——这些动物的头与躯干的形成模式是如此相似。极端的表型尚未在这些胚胎里出现。不过，即使它们果真在胚胎发育的早期出现，恐怕也于事无补，因为蜥蜴或者哺乳动物的四肢，鸟儿的翅膀和爪子，跟人的手脚类似，都是从同一个基本形式里发育而来的。"

同样的道理也适用于蝴蝶、苍蝇或鞘翅目的幼虫：它们的幼虫往往比成体的昆虫更加相似。

比较解剖学揭示出了生命世界的不连续性，胚胎学家们在对发育的比较研究中重新确认了这个发现。在比较受精卵的分裂、层叠的运动及不同器官出现的次序时，冯·贝尔发现，动物界里并不存在变化的连续序列，只有发育的组和"类"。事实上，他观察到了四种主要类型，跟居维叶的四类相对应。在群与群之间，胚胎的发育截然不同；而在一个群之内，出现了近似的现象。在这里，人们又一次发现，组织不止在空间里，也在时间上束缚了变异的可能性。最先出现的也是最重要、最核心、最深层的变化。"类群的宏观特征先于次级特征而出现，"冯·贝尔写道，"更特殊的特征从一般的特征演变而来，如此继续，最特殊的特征到最后才出现。"在胚胎里，脊椎动物先于鸟类出现。仿佛存在着胚胎的历史：最先形成的是类群共有的基本组织，就好像所有的成员都从一个道路出发，有些停在了半途，有些走得更远。

因此，受精卵不再被视作一个严格的结构，其中也并没有早已成形的个体。受精卵只是一个系统的起源，一系列的变化将要发生，每个步骤都蕴含了下一步的可能性。在胚胎的发育过程中，生物体似乎是由一系列的事件形成，一个接一个，在时空中依次展开。个体发育的时间决定了层叠的滑动和器官的出现；除此之外，还有更遥远、更隐晦、更深刻的时间，它似乎预兆了特定生物体间的一种新型关系。

于是，对发育中出现的畸形体的研究获得了新的重要性。因为，对布鲁赛（Broussais）来说，探索生命世界的新方法出现了。生理学的实验通常要改变生物体的自然状态，以便干扰某一种功能。然而，同样的结果也出现在特定的病例里。所谓疾病，不正是某些本来正常生理过程异常了吗？很多时候，没有哪个实验可以如此准确地重现这些异常现象。如果说关于正常生理状态的知识是解释病理特征所必需的，那么关于病理特征的研究同样可以为研究生理功能提供精准的工具。

畸形的地位发生了改变。它的形成不再被归结于神的愤怒、冥冥之中的报应、离经叛道的念头或行为的恶果；这些跟自然秩序相悖的现象也不是早在创始之初就已经埋下种子，只待时机成熟。在新的生物学看来，畸形是在胚胎发育的过程中出现的，受某种的损害而产生的。如果鸡蛋在孵育的过程中被剧烈振荡过，孵出的小鸡就会有各种畸形。在那之前，这些小怪物们，若弗鲁瓦·圣提莱尔认为，体现了"众神狂欢之际的组织结构，它厌倦于长时间的一丝不苟，而放任性情乱作一气"。在那之后，它们成了"胚胎发育阶段受过伤害的例子"。怪异的原因是胚胎受伤，无法完成发育过程中的某个环节，进而导致了执行整体方案的失误。畸形、怪胎和残疾的原因无非是发育受阻或者被延迟。夏多布里昂（Chateaubriand）谈道，各种异想天开以及"未经上帝创造"的生物观念被生物的发育受阻替代。它们的器官直到出生都保持着胚胎状态。畸形的出现也不是随机的，某些身体部位更容易受影响而改变形状，就像发育偏离了它的轨道。不规则中也有其严格性。"怪物并不是没有头绪的紊乱，"若弗鲁瓦·圣提莱尔写道，"而是另一种头绪，同样有迹可循，同样受制于规则：它是新旧秩序的混合，是本来该依次出现的两种状态同时登场。"并非所有的怪力乱神都有可能，所观察到的畸形总有几种特点。如同正常的生物，怪物也是可以被分类的。不规则同样遵守特定的组合、协调和从属规律。有些不规则可以通过遗传传播，但是大多数来自胚胎早期发育中受的损害。畸形学（teratology），即研究怪物，为生物学提供了一个主要的分析方法。

　　因为胚胎发育的研究以及在受精卵中观察到的连续发育阶段，古老的理论取得了长足的发展，一直延续到20世纪。但是直到它们可以跟组织里的细胞相比较，人们依然无法解释受精卵孕育出的性状。如果关于繁殖与发育的观察为细胞理论的建立做出了贡献，那么这个理论同样也提供了互惠的反馈：它为繁殖也提供了多方面的解释。毕竟，如同卵细胞，"动物精子"也只是一个细胞，无非是形状和功能特殊一点而已。受精是两颗细胞的融合，一颗来自父方，一颗来自母方。显微镜下观察到的生殖层的出现和分节，源于细胞的分裂和后续逐渐的分化，由此，它为实现不同的功能和器官做好了准备。雷马克（Remak）总结道：

> "所有的细胞或者它们在成体里的对应物，都是从一个受精卵逐渐分化出来的，并形成了形态相似的成分；组成胚胎早期器官的细胞，无论数量多少，都是日后成体器官独一无二的来源。"

　　因此，生物体的形成其实是一个再生的过程，在每一个连续的世代都要白手起家。但是，即使发育不再归因于一个微小的预先成形的生物体，它也不完全是表观遗传，不是从粗糙的材料里骤然而成的结构。冯·贝尔说道："生物体既不是预先成形的，也不是如通常所想的那样，在某个特殊的时刻从一堆无形的物质里突然出现。"每个生物体总是起源于形成生物体的某一个单元，一滴包裹在外皮里的原生质，也就是说，这个结构里已经包含了生命的所有特征。繁殖有许多方式：像单细胞生物那样分裂繁殖，像某些蚜虫那样从一颗卵细胞开始的单性生殖，或者是像大多数动植物那样由双亲的生殖细胞发生融合。但是无论哪种繁殖方式，总是从生物体的一部分产生出一个全新的生物体。父母的一小块与成体分离开，发育，生长，产生出一个与父母相似的个体，并获得独立性 —— 生命由此传承。世代之间从来没有完全的割裂。一个元件始终存在着，总有一颗细胞逐渐绽放。"在生命形式的整个系列中，无论是整个动植物还是它们的组成部件，存在着连续发育的永恒规律，"菲尔绍写道。生命来自于生命，并且仅仅来自于生命。生命的形成总伴随着细胞的增殖，类似芽的萌发，孩子不过是父母的再生。维持着生命连续性的是细胞。

因此，每一个生物体都起源于上一代的基本单元。这个单元分裂，分节，由此而形成的细胞分化以执行不同的功能，与组织和器官结合在一起，塑造了动植物的身体构造。每个生物体都是一份拷贝，是多种细胞类型的组合，但它们都起源于最初的受精卵。细胞的数量、种类以及它们的组织方式决定了生物体的形式和特性。正是细胞的组合造就了生物世界的多样性。然而，当细胞从一个生物体分离出来形成另一个生物体，新的生物体总是发育成旧的模样。从一代到下一代，所有发育、分裂、分化的过程不断重复，因此从受精卵里浮现出同样的组织与系统。比较解剖学揭示出的组织方案，必然依赖于统制着细胞增殖、分化、布局的蓝图。如果该方案一以贯之，并且执行得分毫不差，那么孩子就会长成父母的样子；如果方案失效了，或者执行出错，那么畸形就出现了。因此，生物学遇到了莫佩尔蒂与布丰已经提到的问题：基本单元经过组合构成了组织，这种组织的繁殖则要求上一代的"记忆"传递到下一代中去。在 19 世纪上半叶，只有"生命力的运动"可以发挥记忆的功能，从而保证繁殖不出错。但是，父母的形式在后代重现需要借助某种力，无论何以名之，无论其本质为何，从此以后，只能在细胞中寻找它了。

＊

随着组织代替可见的结构，成了分析的对象，对生物系统的研究获得了新的参照系，感觉资料可以镶嵌其中。在 19 世纪，组织之所以被等同为生命，是因为它融汇了三个具有严密从属关系的变量：结构、功能和奥古斯特・孔德（Auguste Comte）所说的"环境"。只有这三个变量和谐相处，生命才可能存在。任何一个的变化都会影响整个生物体，进而波及另外两项因素。在一个特定的环境里，孔德写道："给定了器官，便可以知道它的功能；反之亦然。"由此，这种相互关联为分析器官的功能和生物系统的特征提供了基础。生物学的研究就包含了特定的变量对变化的响应，无论这种变化是自然的还是人为的。从此以后，所有生物学家的精力、创造力和活动都聚焦于发现新的方式来分离某个变量，再发明一种方法能够精确可控地改变这个变量，并衡量它对其他变量造成的后果。自此，生物学里只有这个"三体"问题 —— 结构、功能与环境。

随着结构、功能与环境关联在一起，生物体在空间中排布的方式也彻底发生了变化。

　　首先，作为整体的生物世界所占据的空间发生了变化。从组织的角度而言，不是所有的元件组合都能成立。只有那些满足了生存条件的组合才可以存活，只有那些适应环境的组合才能繁殖。贯穿生命世界首尾的生物之链被少数重要的组织类型取代，各自拢集，彼此区分。生命的延续不再是水平方向，而是垂直方向，即通过繁殖连贯起来的世代更迭。

　　其次，作为个体的生物所占据的空间发生了变化。在少数可能的组合之中，器官不是偶然组合在一起的，而是受制于严密的计划。关键的器官深埋在生物体内部，次要的则露在表面。构成了生命基底、对它的任何改变都会对动物生存带来严重后果的重要器官，从此便与周围的环境隔离开来，从而免受外界的影响。然而，次要的部分，即与环境直接接触并承受其作用的部分，却可以变异。虽然这种变异不是完全的自由，它至少在某种程度上是生物体与环境相互作用的所在。正是在表面 —— 把生物体与环境隔离开又统一起来的表层 —— 外界，才可能对生物体施加影响，其方式多多少少是直接且持久的。

　　第三种变化则在于生物体的实质所占据的空间，因为它们总是由细胞组成。纤维或细胞组织的连续性被细胞布局的离散性所取代。生物体不再是严密编织起来的网状结构或是紧密叠加的皮层，它成了要素的组合或单元的联合体。随着细胞理论的出现，生物学建立了新的基础。由于生物世界的统一性不再依赖于存在的本质，而是材料、组成及繁殖的一致性。生物的特殊性质反映了它的内在组织。然而，与此同时，细胞理论把生命世界与非生命世界拉得更近了，因为两者建立在同样的原则之上：多样性和复杂性由简单成分的组合累积而成。

细胞成了"生长中心"，就好比原子成了"力的中心"。

最后的变化在于连接起世代更迭的空间。因为组织不再源于既定的种子，而是由单个细胞从母体分离，而后逐渐发育而来。在胚胎发育的过程中，受精卵发育产生出了一系列不同组织，之后渐渐成为成体。繁殖不再依赖于永恒不变的结构，而是组织体的循环，鸡生蛋，蛋生鸡，循环不已。

空间既然发生了变化，时间也得作出调整。当特定的要素需要有序组织起来，而不仅仅是堆砌到一起，它们的起源问题便无法再用 19 世纪的术语表达。组织体之间的联系不是因为彼此在空间上的临近，或者它们组成的相似性，而是因为这些要素在时间中建立起的世代传承关系。如果两个组织系统体现出了某种类似之处，那是因为两者都经历了世代延续的共同舞台。组织的观念与它的历史紧密交织。不过，组织系统的历史不只是系统所参与的一系列事件，更是系统形成过程中发生的一系列转变。因此，在上一代与下一代之间，重要的结构不一定丝毫不变，因为同样的组织也可能以同样的演替顺序、通过同样的"演化"方式出现。事实上，在胚胎的发育过程中，空间与时间密切相关。器官的形成并非毫无顺序，正如它们在机体里的分布也不是毫无规则。最重要的器官埋在组织深处，最难改变，最先成形。反之，辅助器官位于体表，最为多变，最后成形。于是，组织成形的时间表跟路线图就吻合起来。个体发育过程中的一系列变化也暗示了同一物种内的一种新型关系。对于一个物种的所有胚胎来说，重要、内在的器官首先出现，形成基本组织；在此之后，不同亚种才开始分化，仿佛沿着同样的道路出发，在不同的地点终止。最完美的物种走得最远，实现了最表层的细节。在个体发育的时间之外，另一个更遥远但更有威力的时间隐约可见，它将揭示出所有生物体之间的关联。演化理论已悄然浮现。

第 3 章
时间

　　对今天的生物学家来说，时间远不只是单纯的物理参数。它与生命起源及生物演化都密不可分。对于地球上最近 20 亿年来存活过的生命所构成的序列而言，每一个生物体都是其中一环，无论它是多么卑微、多么简单。每一只动物、每一棵植物、每一种微生物都是变化的生命之链的一部分。每个生物体都是历史的产物，这个历史包括了它的祖先参与的所有事件，也包括塑造了生物体的所有变革。时间的观念，与起源、连绵、变异和偶然的观念勾连交织。与起源的关联在于，生命的出现本身可能是个突发事件，即便不是地球形成以来仅有的一次，起码也是非常罕见的：所有的生物实际上都始于同一个祖先，或者很少的几种原始形式。与连绵的关联在于，自从原始生命出现之后，生命只能来源于生命：正是通过不断繁殖，今天的地球上才有了丰富多彩的生物。与变异的关联在于，虽然生物体的复制非常准确，几乎总是形成完全一样的个体，但是它偶尔也产生一些新东西：这点微小的灵活性就足以产生出演化需要的变异。最后，与偶然的关联在于，自然里不存在任何动机，环境并不会把遗传变异引导向任何预设好的路径：并没有任何必然规律导致今天存在这样一个生物世界。因此，每一个生物体，不仅与空间相关，更与时间相连。事实上，正是时间塑造了它当前的结构，赋予了它第四维度。

　　对今天的生物学来说，生物世界当前的状态是通过演化得到解释的。然而，"过去"的作用必然依赖于人们观察和解释"现在"的方式。实际上，不同时代对时间赋予的功能及重要性，取决于那一代人对事物和生物的本质的理解，以及对二者关系的推断。毫不夸张地说，在18世纪之前，人们认为生物体没有历史可言。任何生物体的出现都是一次性的，也许需要某种神力的介入，但所有生物体出现的顺序却早就注定了。即使当"物种"得到更严格的界定，人们仍然视之为一个模型框架，不同的个体无非依次填补其中。在繁殖的过程中，同样的性状总是在同样的位置出现，画面凝固不变。假如生物是预先成型，只是在祖先的生殖器官里等待出生，那生物有什么历史可言呢？

1.激变

　　直到18世纪，时间的观念才进入生命世界。首先，繁殖的观念使生物体有了历史；靠着祖父母、父母和子子孙孙构成的序列，物种才得以延续；其次，因为波奈（Burnet）、伍德沃（Woodwar）、波努尔·德马耶（Benoit de Maillet）的论述，尤其是布丰，一系列的激变使生物世界陷入混乱。地球不再是自创生就一成不变了。它有了历史，有了纪元，有了时代。在18世纪，生物的世代更迭似乎还是繁殖之链，平铺直叙，毫无新意；反之，地球的历史似乎更富波澜，一连串的转变影响深远。这与《圣经》里的描述不再一致——依据后者，自神创世以来，只有大洪水中断了地球上的平静。接下来，各世代的编年史记录了多数生物体的时间，也就是建立了它们固有的时间。与此相反，地球的激变在生物世界刻下的痕迹依然外在于生物体。激变对于生物体的影响是次要的，地球的波动无非影响了它们的生存区域、气候和食物。激变的主要影响在于地球的表面 —— 最初的灼热逐渐冷却，原始海洋形成，地壳折叠、隆起，大陆架出现，山脉凸起，某些陆地下陷，被新的海域覆盖。同时，气候发生了变化 —— 起初是均一的酷热，然后不同的区域开始分化，局部开始变冷。所有这些事件在生命世界里都有回响，这不仅改变了生物本身，也改变了生物在地球表面的分布。残留的化石表明，曾经的生物与现存的生物是一致的。布丰说道：

> "在远离海洋的大陆内部或山脉之巅，人们发现了贝壳、海鱼骨架和海洋植物，而它们与现在海洋里生活的贝壳、海鱼和植物一模一样⋯⋯它们是如此相像，以至于我们可以断定，它们本来就属于同一个物种。"

地球的冷却使得生物趋于分散，那些一度在温热环境里繁殖的物种不得不另觅家园，聚集在新的温热地带。那些冷却的区域逐渐被别处没有的生物体占据。在此过程中，许多物种灭绝了。长远来看，正是地壳的险峻、气候的多样和海陆的分配为今天的生物体提供了保障。没有地理的多样性，就不会有草木葱荣，也不会有田野和森林里生物多样性。"那样，海洋将覆盖地球，"布丰写道，"留下的是一个暗黑、荒凉的星球，充其量是鱼类的乐园。"

在此之前，人们从未质疑过生命世界的恒常性与严格性。人们无法设想，过去的生物样式会与今天见到的不同。但是，一旦地球有了"波折"的历史，生物世界中就发生了一次震荡。世界的基座开始松动。突然之间，生物体也并不必然是一成不变的，个体会发生转变，物种也可能随着时间而变化。18世纪常常被认为是物种变化思想的源头。林奈关于物种不变的观点与演化论相悖，而支持演化论的不仅包括了布丰和莫佩尔蒂，也包括了德马耶、罗宾奈、波奈和狄德罗。在18世纪下半叶，演化论的趋势逐渐明朗，而接下来的一个世纪只是对它作出了界定，并进一步阐发。然而，我们有必要澄清所谓的"转变论"与"演化"到底是什么意思。无疑，在18世纪中叶，大多数的著作都体现出了一种崭新的世界观：一种生物形式可能是从另一种生物形式过渡而来；许多曾经存在的物种消失了，而留下的痕迹难以解读；没有人可以断言现存的动植物从未变过，或者未来依然会保持原样。毫无疑问，生物体的过去与未来变得不确定了，狄德罗总结道：

> "在泥巴里爬行的幼虫也许要变成一只大型动物，而现在令我们闻之色变的大型动物也许正在变成一只幼虫，或者只是这个星球上一个特殊而短暂的创造物。"

最后，林奈也倒戈了，他也热情地期盼着新物种的诞生，比如未知的花儿或者通过某种非自然杂交产生出的突变种。

尽管如此，"转变"的观念还不足以界定"转变论"。转变论的特征在于源于生物自身的推动力，正是它推动着生物在地球的变迁中从简单走向复杂。它是生物形式之间动态平衡的产物，是生物体与其环境相互作用的网络，是相似与差异在自然史中的对话。转变论，简言之，是试图涵盖物种的外表、多样性与亲缘关系的一个因果理论。在这个最宽泛的意义上，18世纪的著作里还没有转变论，因为彼时生物时间与地质时间尚未发生关联。只有极少数情况下，它们才有所交集。

在 18 世纪的思想里，人们只能找到一些零星的线索，而这些，注定了只有在 19 世纪才能被编织进生物世界的因果链里。

　　许多文献都提出了这种可能性：通过生物体的剧变，一个物种可以变成另外一个物种。比如，德马耶详细讨论了从"鱼到鸟"的转变；众所周知，每一种演化理论都非常重视从海洋到陆地的转变过程。德马耶说，遗留在水洼里的鱼儿"被迫学着适应陆地生活"：曾经用于游泳的鱼鳍需要发育成腿，以便在陆地行走；鱼的吻和颈还要变得更长；刚毛要从皮肤上长出来，逐渐变软，直到形成羽毛。不难设想，一只生了翅膀的鱼，大多数时间都在水下滑行，偶尔在天上飞翔；然后，它逐渐变成一只一直在天上飞的鸟儿，但是仍然保留着鱼的形状、颜色与滑行的动作。

> "这些鱼儿的后代被带到沼泽里，或许就产生了第一批由海洋生存转变为陆地生存的物种。在新的环境里，即使上亿个生物个体都无法存活，但是只要有一对活了下来，就足够延续新的物种了。"

　　在今天的我们看来，这毫不稀奇，因为演化思想已经潜移默化地影响了我们一个世纪有余。但是，对德马耶而言，一旦意识到古代曾出现过覆盖全球的海洋，那么接下来的问题就是，如何在今天的水生生物和陆生生物这两条连续序列间建立起相关性。每一种陆生生物都得有在水里的对应物。不仅是鸟儿与飞鱼，"狮子、马、牛、猪、狼、骆驼、猫、狗、山羊和绵羊都得有其在海洋里的对应物。"每一种已经在水下生活的动物都可以随时爬到陆地上，在此定居。在德马耶的

《耶马德》(the Telliamed)一书里，这是唯一讨论到的转变类型。随着地球年龄的增长，生物体的变化却没有被袭承下去，既无时间上的连续可言，也不存在趋于复杂和完美的态势。

另一方面，诸如波奈或者罗宾奈这样的学者倾向于认为生命世界趋于复杂，从某种简单的状态"进步"到另一个更精微的状态。比如，对罗宾奈来说，"曾有一种生物是所有生物的原型"。在这里，我们听到了一点"转变论"的论调。然而，原型不过是一种生命单元，是有机分子形成的生命体。罗宾奈认为，在创世之初，可能只有一种组织蓝图或者"动物性"，这也就是原型实现的方案。后者有一种天然的趋势，通过发展和组合，逐渐形成更多样的生物。正是通过原型的变异与组合，不同的生命形式得以产生，并构成了生物世界里连绵的网络。最终，所有可能的组合都出现了，它们作为一个一个的环节构成了生命之链，从最简单的原型一直延伸到最复杂的人类。因此，这个链条之所以能形成，并不是通过点滴的累进，从一个物种过渡到另一个物种，而是通过一种组合体系，它今天产生了这种生物，明天产生了另外一种全然不同的生物。与此相反，对波奈来说，所有的生物体都向着未来的状态变化，"生物的未来与现在不同，正如地球的未来与现在不同"。这里，人们再一次很自然地就接受了生物由简到繁转变的理论，生物体的替换也就相当于整个生命世界沿着时间轴铺展开来。每一个物种在这条链条上都有容身之地，并根据自身的完美度占据新的位置。

"人类在智力上的优越性使其处于一个独特的位置。
在地球上的动物中，占据首位的是猿或者大象……牡蛎、

> 水螅等最低等的物种在这个新的等级体系中将成为最高等
> 的，就像在目前的等级体系中的鸟和四足兽之于人类。"

考虑波奈是一个坚定的先定论者，很明显，这个巨大的生物等级链自创世之初就在种质内一环套一环地安排好了。

与布丰或者莫佩尔蒂的观点相比，这些论述是多么不同啊！然而，即使在莫佩尔蒂的文章里也有一丝变异的要素，虽然还称不上物种渐变的完整理论。正是布丰格外强调生命存活条件的重要性，比如气候和营养决定了生物如何适应了它们的地质时代。对布丰而言，生物体无法独立于环境而存在。外在因素的作用有两个方面：其一，通过限制生物的繁殖力。生命世界有一定的稳定性，但它是两种相反的作用力的结果。布丰说道：

> "自然之中，事件的进程一般是稳定的，甚至是不变
> 的；它的运动是有规律的。这依赖于两点：一、所有的物
> 种都有无限的繁殖力；二、环境的束缚在一定程度内降低
> 了繁殖率，使得每个物种总是留下数目有限的后代。"

这基本上就是达尔文思想的雏形了。它已经包含了生物繁殖受限制的主题，马尔萨斯将重拾这一主题，达尔文和华莱士继而发扬光大。不过，对布丰而言，这仅仅关乎平衡，而非竞争。主宰着自然和谐的是平衡，而非种群间的斗争或者变异。虽然繁殖力是生物体的内在性质，它的功能并不能改变种群，而是使物种不朽。更重要的是，繁殖让每一个物种都保持在某种恒定水平上。此外，在布丰看来，外在因

素的另一个作用在于塑造了目前生命世界的结构。如果变化真的发生过，那么它也不是来自于生物体自身，而是来自于外在条件，比如地球的激变清除了某些突变的生物体。外在因素并非直接改变了生物体，也不是作用于种群平衡，使得它们沿着特定的轨道前进，外在因素只允许某些生命形式存活。衡量生命世界结构的也不是种群，而是物种的类型。许多物种都发生了改变，因为"陆地和海洋的变迁，自然的抛弃或眷顾，福祸不定的气候的长期影响，甚而变得面目全非"。与此相反，在那些气温恒定的地方，同样的植物、昆虫和爬行动物一直都在那里，"无须特地引入"。此外，也存在着同样的鱼、兽和鸟类。在相似的条件下，同样的原因产生了同样的结果，有机分子以相似的方式排布，从而产生了相似的形式。然而，当有机分子组合成动植物，它不再只是形成初等生物，恰恰相反，它们形成的是类似于今天的复杂生物。所有可能的组合都逐渐实现了。这些生物中的大多数可以繁衍生息，逐渐占据了地球上的每一个角落，包括每一块陆地、每一片水域。它们慢慢把地球上的所有生物编织进了连绵的网络。其他组合则纷纷流产，比如曾经出现的"畸形怪兽，那些涂改了上千次的不完美的草稿，昙花一现，转瞬即逝"。这些残次品很快消失，没留下任何后代，如同狄德罗的怪兽，在"宇宙的大清洗"之后消逝殆尽。尽管自然试图实现每一种形式，实现器官所有可能的组合，但是总有一些组合是活不下去的。布丰说，**"凡是可能的都是现实的"**——但并非一切都是可能的。化石记录了地球的过去，而怪兽标记了自然的边界。于是，时间成了大自然的首要工匠兼仆人。不过，时间本身"只与个体相关联"，可能存在着某些差异，它们改变了少许物种。可能有某些物种，比如马、斑马、驴，显然属于"同一家族"，属于由同一个"主干"辐射出的"旁支"。在所有靠呼吸维生的动物之间，比如在人与马之间，同样可能存在着一点亲缘关系，一种共同的"基本组织形式"。不过，这些变异始终是有限的，总有些特点是不变的，否则就没有科学了。稳定性的基础在于内在结构的持久性。"每一个物种之所以能成其自身，就在于它是这样一个类型，其主要特性体现在那些永不磨灭的特征之中。"别忘了地表发生过的变化，动物起源可以追溯到盘古大陆尚未分离的时代，某些动物在新世界中变成了新的物种，简言之，通过这番计算就能把 200 多种兽类缩减到最开始的 38 个科。因此，生命世界的起源可以归因于创造和变化之间的妥协。

无论看起来多么新颖，布丰的观点还远不是真正的"转变论"，他并没有提出：复杂肇始于简单，形式随时间而演进。当一个物种发生转变的时候，它并没有丝毫的增益。变异意味着"退化""非自然化"，生物体从最初的形式偏离，失去了物种的纯洁性。即使他谈到了地理对生物的作用，但那还远不是后来理解的环境与生物的相互作用。事实上，当时谈到的环境还不是 19 世纪所理解的含义，也没有环绕生物的空间环境以特定方式扩展作用于生物体，正如生物体反作用于它的环境。地表的特定区域更适宜于某些生命，适宜一种生物的条件并非适宜于所有生物。"环境"塑造了生物，正如机缘塑造了孟德斯鸠谈论的社会机构。

对莫佩尔蒂来说，他的主要兴趣在于变异的机制。他的写作最先揭示了遗传的内在变化为生命世界引入了变异。这些变化发生在自然要素的相互作用之间，通过繁殖保证了物种的延续性。可遗传变异的来源是生命粒子，它们在每一代里重新聚集，以父母的形象形成后代。在这个系统里，变异由两种不同的方式产生。首先，组成胚胎的粒子的比例可能不同，太多或太少都会引起局部的变化。这解释了为什么有人会多长出一根手指或脚趾，或者白化病人头发变白，他们的眼睛因为太过虚弱而无法接触日光，只能在暗夜里睁开。"白化病人之于正常人，正好比蝙蝠和夜枭之于鸟类。"一旦有白化病出现，这种病情往往在家族内遗传，偶尔跳过某一代。最不相似的物种们"最初很有可能起源于繁殖过程中的偶然变故。后代的基本结构与其父母相比稍有差池，每一点出入都可能造就一个新物种，通过不断的分化最终形成了我们今天见到的多样性"。

除此之外，还有另一种产生变异的方式：不同个体交配之后，双亲的特性均在后代出现。可以说，那些出于好奇心的努力创造了新物种。各种各样自然界未曾出现的狗、鸽子和金丝雀被繁育出来。"它们起初都是意外的产物，接下来，是人工劳作和不断的繁育把它们变成了新物种。"为了满足流行的需要，总有各式各样新奇的动植物被繁育出来。对莫佩尔蒂来说，正如一个世纪之后对达尔文那样，通过人工繁育获得的新物种是自然自发产生新物种的一个模型。比如，在人类中，意外交配可能产生英俊或病态的后代，巨人或侏儒、西施或无盐。有些变种受人追捧，有些则遭人厌恶，这决定了他们是否会留下后代。也就是说，这些罕见的特征可能得到保留。天生的缺陷很快绝迹。与此相反，形状姣好的腿往往在世代之间不断进步。弗里德里希·威廉将军偏好能吃苦耐劳的步兵，于是他带的士兵身高就偏高。通过模仿繁育，可能创造出新的人类。"为什么那些心满意足的君主，可以让后宫里的妃嫔通通闭嘴，却没有制造出新的人类？"

因为这两种机制，生物体可见形式的组合系统跟种质里用于繁殖的生命粒子相对应。生命粒子的异常或者胚胎形成过程中的错误导致了各种各样生物体的出现。然而，对莫佩尔蒂来说，正如对布丰和狄德罗，不是每一种可能性都是现实的。在大自然形成的所有偶然组合之中，只有"某些合适的配对"才可能存活下来。偶然出现的诸多个体，只有少数满足了生存的需要，因而活了下来。与此相反，大多数情况下，一些持久的紊乱阻碍了发育，于是失踪了。"兽，无口则不可活，无生殖器官则不可延续；只有合乎秩序与规范者方得始终。"在可能性的世界中，生物有无穷无尽的变异，然而长远来看，自然还是作出了选择。

　　莫佩尔蒂的一个典型特点在于，他不遗余力地尝试来构建系统。在其中，可见的结构受制于更高阶秩序的结构。他试图把生物体的稳定性与变异性建立在这样一个基础上，通过生命粒子的组合，每一代的形式都被重构了。这些生命粒子必须各式各样，而且可以无限组合，由此产生出所有可能的排布、类型及多样性。生物体的可能性跟它能否存活无关，大自然会筛选出可以存活的类型。即便如此，生物多样性的数量仍然足够巨大，生命世界生生不息，并无中断。然而，时间在这里发挥的作用有限。从简单到复杂，并没有累进式的过渡，也没有渐趋完美的中间过程，没有证据支持一系列连续的转变逐渐塑造了彼时的生命世界。莫佩尔蒂的关切在于构建一个内在于生物体的系统，它仅仅通过生物体组成单元的功能，就可以制造出所有可以想象出来的组合，从而覆盖所有可能性。

　　因此，在 18 世纪下半叶，人们无法恰当地谈论转变论。彼时的核心任务在于绘制生命世界里连贯、变动的图景，并与地球经历的变化联系起来。虽然化石中存在间隙，大迁徙和激变已经对地球上的物种重新洗牌，生物体仍然形成了一个连续的网络，这种连续是空间意义上的，而非时间意义上的。借助繁殖的概念，生物之间具有了一种新的关系，它把不同代际的个体垂直地联系了起来。尽管如此，这种关系仅仅适用于同一物种内的生物体，或者是那些彼此明显相像、可以归为一个"家族"的生物体。尽管"形式在代际传递中恒定"这一论点遭到了质疑，生物体所允许的灵活性仅适用于次级结构，即那些对物种分类而言重要的特征，而不是整体结构，比如身高、耳朵或四肢的长度，手指脚趾的数目，眼睛头发的颜色。在它们的结构主线里，物种仍然延续着永恒。彼时，人们无法想象生命世界的图景可能呈现出不同的形式；也无法想象该图景会随时间而变化，除了局部有微小的修正。即使当前的世界与创世之初不完全一致，创世的过程仍然需要神力介入。今天，生命形式的多样性要发展出来，最主要的类型和基本的主题必须在世界诞生之初就确定下来，之后大自然会演绎出它的变奏。从创世之初，生命世界就具备了足够多的物种以形成连续的阶梯。时间发挥的功能仅在于增加横梯的数目，使物种靠得更近。无疑，生物体会随着时间而发生转变。然而，代际传递体现出的节奏与地质变化造就的印记尚未联系起来，因此，生物体的多样性和复杂性还无法得到解释。生物个体开始有了历史，但是生命世界还没有。

2. 转化

　　从18世纪到19世纪，随着生物学的出现，时间才有可能在生命起源中发挥作用。首先，因为有机物与非有机物的区分，无论种属，所有的生物体都彼此相连。其次，因为生物体的连续性，生物只能由生物而产生，因此从物种的严格框架中解放出来。最后，因为生物体之间的关系不再依赖于它们的组成部件或者单独的器官，而是基于整体结构，组织体于是代表了一种具有更高阶秩序的系统。生物体的复杂度和它们的完美水平于是可以通过拉马克所说的生命世界的"主要物质"来衡量。每个物种都有它自己的组织，结构之间的"关系系统"从最复杂向最简单的生物逐步弱化。变化的是器官，但器官之间并不是并行的关系，和组织体的复杂性也没有直接的关系。拉马克说："所有物种的器官都达到了最完美的水平，在一个物种内的不完美的器官在另一个物种内可能达到完美。"任何关于生物体的比较或者分类，如果不是基于组织，都是主观臆断。与此相反，如果考虑到群体，就很容易在生命世界里识别出连续的链条，即从最简单到最复杂的生物阶梯。"在群体中，每一种生物体都有一个独特且渐变的序列，与组织程度的递增相一致。"拉马克如是说。

　　因此，发生转变的是作为整体的组织。生物体部件之间的关系并非一成不变。它可以变成另一种更加复杂的系统，而且不可逆转。于是，有人设想，所有的生物体也许都有共同的起源，通过时间之中的流变而彼此相连，一种内在的动力让生物体趋于复杂。通过赋予生物组织转变自身的能力，拉马克完成了 18 世纪不可想象的事情，即通过描绘生物累进的历史，他把所有的生物联系了起来。对布丰而言，转变只发生在非常局限的领域 —— 只在物种的"家族"之内。在生命世界的源头，有大约 40 种不同的原型，新的生命形式由此出现，并组成了当今的生命世界。然而，这些原型之间并没有什么联系，由此衍生出的家族之间也是"老死不相往来"。布丰用"去自然化"一词来描绘物种的多样性引起的退化与物种的腐败。与此相反，对拉马克，转变只能意味着适应，是"功能"的增强。因此，不同类型的组织体并非同时出现，而是有先有后，"在动物的阶梯中，从最不完美的动物开始，组织体形成，而后渐趋复杂，令人惊叹"。时间成了生命世界运转的一个主要因素，正是时间导致了不同的生命形式渐次出现。于是，在多样性之外，同一门类的所有生物体由共同的历史连成一个纽带。但是这个历史只能用一条直线来表示，没有中断，也没有曲折。

对拉马克来说，有三项因素共同作用，赋予了时间以创造性的作用：组织体的继承、持续与改进。首先，所有的证据都表明，各种生命形式不可能同时产生。生物体经历过不同程度的变化，这体现在器官的形成条件和器官之间的关联上。因此，物种不可能是一个严密不变的框架，后代的个体在其中各就其位。"所谓的物种 …… 只是一种相对稳定的状态，并非与大自然一样古老。"这不仅适用于生命世界的细枝末节，也适用于所有生物。造物主的观念不再必不可少。"所有的组织体都是大自然逐渐塑造出的产物。"通过一系列持续的转变，所有的生命形式在时间之内逐渐浮现。一个阶段的转变造成了不同组织体的隔离，而不同组织体的隔离又强化了这种转变。如果不同类型的组织体之间可以建立一种空间上的关系，那么它们在时间上的关系也可以由此推测：前者因后者而产生。

这一系列的转变必然需要很长一段时间才能发生。地表的一切都在缓慢地改变着状态及形式。地球上的所有生物，都根据它们自身的性质和作用于它们的外力而经历着或多或少的快速"突变"。人类看到的稳定性只是表象，因为人类以自身的寿命来衡量一切事件。数千年在人类看来无比漫长；事实上，自然只让人类看到了稳定的状态，以及影响生物世界变化的间隔期。然而，即使肉眼无法看到生物体的变化，即使今天看到的生命形式跟 3000 年前生活的生命形式没有不同，转变过程也被它的延续进一步掩盖。鉴于生命世界里多样性出现得如此缓慢，那么，我们就有必要认为它需要更加漫长的时间。

> "跟我们日常计算所认为的长久时间段相比，自然要产生出我们今天所见的动物组织，而且达到如此复杂的发育程度，无疑需要更长的时间，并经历巨大的变化。"

对拉马克而言，转变是一条单行道。变异总是沿着同样的方向进行，从简单到复杂，从质朴到繁复，从不完美到完美。任何一个生物体内发生的变化，都为下一代带来了组织结构上的发展，或者能更好地满足某些需要，或者有更大的余地回应生命的挑战。转变只带来了可喜的事件，从未带来过"失去的物种"。许多化石跟目前可见的生命形式类似。如果存在独一无二的东西，那是因为人类已经毁灭了它们，或者因为它们已经变成了另外一副模样。但是，没有任何生物从生命世界里消失。最古老的物种跟最晚近的物种并肩出现。因此，生命世界里可以观察到的三项指标有共通的基础：生物体出现的时间、它的复杂程度和完美程度。只要知道其中一个，我们就可以推断出另外两个，因为自然创造动植物的原理是相通的。

> "如果所有的生物体都是大自然的产物，不可否认，它们只能是逐步产生的，而不是一蹴而就出现的；既然如此，就有理由认为，大自然是从最基本的生命形式开始，逐渐产生了更复杂的形式。"

因此，不完美也意味着更初级、更简单。这种关系把时间上的组织序列转变成了空间上的同构序列。在生物之链上，形式从简单到复杂，这对应于自然在时间上的进步，也重演了生物体被创造的顺序。在生命的阶梯上，最初级的形式占据了一个特殊的位置，因为它们是生命的起源。正是在最初级的动物体里，在各种"软体动物"之中，生物的变异体现得最为明显，对它们的研究也最容易上手。

拉马克的《动物哲学》出版之初颇受冷遇。如果说拉马克对他的时代产生了什么影响，倒不在于他提出了生物世界起源的假说，即，一个物种可以逐渐过渡成为另一个物种，而在于他在生物体的多样性背后发现了统一性。他厘清了生命世界与非生命世界的边界，围绕组织结构进行了分析。简言之，他为生物学成为一门科学作出了重大贡献。拉马克后半生的论述，代表了两种知识类型的转变。一些萌芽已经体现了19世纪的世界观，其余的仍然代表了18世纪的残余。比如，所有的生物体仍然形成一个连绵的网络，旧的链条从生命世界的一极蜿蜒至另一极。类似于布丰，拉马克认为自然界中并不存在物种或者类群。他认为，"真正存在的只有个体，以及由相似的个体集拢成的生命形式"。如果在这个阶梯里恰好有一个间断，这是因为生活方式的不规律或者生活习性的改变扰乱了曾经正常的进程，或者是因为人类的知识尚不完全，以至于目前还没有辨认出生命之链上的所有环节。鸟类与哺乳动物之间的鸿沟似乎已经弥合，因为人们发现了过渡动物的存在，比如鸭嘴兽和针鼹。事实上，正是因为拉马克仍然认可生命世界里的线性序列，所以他才能把生物的诞生解释为一连串的顺序事件。因为自然界无飞跃，这种相似性就可能转变为亲缘关系。"它遵循一个清晰可辨的规律。如果从最完美向最初级的方向观察生命世界，我们就会发现相反的规律。"

　　生命世界之所以成为今天的状态，实属必然。拉马克重申了18世纪的世界观。在他看来，毫无疑问，生命形式的图景并非一成不变。从创世之初，生命之链就不完整。时间带来了革新，它在生物链上不断添上新的环节。然而，长远来看，今天看到的图景可能跟它实际所是并无太大的不同。虽然他拒绝考虑生命世界是神意的实现，但拉马克认为动物的生命具有一种"重要且关键的原因"，它让组织结构渐趋复杂、日益完美。因此，自然运行所依据的"方案"把新生命嵌入了它们生存于其中的世界。在新生物出现之前，自然已经知道了它要产生何物。比如，对脊椎动物而言，很显然，"自然从鱼类开始了她的设计方案，然后过渡到两栖类，接下来改进到了鸟类，最终形成了最完美的哺乳动物"。为了达到满满的程度，大自然按部就班屡试不爽地创造、发展和改变着生物体的形式。改进一个系统通常需要一系列过渡状态。以呼吸系统为例，为了找到最合适的方案，自然首先必须优化气管通道，然后是鳃，最后是最复杂的肺。这里没有试错，没有犹豫或迟疑，只有受外界变化和环境"阻挠"而带来的停滞。

　　大自然通过两种因素之间的组合来造成变革：一个内在于生命，一个外在于生命。首先，每个生物体内似乎都有一种内驱力，"不停地使组织结构趋于复杂"。这并不是复制本身的机制（莫佩尔蒂语），或是导致生物以指数级增长的不可抑制的冲动（本杰明·富兰克林及马尔萨斯语）。这种力的起源不无神秘——尽管拉马克本人信奉唯物主义——这种力却近乎生命力，它足以引起生物繁殖；它也是生物进程中体现出的和谐与规律性的真正源头。尽管这种力持续不断地增进组织的复杂性，它自身还不足以产生生物体的多样性。譬如，如果鱼类"一直生活在同样的气候、同样的水域，那么毫无疑问，这些动物的组织将体现出一致的规律性"。但是，它们也有可能根本不是从水里出现，继而在陆上繁殖。生命形式要多样化，生命的条件、"境况"和"环境"都发挥了作用；但这种作用不是莫佩尔蒂、布丰或者狄德罗所认为的那样——对他们来说，外界条件只是现存生物体得以延续的诱因或者障碍，并直接作用于生物体的性质、结构和遗传。对于离开水的动物，它们"必须从水里过渡到岸边，然后再来到陆地上更干燥的地方"。一旦到了干燥的陆地，因为新的经历，它们形成了新的习性，器官也更能适应环境。卡巴尼斯（Cabanis）已经提出了"生存需要引起了器官发育"的论点。拉马克在环境、习性、器官的功能之间建立了一个相互作用的网络——"环境产生了新的需要，重复的动作培养了新的习性"——自然正是通过这种方式保存并优化组织体。虽然所有生物体都有不断增加结构复杂性的内在能力，而且这也足够确保生物体的革新与进步，但是，只有外部环境因素才能打乱进步的规律，迫使生物体另觅他途。

生物体的功能与外部环境之间的张力，来源于拉马克对生物体最核心特征的判断：它们能够适应环境，并与周围的环境和谐相处。拉马克的态度与18世纪的其他思潮一样，立足点都是宇宙和谐的观念。生命世界不仅是最好的，更是唯一的。在当时，生物世界与自然世界之间没有冲突，生物之间也没有争夺领地的战争，"生存斗争"的观念尚不存在——这要等到马尔萨斯提出，经达尔文和华莱士的传播才发扬光大。拉马克认为，如果一个新出现的生物不遵循常规进程，这就是对特殊情况的适应。变异总是有用的，但是生物体完善自身的能力并不总是足以产生有用的形式。虽然遗传可以创造新的形式，但它并不改进原有的形式。新生物和改进方案的出现是循规蹈矩的，并非异想天开或者旁门左道。它们无法对付特殊情况。因此，环境通过渴望、需要、习性和行为作用于遗传。一旦某些个体的组织以这种方式得到改进，"那么下一代的个体就保留了改进的特征"。生物结构的可塑性与适应机制的灵活性不仅允许了生物自身嵌入环境，同样允许了环境逐渐嵌入生物自身，从而改变了生物的遗传特征。

　　这不是第一次有人主张环境可以直接作用于遗传了。很久以来，人们认为生物可以把获得的经验传给后代，否则就无法解释生物与自然之间的和谐。然而这种主张并未得到系统、详尽的探讨。拉马克对此深信不疑，因为在他看来，派不上用场的器官显然要走向消亡。鲸鱼与鸟类没有牙齿，因为牙齿对它们没有用处；鼹鼠丧失了视觉能力，因为它生活在暗黑的世界里；无首软体动物没有脑袋，因为它没有这个需求。同样不言而喻的是，器官会因为经常使用而有所发展。天鹅有一个长脖子，因为它以水生动物为生；鸭子有脚掌，因为它靠着拨水来滑行；食肉动物有锋利的爪牙，因为它们需要爬树、打洞、捕猎。在拉马克那里，最终目的无关乎初始意图，也不需要由神意来决定创造出生命世界，并指导其后续发展。可以说，正是这些短期目的与生物体日后的福祉密切相关，因为适应的意图总是先于实现的结果。最终，大自然遵循的方案为世界提供了更复杂、更完美、更能适应环境的生物体。如果生物的自然进展不够充分，它就会被提前更正。因此，方案的执行过程伴随着一系列微小目标的实现。不过，虽然拉马克详加描述了事情**为何（why）发生**，却很少论及它是**如何（how）发生**。环境因素是如何作用于遗传的？拉马克从未提到过任何试图回答该问题的实验设计或观察。哈勒和波奈的文章都提到，尽管每一代都会出现伤残，形式却具有稳定性，——但拉马克从未讨论过这些观察。莫佩尔蒂曾经设计了诸多实验以衡量遗传是否受经验影响，拉马克没有进行过这方面的努力。他仅在一处提到了"内在汁液"，它作用于"动物体内灵活的部分"，冲刷出通道，替代了物质，甚至形成了器官，简言之，塑造了身体。拉马克的论述仍然散发着老派机械论的气息，谈论的仍然是规律性和连续性，匀速或加速运动。

说到底，拉马克的转变论包含了两方面的动力。一方面，生物体所处的状态受渐趋复杂的组织影响，逐步形成了有规律的梯度；另一方面，多种不同环境因素又倾向于破坏这种规律性。因此，它们首先在自然阶梯之上形成了连绵的序列，缓慢、有序、渐次上升；其次，局部的扰动虽不至于影响大局，却引入了变异、变化与变奏；最后，为了维持主流的强度，无机物源源不断地形成简单的生物。在生命之梯的末端，大自然"自发或定向地繁殖，适应环境"，它不断地产生出"结构简单的小动物"，这些动物如此微小以至于人们难以相信它们真的是动物。一旦它们成形，这些生物就融入主流，开始攀爬自然之梯。最简单的生物因此也是最新出现的；位于等级体系顶端的是人类，他们也来自于最古老的组织体。转变到此为止。然而，生物并不在任何顶点逗留。人类群体同样受制于调控，也不会无限制地进步。随着有机体在生命的阶梯上攀爬，顶端的生物体同样会返回无机物的状态。渐渐地，生物体退到无机物。在底端，无机物等待着自发繁殖的机会，以动物或植物的方式重新开始攀爬生命阶梯。在阶梯的更上面也有其他的入口。比如，某些肠道蠕虫，或者引起皮肤疾病的寄生虫，或者是"霉菌、蟾蜍粪便，甚至是苔藓"。这种类型的循环让生命世界处于动态平衡中。一切亘古不变，因为所有消失的都被新出现的填补了。生命的阶梯没有缺失任何一环，也没有任何一种动物灭绝。当激变带来了空隙，它马上被上升的生命填满，就像水中不会有洞。随着生物体"拾级而上"，留下的位置马上被其他生物占据。因此，生命世界无法改进。它保持着平衡，维系着先定和谐。生物世界在大风大浪中诞生，它不会轻易改变。

因此，拉马克刚好站在了 18 世纪与 19 世纪的转折点上。没有世界观的转变就没有生命和非生命的区分，也没有生物学的建立，就此而言，拉马克的贡献无与伦比。他奠定了组织在生物体里的中心地位，所有的部件互相配合，整体才能正常工作。由于他选择了组织作为时间的作用对象，他便比同辈人，包括歌德和伊拉斯谟斯·达尔文（查尔斯·达尔文的祖父），更清晰地把整个生命世界设想成一系列结构的转变与功能的进步。但是，无论关于这个转变过程的描述看起来多么新颖，它仍然笼罩在 18 世纪的世界观之下。拉马克的转变论是生命之链在时间上的线性排列，转变被认为仅仅发生在空间里。正是因为这一事实，生命世界里的任何偶然特征都被淘汰出局。拉马克所著的《动物哲学》缺乏严格的论证与缜密的观察，所以同时代人对他的理论并不买账，即使是那些为生物组织寻找共同基础的人们也不例外。基本上，他们认为这不过是布丰理论的一个极端变形，几近荒谬。

3. 化石

拉马克的转变论里属于 19 世纪的部分在于，拉马克认为时间是组织趋于复杂的动力。各种器官单独承受的创造力塑造了组织之间的关系。事实上，在19世纪，创世的疑难以新的方式呈现出来：物体的组成要素不是简单的排列，而是通过关系之网相互联结。这些组织里更高级的结构秩序决定了各个部件的排列，并为部分与整体赋予意义，但是，它们不是在世界诞生之初就由一个先定的秩序规定好的。这些组织体之后的历史也不能使这种秩序在诞生之初停滞，然后把它转移到另一个可以颠覆最初秩序并扰乱物种分类的时间里。我们今天所观察到的系统并非一蹴而就；它们在不同的层面上成形，并在连续的阶段上通过一系列事件而逐渐形成各个组件，以特定的方式排列，并不断地重塑渐趋复杂的关系。如果某些组织的类型之间具有相似性，那并不是因为某种超出人类理解范围的先定和谐，而是因为它们在转变的过程中经历了同样的阶段。因此，空间上的相似性尚不足以对世界上的物体归类，我们还必须明确它们在时间上的顺序。任何一个门类里都有如此众多的生物，它们不可能一次成形，或者按照事前安排好的计划实现。它通过辨证运动不断发展，与对立面相互渗透，量变引起质变。物体的命运受制于它们的必然性，但同时又与偶然性密不可分。历史不是独立事件的编年，而是时间运动，世界因而成其所是。这是一个发展的过程，由简而繁，渐趋复杂。简言之，这是一种由内在转变而衍生出的"演变"。生物或事物之间的许多关系因此发生颠倒。正是时间之中的演化决定了空间之中的关系。从此，心智或自然的起源不再被视为一次出生，或是历史在外力刺激影响下的一次事件。起源成了历史的消失点，所有组织体的轮廓在此交汇，所有的分歧或差异都烟消云散。

　　达尔文和华莱士的演化论与先前理论的区别之处在于：它把偶然性的概念引入到了生命世界。在19世纪之前，生命之链是宇宙和谐的一部分。生物世界与日月星辰一样，都遵循着必然规律。人们还无法想象过去的生命与今天的生命不尽相同。不过，在生命世界所占据的空间被比较解剖学、比较胚胎学和比较组织学打乱之前，人们无法对这种必然性提出质疑。这有多方面的原因。

　　首先，时间中的综合只能建立在这种表象的基础上，它来自于空间的分析。只要生命世界以链条的形式排列，连续的转变只能以拉马克的方式得到解释，即一系列变化以线性方式从简单向复杂过渡。一旦生物体之间水平关系的连续性被打破，生物体在"类群"里重新分配，它们的垂直关系便无法以单一的顺序呈现。于是，单个生物体的特征也不再具有必然性。

　　其次，细胞理论使得生命之间的联系交织成一个新的网络。细胞成了一切生物体的基本成分，并把亲代与子代统一起来。无论何种生物体，它们的发育过程总是离不开一系列的转变：细胞增殖，分化，发育出一系列的形态。在个体发育之间常常有某种相似性，虽然有时只是其中的一段路径。不过，无论是个体的发育路径，还是细胞的整合与结构的建立方式，其特征都不具有必然性。

　　生物体内器官的分配同样带来了一种全新的方式来设想变异的可能性。生物体围绕着一个中心发生卷曲，层层叠叠的膜延伸到生物体之外，与外界密不可分。越是远离中心的器官，重要性越低，其变异的自由度也越大。表皮部分的重要如此之低，以至于它们的变化几乎毫无限制。居维叶认为，变异的出现"并非都需要特定的形式或条件。它甚至都不一定有用。只要不破坏整体的和谐，它就可能出现"。

这与拉马克的态度截然相反。生物体的变异不再必然依赖于是否有用、是否合乎需要或者是否进步 —— 它可能毫无理由。

最后，生物体与环境的关系也得到了修正。拉马克认为，"环境"只是"境遇"的变量之一，环境决定了生物的生存要素：空气与水。动物存在于特定的环境之中，但是在生物体与其环境之间并没有亲密的关系或真正的相互作用。如果说环境常常影响生物体的结构，那也是间接地通过需求和渴望而达成的；因为生物体必须呼吸、觅食、运动，无论是在空中或者在水里。然而，对孔德来说，周遭与境遇变成了"环境"，并获得了新的地位。环境代表了生物体所遭遇的所有外部变量 —— 不仅是包围着生物体的空气或者水，还包括重力、压力、运动、气温、光、电流 —— 简言之，任何可能影响生物体的因素。然而，这不再是一个单向的过程。生物体与环境相互作用。孔德说："根据作用力与反作用力对等这一普遍规律，如果生物体不对环境作出相应的影响，环境也无法塑造生物体。"生物体与其环境密不可分。

因此，生物体不可能有独特的时间尺度（比如连续的世代），环境也不再有单独的时间尺度（比如地壳所经历的剧变）。在18世纪，地球的时间尺度，以及它经历的灾难、温度变化和各种类型的扰动，已经打乱了单调的生命秩序（因为繁殖不具有历史性）。与此相反，对拉马克来说，生物体独特的时间尺度创造了生物世界的进步，而外界境遇的时间尺度只是偶尔干预了生物体，使其适应周遭。到了19世纪，整个宇宙只有一个时间尺度，生命的历史与地球的历史绑定在一起。化石开始发挥新的作用。在18世纪，化石具有相似的现存形式，见证了生物体的永恒。对拉马克而言，化石有助于体现生物体的不稳定性，并暗示了特定的转变；对居维叶而言，化石是地质时代的里程碑，是"过往革命的纪念碑"，须妥善保存，仔细解读。只有一种历史，即自然的历史，它记录在岩石或化石里。因此，我们必须懂得收集和辨读这些标记。正是化石让我们坚信，地球的面貌并非一成不变，因为我们能确定，它们在深埋于地下之前，曾存于地表。但是，这些岩石揭示出，地壳中存在着断层，生命的踪迹藏匿其间。只有把相关性法则应用于化石，从片断中重建整个组织体，才能明确地质构成的演替，识别出它们诞生时发生的激变。相对地，对地质层的研究描述了消亡物种的习性。如果说地质学揭示了大陆是如何联系起来的，那么化石就描述了大陆是如何分离的。

居维叶认为，不同岩石的厚度和岩层里不同化石的归类组成了"剧变"的痕迹——这些剧变曾经多次改写了地表的面貌，历经浩劫的动物无法保持不变。因此，在生物体所占据的空间连续性中，我们观察到了断层，而它们反映了地质时代的断层。居维叶说道：

> "远古岩层的贝壳有独特的形状，而后逐渐消失，在晚近的岩层里则踪迹全无；更不用说，在最近的岩层里，我们从未发现过与它们类似的物种，甚至和它们同属的物种；反之，目前岩层的贝壳，跟现在海洋里的贝壳相似。"

可见，远古时代生活的生物与今天生活的并不一致。灾变深深改变了地壳的面貌，彻底毁灭了栖居于地表的生物，无数的生物因此消失。

　　"陆地生活的生物被洪水吞没；另外一些深水生物，
随海底骤然升高被晾在了高处、风干；这些物种就此灭绝，
只留下了少数残迹，博物学者也难以辨认。"

　　我们无法在生命世界中找出一条单一的发展线索，也没有证据表明，一个物种是由另外一个物种沿着特定序列渐次演变而成的。无疑，通过连续的变异，生物体可以从简单到复杂，最终进展到目前的状态。大自然费尽周折防止物种改变，保持组织结构的主线稳定。当前的物种"不可能是已消逝物种的修订版"。史前的环境不可能与今天的一致。虽然居维叶自己没有提及这个观念，他的追随者却直言不讳：创造并非只发生了一次，每一次大毁灭之后都有多次的重新创造。

　　居维叶关于地质变迁的论述遭致了诸多批评。从古至今，这种批评往往被描述成倒退、保守，甚至是阻碍演化思想诞生的神学观点。但显而易见的是，如果生物体依然被束缚在一个固定的框架内，以排长龙的方式向完美进步，那么演化论的主要特征 —— 生物体的偶然性 —— 是无法想象的。生命形式的散播、生命诞生的间断和变异的随机性是演化理论出现的三个先决条件，居维叶对此都做出了贡献。

　　地质学者最先驱除了灾变论的魔障。跟生物世界里类似，在无机物的世界和地质形成中，物质也分散在不同的区域，形成独立的岛屿。然而，为了解释地质的形成，专家们不再需要借助特殊的灾变，莱尔（Lyell）所谓的"实际原因之原则"便足够了。关于地球历史的所有证据都表明，地表经历过一系列剧变。然而，造成古代地表变化的因素，就其性质和强度而言，和现在的类似。莱尔认为：

"为了解释所观察到的现象，我们可以省略突发、凶猛、大范围的灾难 …… 把从古至今的波动都视为统一的连贯事件。"

一旦人们开始解读隐藏在地质岩层里的痕迹，人们发现，古代的气候条件、侵蚀和火山喷发跟现代的一样。人们看到直立的树干，它们的根仍埋在土壤里。石化了的泥巴和沙子里的波纹跟今天海滩边的一样。莱尔比较了不同时代的雨水在岩石上留下的痕迹，发现它们跟相隔几天的阵雨在沙子上留下的印记差不多。雨滴的形状与大小几乎等同，暗示着它们经历过相似的气候条件，无论是雨水、尘土、荒漠、冰川或风，过去与现在并无多大不同。

无疑，所有的证据都表明，剧烈的事件曾经塑造了地表面。整条山峦从地球的怀抱里隆起，或者埋进深渊；山谷裂开，而后被填平，然后又裂开；海水淹没了陆地，然后又消退。但是，所有这些变化形成了一串连贯的事件，没有中断，在连绵的世代里，地壳逐渐变成了今天的风貌。大块的矿物质深埋地下，通过研究它们的构造，人们可以重建地球的地质史。岩石记录了重大地质运动事件的发生时间，为地球早期的变迁和生物的出现提供了证据。在整个转变过程中，虽然条件、环境、整体或局部的气候都发生了变化，相似的原因导致相似的材料得以积累，形成了相似的岩层。这一切的出现，与今天统制土壤、沉淀物及岩石形成的规律没有任何冲突。莱尔认为，地质学"是一种严肃而漫长的研究，涉及古代地质现象、目前正在发生的变化和变化的后果之间的关联。有些变化是我们可见的，有些则无法观测到，只能通过火山和地下运动才能推断其真实状况"。过去塑造了现在，但是只有通过现在我们才能解释过去。

要对岩石分类，仅仅考察其结构和质地是不够的。为了推断它们形成的次序，我们还要考虑它们的起源和年代。考察矿物质的时代有三条标准：一、叠加，即它的位置与其周边岩石的关系，越底层的越古老。二、矿物的性质。横向岩床里的矿物性质往往是一致的，但是在纵向切片里却截然不同。三、残留有机物的内容。莱尔认为，正是这些内容"赋予了化石以最高的断代价值，在地质学家眼里，这种权威可以与金属在历史中的地位相当"。因此，在这些化石的形成之中，人们可以最容易地推断出相对年代。一旦确定了这些化石的成形时间，不同类型的岩石就可以与这些分类联系起来。根据它们的起源及形成原因，岩石可以归为四个大类：沉积岩、深层岩、火成岩和变形岩。但是这四类岩石并不是在单一序列里形成的，也不是各自只对应于一个时代。这意味着，我们无法仅靠考察一定区域内叠加岩层的纵向顺序来重建连续的地质时代。岩石会发生转变，含有化石的物质会逐渐结晶。这个过程自洪荒时代就开始了，目前仍在进行。今天，沉积岩和化石床在某些湖里形成，而火成岩在另外一些地方出现。同样的，在每个时代，化石沉积及火成岩在地表形成，而某些沉积岩层在热和压力的作用下形成了晶体结构。由于不同区域之间可能存在的时间错位，对岩石进行断代仅在一个有限的区域内才有意义。因此，莱尔认为，四种类型的岩石必须都考虑进来，"因为有四座纪念碑与现在或不久之前的连贯事件相关"。

因此，地质探索把地壳分解成了空间里的两个序列：纵向与横向，二者可以理解为地质表格。横向来看，表格的每一行对应于同一时代里的岩石及化石层；莱尔区分了四个层次，他称之为始新纪、中新纪、上新纪、更新记。纵向来看，岩石的四种主要类型"形成了几乎平行的四条纵列"。地壳里的每个成分都可以通过这两个维度定义：一个描绘其所处的时代，另一个确定它们的性质，甚至其形成方式。表格的上端也就是地表，这对应于今天的地貌。表格的下端则对应于地壳的深处，代表了更远古的世代。没有任何迹象标注序列的开端，也没有任何痕迹把过往时代的历史与今天的生物联系起来。无论我们发现的遗迹是否属于曾经生活过的生物，它们总是描绘着相同的历史事件。当今的生物世界只是地球历史的一个侧面。

4. 演化

在自然史里，化石纪录了岩石的年龄，而矿物层描述了曾经生活的物种在时空中的分布。莱尔认为，地质学家学到的是：

> "在过去某个特定的世代里，何种陆生、淡水生或海生生物曾经共存；由此，当海洋里的岩层与同时代里内陆湖里的岩层都鉴定出来之后，我们就可以进一步证明，湖泊里发现的四足动物或水生植物与海洋里的鱼类、两栖类和浮游生物同时栖居这个地球。"

鉴于地表曾经发生过一系列剧变，同一物种并不总是能够长盛不衰。在地壳的水平岩层里，同一类型的生物遗迹并非散布于一片广阔的区域，而是局限于特定的地带。对当今地球上生物的分布考察表明，陆地和海洋里可栖居的角落可以分成许多不同区域，各自被特定组合的动植物占据。同样地，地质学发现，古代的生命形式分散于多个地域，而今天它们可能被埋在不同水平上或不同区域里。因此，地球上的生物体之所以连绵不绝，似乎不是依赖于单一的转变，而是"不时出现的新的动植物"。要在特定时代繁衍生息，这些新的生物必须要适应当时当地的生存条件。

潜入地壳深处类似于回到过去。根据莱尔设想的图景，地壳记录了地球的历史，使用的语言不断在变，保存的材料也不完备；我们看到的只是历史的最近一卷，而且纸张也破败不堪，我们只能断断续续读出一个章节的某些片段。不同的章节使用不同的语言，这意味着，曾经存在过不同的生命形式 —— 它们生活过，被埋进地壳里，而后又重新出现，仿佛被抛入其中。通过比较最近的章节，并从岩层叠加的次序里解读出化石的相对年代，我们可以推测出消失的物种与现存生物之间的关系。洪堡认为："所有的观察都支持这个结论：越是低等的、古老的化石或植物群，它们与当前的动植物形式差异越大。"生命世界如同岩石世界，现在对应于地壳的最外层。此外，现存的生物与以往的生物之间有多方面的联系。目前的许多物种与少数已经消失的物种有联系，就像过去与现在的家族联系可以用一块倒立的锥形来表示。换言之，从单一的组织方案或类型开始，生物体随时间的流逝而趋于分化。

同样类型的关系也存在于近似的物种，甚至生活在不同地质区域的相同物种里。如果生命世界形成的原因从古至今都是一样的，我们可能看到它们在特定的条件下仍然发挥着作用。演化理论的形成直接源于两个方面的探索：一是对物种地理分布的研究，二是对导致物种形成因素的全方位分析。自达尔文与华莱士以降，一种新的博物学者出现了。他们不再局限于博物馆或植物园，而是外出旅行，像地质学家一样去实地考察。为了在自然生境中展开研究，博物学者要比较生物的生理构造、栖息地和习性，他们跋山涉水，观察记录，比较数据，并进行测量。他们乐于进行实地实验，比如，把蜗牛浸在水中长达15天以评估它们的生存能力，从而推断它们在大陆之间迁徙的可能性。他们收集了大量资料，分析生物体之间的关系、地理带来的变异、传播或者消失的倾向。因为地理条件、隔离以及通过海洋或空气流动而迁徙带来的物种差异，物种相互作用的关系网渐渐浮现。海洋中的岛屿里没有任何两栖动物或者哺乳动物，其中的物种跟其他地方的都不一样。不过，在离这些岛屿最近的大陆上，却有高度相似的生物。比如，在加拉帕格斯群岛，达尔文写道：

> "陆地与海洋里几乎所有的生物都带着美洲大陆的印记，在26种陆生鸟类中，当地有21（一说是23）种独特的类型；然而，大多数鸟类与美洲大陆的物种非常相似明显，无论是栖息地、音调、音色……显然，加拉帕格斯群岛上的生物，无论是通过何种方式迁徙至此，它们都来自美洲大陆。"

不出所料，每个岛屿都有独特的鸟类，但是它们具有家族类似性，而这也与美洲大陆的鸟类一致。就像差异在相似的背景前更加明显，各种变异的鸟类都是从一个共同的祖先演化而来，它们各自的性状是地理隔离的结果。

　　于是，地理探索与"古生物学"考察得出了相同的结论：在一段时间内，一小部分相似的生物体产生了大量不同的后裔。这些后裔与最初的类型分化得愈远，它们便愈趋分散，通过彼此的交配，差异便愈可能延续下去。达尔文认为，差异越来越大，最终会形成"新的物种"。最后，两个因素调节着新物种的出现：种群的规模以及个体差异出现的频率。首先，种群的规模。因为更大的群体更容易繁殖，各个主要的类群倾向于继续增长，因此产生了更独特的性状。其次，个体差异。因为种群成员之间性状及习性的差异越大，它们越能够占据并适应更多样的生存环境。规模更大的种群更有可能产生多样性，因而更可能发现新的栖居地，安营扎寨，随着数量的增加而取代那些不太显著的多样性。物种的多样性越高，分工越精细，它对环境资源的利用率就越高。用达尔文的话说：

> "一个大的种群倾向于规模增加，性质分化，再加上未来难免会发生大规模的灭绝事件，这些因素共同塑造了生命形式：一个类型之下还有亚类群。环顾周遭，目力所及，亘古如是。"

　　所有这一切都在下列术语中得到体现："差异""分化""散播"。生命形式在时间中的演变无法再用一列或几列表格来表征，唯一可以描述类群分化的是家谱树。

> "正如老芽长出新芽，而且，新芽一旦枝繁叶茂，就会覆盖旧枝。我相信，繁殖会同样作用于生命之树，落叶深埋于地壳层里，同时，茁壮的新枝层出不穷，生生不息。"

　　性状的分化与遗传保存的共同性质，解释了为何同一家族内的成员甚至是更高一级的类群里仍有相似性。在同一个家族之内，它们来源于一个共同的祖先，但是分成不同的类群，某些性状在传递的过程中逐渐变化。因此，家族内的所有物种通过"松散不一但可追溯到远古祖先的联结"而联系起来。通过这种方式，整个生命世界可以逐步以谱系树排列出来。所有的生物，无论是现存的或是早已湮灭的，都起源于少数几个甚至是一个祖先。生命的起源，"生命的曙光"，因年深日久而难以辨认。可以猜测，与树根类似，圆锥的尖顶正好埋在地壳里。顶端里的少数生物具有"最初级的形状"，在其中，所有的差异与特殊性都被抹去。

　　生命世界里清晰的分界源于中间体的绝迹。"灭绝并不能创造新的类群，但会把它们分开。"达尔文说。鸟类与其他脊椎动物似乎有显著的区别，因为鸟类始祖与其他动物之间的生命形式已经消失了。反之，把鱼类与两栖动物联系起来的物种消失得更少，于是，它们之间的分界就不那么突然。长远来看，只有少数最古老的物种能够留下后裔。既然同一物种衍生出同样的类群，主要的动植物门类里都包含了少数的类群。谱系树把所有的生物都编制进入一个亲缘关系的网络。两种生物体之间的关系以亲缘度来衡量；如达尔文所言，"一切真正的分类都是谱系分类。后代组成的群体正是博物学家潜意识里寻求的隐藏的关联。这并非源于神秘的创世方案，或阐明的普遍命题，而是根据相似性进行的归并和分离"。

　　演化理论的第二部分涉及的是生物变异的出现、组织结构及适应过程发生的机制。它依赖于几个原则。第一，与莱尔所强调的一致，统制以往生物体演化的原因至今未变。我们没有必要通过例外现象来解释生命的出现，或者设想某种灾变引起了所有生物同时被替换。用达尔文的话说，"生命规律在时间与空间上有着惊人的类似性：统制着历史上生命形式演替的规律，与统制着今天不同地域差异的规律几乎完全一致"。今天的生命形式，都是曾经存活过的生命形式的后裔。无疑，这种继承从古至今从未中断，因此，没有任何全球性的灾难摧毁过整个生命世界。所有的变化都缓慢发生，没有骤变，只有歧化和分离出的多样性。从一个物种到另一个物种的转变只代表了适应过程中一系列微小变化的积累。演化的进程是"积跬步以至千里"，因为"自然界无飞跃"。生命世界的连绵性被谱系树缓慢、持久、势不可当的生长所代替。

因此，诸如"生命世界里的必然性""生物世界是一个和谐的系统"这样的观念再也站不住脚了。古生物学记录、物种的地理分布、胚胎发育、由同一个祖先衍生出的各种性状、不同类群的此消彼长，都展示了生命世界及其形成的偶然性。没有什么预定的计划——无论是在创世之初一劳永逸的安排，或者在连续的世代里逐步实现的计划——可以解释曾经栖居过、今天仍然栖居在地球上的生命形式，或者解释其分布。达尔文认为："看似为了特殊目的而创造的新器官，其实不是突然出现的。"新形式的出现并非不可避免，它是多种因素在天时地利的条件下综合作用的结果。假如条件有所不同，生命世界就是另外一副模样，甚至根本就没有生命世界的出现。驱除了必然性的魔障，演化理论把生命世界从超验的囚笼里解放了出来——经验知识足以解释生命世界的出现。至此，没有任何观念再羁绊研究或实验了。

　　最后，达尔文对生物学带来的最激烈的转变是把生物学的注意力从个体转向群体。在此之前，人们认为，单个生物体内发生的变异是转变发生的标尺。在达尔文之后，那些在个体身上可能发生的偶然或意外事件统统不再引人注目。显然，人们无法找到地球上曾经生活过的每一只动物的踪迹。而且，即使每一只动物的命运可以重建，人们仍然无法据此推断出变异与演化的规律。因为发生演化的不是个体，而是群体。在达尔文的论述里，他不断强调的是生物体巨大的繁殖量、毁灭的程度、统制着受精与繁殖机制的不足之处。因为，在上百万颗生殖细胞中，只有那个卓尔不群者才能发挥其作用。自然之挥霍，让人瞠目，罕见事件往往至关重要。在玻尔兹曼（Boltzmann）和吉布斯（Gibbs）之前，达尔文已经在生物学的语境里采纳了统计力学在 19 世纪下半叶研究分子行为时的世界观。整个演化理论都是基于**大数字定律**（the law of large numbers）。达尔文并非特意求助于复杂的数学方法来研究群体变异，他依赖的是直觉和常识。在研究物种转变的时候，他考虑的是一个大的种群内发生的波动——统计学家称之为"分布曲线的尾部"，这已经是统计分析了：少数个体生存繁殖概率的细微增加，转化成了严格的机制，带来了不可避免的后果。必然性并未从生命世界完全绝迹，但其本性却改变了。

　　因此，生命形式转变的主要动力在于巨大种群的产生过程，换言之，生物体独有的繁殖力。新生命形式的产生不是依赖于简单、独特、连续的冲动，而是代表了相反的作用力长期斗争、相互较量的结果，是生物体与环境冲突的产物。但是在这个方面，生物体总是先发制人，环境只能事后应对。在达尔文看来，鹅掌长蹼是为了拨水的想法"不可理喻"，两栖类失去了腿是为了爬得更好的想法更是"荒谬不经"。生物体改变其形式、性质或生活习性是生命本身的能力，这是生命不同于非生命的特点之一。它与生命最本质的特征——繁殖——紧密相连，也是那句古老格言"要多生多养"的体现。依其本性，每一对生物都有繁育后代的能力，唯此，生命才生生不息。如果地球上只有一个物种，不受任何限制或者破坏，它就以指数方式增长。华莱士写道："即使是繁殖力最弱的动物，也将不受限制地迅速增加。"林奈做了计算，如果一株年生植物和它的每一株后代每年只产生两粒种子（这在自然界里算极低的繁殖力了），那么，在20年里就会有一百万株植物。达尔文对大象——被认为是动物界里繁殖最缓慢的成员——做了同样的计算：假定它每30年才繁育下一代，再假定它生活了100岁并在此期间哺育了6个后代，那么，一对大象在750年里留下的后裔就将达到1900万。对于人类，假定25年为一代，1000年之后，地球的表面将容不下所有的人类并排站立。但是，地球上不止一个物种；任何时刻，不同的生物种群都在竞争领地、食物及其他资源。简言之，都在为了生存而操劳。于是，环境的作用就在于保留一些物种，淘汰掉另外一些。有些要消亡，另一些则繁盛。现在，如果所有的生物都能够繁殖，它们产生的后代就会越来越多，一般来说，大部分后代基本上与最初的类型一致。一旦它们出现差异，大自然的筛选就开始发挥作用了。生物能否存活，取决于它们与祖先之间的差异是否更有利于繁殖。因此，在特定的条件下，某些物种被另一些更适于该环境的物种逐渐替代。可见，生命世界演化的唯一动力在于其生生不息的繁殖力。

演化理论与历史上其他理论的差异何其大也！不过，唯一的例外是马尔萨斯的学说，达尔文和华莱士都承认曾受其影响。马尔萨斯提出了种群平衡的观念以及两种相互对立的力 —— 一个内在于生物体，另一个外在于生物体 —— 两者的冲突带来了制衡。为了构建演化理论，生物学从社会学中借来了模型。但是这个模型本身还是基于一种稳定性，布丰对一个物种里的个体早有观察。马尔萨斯说道："我所暗示的原因正是一种恒定的趋势：所有的生物都趋向于产生更多的后代，超过了环境能养育的程度 …… 自然在动植物界里广泛而慷慨地散布生命的种子，但是在维护它们所需的空间及营养上却各啬得多。"对马尔萨斯而言，人类群体的发展也受制于两种相互冲突的作用力：一方面是"繁殖以指数方式增长"，另一方面是外界的限制与破坏，比如战争、天灾、饥荒等各种限制生物扩张的因素，使得人口最多以算术级速率增长。于是，人类社会就出现了冲突，导致了"生存竞争"—— 马尔萨斯认为，这既是前工业时代社会变迁的动力，也是社会变迁的后果。然而，当演化理论融合了生存竞争的观念，它的含义就发生了变化。生物演化常常被当作生存竞争的范例，弱肉强食，奴隶主驱使奴隶，为社会、种族不平等奠定了自然基础，并为这些恶劣滥用提供了冠冕堂皇的辩解辞 —— 但这都是误会。事实上，华莱士，特别是达尔文，从马尔萨斯的观念里借来的主要是繁殖力与限制它的外力相冲突的观念。

达尔文与莫佩尔蒂一样，都致力于从诸如驯化动物和培育植物的人工选择，过程中发现同样适用于大自然的规律。现在，动物驯养师和植物培育员繁育的新物种来自于两种事件的相互作用：一方面，生物繁殖天然地趋于多样；另一方面，育种师在兽群或者植株里努力培养那些他们特别感兴趣的变异体。直接影响变异的并不是人，改进只是偶尔出现，我们并不知道如何创造出它们。它们自发产生，而且与生物体的需要毫不搭界。因此，达尔文认为："大量的个体得到保存，多样性出现的概率大大增加，这对它们的成功至关重要。"虽然多样性是大自然而非育种师制造出来的，但是育种师可以从自然提供的原材料里挑选出符合需要的动物。变异一旦在个体里出现，就通过遗传维系在后代里。因此，单靠个体的差异就足以使得变化沿着特定的方向积累。人会保留最有用的或者最讨喜的个体，因此，人一旦做出选择，无论是有意栽花还是无心插柳，只要把生物体放置在合适的条件下，就会筛选出有差异的个体 —— 这些差异往往非常细微，外行难以觉察 —— 进而只繁殖这类个体。于是，动植物的性状就得到改进。

对达尔文而言，这种人工选择的模型能够以"自然选择"的形式应用于大自然里发生的变异与演化现象。

> "有利的变异得到保存，不利的变异被丢弃。这种现象我称为'自然选择'，或者'适者生存'。那些介于中性的变异结果则不受自然选择的影响，因而可能延续也可能消失。"

变异在繁殖的过程中自发产生，无论是在自然环境下还是在人工育种里都是如此。在这二者中，种群的规模都发挥了重要作用，由此变异才有机会出现。正是在这里，时间因素参与了进来。不过，时间长短本身对自然选择并无影响。达尔文说：

> "时间没有任何重要性，但它为有利变异的出现、选择、增加、固定提供了更多的可能，因此变得举足轻重，

这与生命外在条件的缓慢变化形成了对照。"

在此之前，时间从未以世代的单位被测量过。但是，要推测新的生命形式在地质时代中出现所需要的时间，世代其实是最合适的单位。在达尔文绘制的象征生命世界的谱系树里，当积累的变异程度足以刻画一个被清楚界定（比如在系统动物性里记录过）的变异时，新的一支就出现了。两支之间的间隔"可能各自代表了上千甚至上万个世代。"

自然选择的过程与人工选择的过程类似，但是前者的效果要更为广泛。哺育者只能选择那些满足他的偏好或者需要的可见性状，而大自然可以作用于生物体的内在器官、基本组成，乃至整个生物体。

> "打个比方，自然选择每时每刻都在筛选最细微的变异；淘汰劣质的，保留优质的，并改进生物体；大自然不放过任何机会，以润物细无声的方式，改进着每一个有机体与环境之间的关系。"

生存竞争首先是繁殖竞争。个体时刻不停地经受挑战，只有那些可以在特定条件下繁衍生息的才被保留下来。在性选择现象中，雄性为了争夺雌性而竞争，最强壮、最机智的留下最多的后代。

> "如果一种动物的雄性与雌性具有同样的生活习性，但是在结构、色彩和装饰上悬殊，这些差异多半都是性选择的结果，即雄性个体在延续的世代里不断保留着比其他

> 雄性动物在武器、防御手段或者魅力上的微弱优势,并把
> 这些优势遗传给雄性后代。"

个体只要比它的竞争对手胜出一丁点,都足以让胜利的天平倒向自己。繁殖效率的微弱改变足以打破种群的平衡,某些改进使得少数个体繁殖得又快又好。这样的个体就会越来越多,其余个体则越来越少。既然大多数变异都通过遗传而传递,有益的变异从一代到下一代之间自然得到积累,有害的则被清除。华莱士认为:

> "所有偏离正常形式的变异对个体的习性或者能力都
> 有明确的影响,无论如何微小 …… 只要生物产生了一种
> 可以微弱促进生存的变异,这种变异最终都会获得数量上
> 的优势。"

今天如同过去一样,演化的作用在于维系、更正并改进动植物对其环境的适应力。自然选择通过繁殖的差异而发生。

*

直至19世纪中期,生命世界仍被认为受着外界控制。无论它们是从创世之初就已经固定下来,还是被一系列事件推动着发展,组织体总是形成连续的形式。如果我们发现等级结构有缺陷,那是因为查证过程本身的纰漏、疏忽或者不完备。于是,生命世界的现存结构表达了一种超验的必然性。生物体可能完全不同于它们现在的样子;其他生命形式完全可能栖息于地球,这并非异想天开。先定和谐观认为生

物体之间存在一种系统的关联，但演化理论彻底扫荡了这种观念。生命世界之所以是现在这样，没有必然之理可寻，而是无处不在的偶然性所致。生命世界不仅可能完全是另外一副模样，它也可能根本不曾存在。生命成了一个更高等的宏大体系的组成成分，它包含了地球及其承载之物。因此，生物体的形式、性质及性状都受制于系统内的调节，受制于相互作用的机制，这一机制协调着组成成分的活动。

这一变革并不是布丰与拉马克肇始的转变论思潮的简单延续。它反映了生命探索方式上的变化，体现了 19 世纪中叶出现的全新世界观。这场变革并非意外，因为几乎与此同时，多个不同的领域都发生了类似的转变，涌现出了一批开拓者：在物质研究领域，是玻尔兹曼和吉布斯；在生物领域，是达尔文、华莱士及稍后的孟德尔。事实上，有两种方式来看待同类物体的集合，无论是气体分子还是物种群体。一方面，它们可以被认为是一组完全一致的物体，组内所有的成员都是同一模式的精准拷贝。在生命世界里，生命的形式可以抽象成连续世代里固定下来的结构，即恒定的理型（type）。所以，我们要理解的不是物体本身，而是它们所代表的理型。只有理型才是实在，现实的物体只是理型的拷贝。即使拷贝有时不同于理型，这也无甚大碍，可以忽略不计。与此相反，在同一个对象集合里，我们看到的是彼此完全不同的个体。每个成员都是独特的，不存在所有个体都遵从的什么模式。事实是这样一副素描，它概括了所有个体特性的平均值。于是，我们所需要知道的，就是种群作为整体的规模和分布。平均的理型只是一种抽象。只有个体，以及个体的个性、差别与多样性，才是真正的实在。

　　这两种看待自然与物体的方式在各个方面都针锋相对，现代科学思想正是肇始于从第一种方式向第二种方式的转变。在对物质世界的研究中，这种新的态度突出体现在统计力学里；在生命世界中，这种态度是演化理论出现的先决条件。变异不再是关于个体，而是关于群体的事件。虽然达尔文没有使用统计分析，但是他对种群的理解具有鲜明的统计观念。首先，多样性表达了系统本身具有的分布波动；其次，选择通过生物体与环境的随机相互作用缓慢地改变着种群的平衡。这种新的世界观也解决了一个存在许久的疑难，即，生物体内的转变是如何发生的。要解释形式的变化，人们不必再诉诸于任何复杂的机制、自然设计或者环境影响。一个物种内没有完全相同的两个个体。在每一代里，每个性状都可能偏离平均。只有到后来，地球上新出现的生物体接受生存与繁殖的考验，适应才开始发挥作用。

　　因此，演化理论的一个特征在于，它考虑到了生物体的出现以及它们适应环境的能力。对拉马克而言，在一个新的生物体形成的时刻，它在生物的上升之链中的位置就已经确定了。它早已代表一种改进，比现存之物更胜一筹。趋势，甚至可以说是动机，先于实现。在达尔文那里，这个顺序被逆转了：生物体的形成发生在适应之前。大自然只偏爱那些已经存在的生物。生物之产生，先于任何事关生物性质的价值判断。一切变化都是繁殖的后果。任何变异都可能出现，无论是改进或者退化。大自然创造新事物的方式中不存在任何怪诞之处，也谈不上进退、善恶、好坏。变异随机出现，它与起因、结果都无关。只有当一个新的生物出现，它才可能应对生存的挑战；只有存活了下来，才需要应对繁殖的挑战。

在18世纪，布丰、莫佩尔蒂和狄德罗已经预见到了生物体可以在形成之后接受筛选的可能性。怪诞的动物时有出现，但是它们无法繁殖，因而消失。大自然以某种方式筛选着已经形成的生物体，保留下那些能活下来的生物，淘汰掉那些无法摄食或者无法生育的生物。然而，这类怪兽只能被想象成有机分子间的相互作用。所有组合都可能出现，但只有少数可能存活。到了19世纪中叶，情况就截然不同了。生命世界的平衡通过恒定与变异、同一与差异的辨证关系而确立。由于把"选择"应用于演化，并把它与人工繁育作类比，达尔文时常遭受非议。原因在于，选择的观念与繁育者的动机偶联，这暗示着为了一个目的而选择最适宜的候选对象。自然里同样有挑选的过程，但它是自发进行的。一切与繁殖有关的因素都以某种方式改进着生物本身。在有待繁殖的候选者之中，没有哪项动机指引了所作的选择——每个个体的表现与品质只有经过检验，事后才得到认定。适应，成了生物体与其环境之间的微妙相互作用的结果。虽然繁殖的能力内在于生物体，它的实现却依赖于所有的环境变量。生物体"选择"环境，并不亚于环境选择生物体。在适应的过程中，繁殖充当了放大器，它强化了偶然出现的、偏离常轨的生物变异。因为始终往一个方向牵引，繁殖最终使得种群沿着固定的轨迹漂离。变异的发生是随机的，但是自然选择却把其带向了特定的方向，势不可当。在达尔文看来，一个生物体自从出生以来，就变成了地球与万物组成的宏大组织体系中的一环。自然选择代表了一个调控因子，维系着这个系统的和谐。今天我们认为，这种类型的系统存在的必要前提，是有一个"反馈"机制来调节它的功能。于是，演化变成了环境对繁殖的反馈。

自然选择进程缓慢，而且可以分成若干阶段。与物理学中的时间概念不同，演化的时间是不可逆的。事实上，在牛顿动力学里，两个物体间的相互作用没有偏向性。19世纪下半叶的统计力学才把"时间具有方向性"这样的观念引入物理学——分子群体从低可能性的状态向更高可能性的状态演变，即，从有序变成无序。然而，因为演化理论，生命世界里的时间变成单向了：一旦生物体的变异与选择都沿着固定的路径行进，它们就无路可退了。自然选择推动着它们沿着一个方向继续分化或消失。达尔文认为，在地球上的生命所经历的条件下，自然选择的结果使"每个生物与其生存环境的关系得到持续改善，这种进步不可避免地引起了世界上最大多数的生物体组织的渐进式改进"。在该序列的每个阶段，重返前一个阶段的可能性微乎其微，试图重溯整个路径的机会更加渺茫。以此原则为基础，关于组织系统——无论它是否是生命——的一般性演化理论建立起来。系统的复杂性随着时间而增加，变化的顺序不可逆转，这都是系统的内在特征。所谓的"进步"或"适应"只是系统与其环境相互作用的必然结果。

在19世纪中叶，遗传学的观念依然非常模糊。但是在演化理论里，被选择的个体获得了遗传的稳定性。虽然达尔文没有明确表述出来，这个命题已经暗含在他的工作里了。因此，繁殖同时塑造了生命形式的规律性与多样性。它的规律性体现在子代遵循亲本的形象，它的波动性创造了新奇。无论有没有改进，生物体都出生了。然后它们被"审判"——判官是它们的生存环境和其他生物，包括猎物和天敌、同性和异性。审判结果即是最终决定，没有上诉的机会。它的衡量标准就是后代的数量。不难理解，繁殖从此占据了重要的地位。它成了生命世界得以运转的主要因素，是稳定与变异的来源，结构、功能与生物体的性质通过繁殖才得以维持并分化。繁殖是决定论与偶然性的交汇点。决定论确保了相似形式的维持，而偶然性引起了新形式的出现。随着演化理论的出现，生命世界里必然性的含义发生了变化。它应用于规模巨大的种群行为，就好比统计分析应用于探索大数字的规律。但演化理论反映的不是施加于当前生命世界的神秘之力。只要生命形式以预先确定的必然关系勾联成一个系统，生命世界从本质上也就被排除在了探索与实验之外。面对着无法触摸的领域，生物学家有点像那个把鼻子紧紧贴在蛋糕店玻璃橱窗的孩子，注视着被禁止触摸的东西。但是，一旦必然性被局限于特定条件、特定区域和特定生物体内的生存压力下，这个"玻璃橱窗"就消失了。如果新形式的出现不是源于任何动机，它们在"生存竞争"中的成败都只是依赖于物理性的因素，即各种可变的参数。于是，生物学的一切现象都成了实验探索的对象，繁殖也不例外。

第4章
基因

　　19世纪中叶，生物学发生了一次转折。在不到20年的时间里，涌现出了细胞理论、演化理论、用化学方法分析生物的生理功能、对遗传和发酵的研究以及第一次从头合成有机化合物。菲尔绍、达尔文、伯纳德、孟德尔、巴斯德和贝特洛的工作明确了生物学的概念、方法与研究目标，为现代生物学奠定了基础。当时确定下来的路径在20世纪几乎没有再变过。在那之前，生物学总是局限于单纯的观察；在此之后，生物学进入了实验科学的阶段。在19世纪上半叶，组织成了一切生命体的基本单位，它代表了统制着生物体内所有可见组成的第二阶结构。组织结构位于一切生物体的核心，它是一个支点，一个纲领，对生物体可见结构和特性的所有观察与比较都以此为参照。然而，到了19世纪下半叶，组织结构不再是理解生物体的起点了，而是理解的对象。单单陈述组织结构是生物体所有性质的基础已经不够。我们还必须逐层发现生物体依赖的基础，组织结构是如何建立起来的，控制它的形成与功能的规律为何。这种对待组织结构的方法孕育了一种新的可能性。从此，生物学家所考察的生命不再是从时间深处浮现的、无法还原又不可接触的隐秘力量。他们考察的是生命分解而成的因素：它的历史与起源、因果性、偶然与功能。除了生物整体，新的探究对象出现了：细胞、生化反应和组成微粒。

　　生物学于是分成了两支，代表着不同的研究方法和研究对象。一方面，有些生物学家继续从整体的角度研究生物，无论是作为个体、群体或是物种的一部分。这种形式的生物学，与其他自然科学没有接壤，仍然属于博物学的分支。要描述动物的习性、发育、演化以及与其他物种的关系，不必援引物理或化学。另一方面，有些生物学家试图将生物体还原为它的组成要素。这与生理学的需要一拍即合。固然，大自然是有历史的，但是，生物是事物的延伸，人类也是一种动物。达尔文与华莱士在生命世界里引入了偶然性的观念，这相当于宣告，生物学中的"一切都被允许了"（伊凡·卡拉马佐夫语）。在生命世界里，没有哪个领域不能通过实验来探索，没有哪个领域是知识无法触及的，神谕不再为实验制定边界。在创始者被偶然性替代的宇宙里，生物学雄心勃勃，势不可挡。如果生命世界以随机的方式演进，剪除了最终的目的因，那么人类就是自然的主宰。他之前在生命的本质里寻求的秩序与统一必须由他自己去建立；不仅如此，辨证与实证主义试图在有机与无机之间重建自18世纪末就已被摧毁的桥梁。惰性的物质与活性的生命体，差别不在于性质，而在于复杂度。细胞之于分子，正如分子之于原子：前者是更高阶的整合。为了研究这种类型的生物学，单独观察生物体是不够的，还需要分析生物化学反应，研究细胞，揭示新的现象。如果生物体仍然被视作一个整体，那是因为对反应的调控、细胞的调节以及现象的整合使得综合成为可能。

　　在19世纪末20世纪初，一系列新的对象进入了研究的范围。围绕着它们，生物学发展分化出了诸多新的领域。生物学幅员辽阔，不同领域之间不仅目的手段不同，材料、方法、词汇也悬殊。其中两支，即生物化学与遗传学，在20世纪初出现，却彻底改写了现存的生物图景、功能与演化。它们体现了生物学的不同倾向。生物化学以细胞提取物为研究对象，探求的是生物体的组成成分以及其中进行的化学反应；它把生物体的结构和功能与化学反应的网络和少数分子的行为联系了起来。与此对照，遗传学考察的是生物群体，从而研究它们的遗传现象；它把等同形式的继承及新奇形式的出现与细胞核内的隐秘构造联系起来。遗传程序同样遵循着严格的自然规律，主宰了生物体各个层次上的性质：它控制着胚胎的发育，决定着成体的组织、形式和关键特征，维持着物种的延续和新物种的产生。一言以蔽之，遗传程序承载着遗传现象的"记忆"。

1.实验

在19世纪中叶之前，生物学很大程度上依然是一门观察科学。性质与结构在生物体的整体水平得到界定，我们通过比较整个生物体之间的异同来获得理解。对达尔文和居维叶来说，大自然已经为博物学家做好了实验。如果解剖学家想要分析器官的内在结构，他们就解剖尸体；如果细胞组织学家想要解析动植物的最基本组成，他们就在显微镜下观察细胞组织；如果解剖学家要研究受精卵的发育，他们就观察细胞的分裂、皮层和器官的形成。只有生理学家有时特意尝试改变生长条件并观察结果。然而，即使是他们，也不是针对孤立的器官或组织，而是对整个生物体进行工作。自拉瓦锡以降，化学与生理学的紧密关系就已经凸现。然而，这两支科学在方法或材料上却不尽相同。为了解释生命体的分子特征，人们认为必须求助于活力论，这把实验室里的化学与生命体内的化学割裂开来，人为地设置了一道看似无法逾越的鸿沟。

　　在19世纪下半叶，仅仅把器官的结构与功能联系起来已不足以考察器官之间的关系。我们还必须考察生物体及其组分的运作。生理学从此走到了前台，但是它的性质发生了变化。在居维叶的时代，生理学首先是解剖学的参照，它帮助人们在生物体之间以及组织之间建立起类似性。在克劳迪・伯纳德看来，我们可以从新的视角打量生理学。器官的功能不再用结构与组成来解释，而必须经过分析，解析成不同的参数，甚至只要可能，还需要被测量。解剖学于是成了生理学的辅助：它不再只是单纯观察的"被动实验"（伯纳德语），而是一门"主动"的科学。实验科学家直接介入，选择器官，分离它们，探索其工作条件，并分析可变因素。生物学的工作地点开始变了。之前，生物学是在田野里进行的，如果博物学者不在田野里观察自然环境中的生物，他们也必须在自然博物馆、动物园或植物园里工作；自此以后，生物学的研究场所转移到了实验室。

　　与以往把生物体视为一个整体进行研究不同，现在，人们开始把生物体分成不同的部分进行单独研究 —— 这种尝试至少有两个原因。首先，在20世纪中叶，人们不必援引活力论。从比沙以来，每个生物体都被视作生命之力与死亡之力、生物体所独有的繁殖之力与物理化学活动引起的毁灭之力角力的场所。随着热力学和人工合成有机物取得进展，生物体内的化学反应与非生物的化学反应之间的藩篱倒塌了。其次，有了细胞理论，生物体不再是不可分的实体，而是不同组分的联合体。无论生物体看起来多么复杂，它不过是其基本单元的总和。克劳迪・伯纳德说道，"说到底，生物体是解剖单元组成的建筑体，各自有其独特的存在、演化、开端与结束；整体的生命不过是个体生命和谐偶联的总和"。因此，生理学必须以不同的方式解析复杂性。但凡可能，我们就要研究生物体的成分，而不是整体。在这个方面，生理学必须采用其他实证科学的方法。克劳迪·伯纳德认为：

> "正如物理与化学通过实证探索发现了有机物的元素组成，为了理解更加复杂的生命现象，我们必须深入到生物体，分析它的器官与组织，达到有机组分的层次。"

当动物呼吸的时候，红血细胞与肺泡细胞在工作；当动物运动的时候，肌肉与神经纤维在工作；当动物分泌的时候，腺体细胞在工作。器官与系统并非为了自身而存在，而是为细胞生活提供适宜的生存条件。导管、神经和其他的器官之所以如此安排，都是给细胞创造出良好的环境，并为它们提供适当的材料、食物、水、空气与热量。因此，在一个生物体内，"细胞是自治（autonomous）的，因为它包含所有足够维持生命的成分，无须从它的邻居或整个生物体里借用或挪用；另一方面，通过它的功能和产物，细胞与整个生物体联系了起来"。

为了描绘生物体，克劳迪·伯纳德借用了社会或工厂的比喻。其中有劳动分工，所有的要素都为了共同利益而工作。器官之于生物体，正如工厂或工业设备之于发达社会，它们为社会成员提供了穿衣、保暖、进食和照明的方式。研究生理学也就意味着探索这些系统。

然而，生物体的复杂性带来了两种疑难。首先，在试图研究隐藏得最深的生物体组成的过程中，有伤害、扰动，甚至抑制它的风险。因此，对生物体的实验，必须采取渐进的策略，首先研究主要的功能系统，然后是器官，再然后是组织，最后才是包含了生命特征的细胞。

其次，在生物体中，各个器官里发生的现象并非彼此独立。在植物或者低等动物（比如水螅或涡虫）里，成体里切出的片段尚有能力生存、生长。然而，在高等动物里，部分与整体的从属关系使得生物体成为一个统一的系统。虽然每个细胞都有生命的特征，或多或少以自治的方式存在，它依然为群体而工作。因此，生理学家必须通过实验探索拆解开生物体，分离其组分，但同时又不孤立地考虑它们。器官的生理特征只能在整个生物体的框架下得到解释。"决定论在生命现象里不仅非常复杂，而且彼此和谐。"克劳迪·伯纳德如是说。生物现象比物理现象更复杂，并不在于其根本性质有何特异之处，而是因为一旦被彻底分离，就无法进行研究。它们总是紧密相连、环环相套。在生理学里，功能的相互关联及相互依赖造就了复杂性。

因此，生理学家并没有试图把生命世界与物质世界隔离开来，他们试着使用物理与化学方法分析生物体内发生的现象。这倒不是说物理与化学可以解析所有的生物学问题，而只是因为它们比生理学更简单，而且我们总是从简单开始理解复杂。克劳迪·伯纳德说："（生物学应当）从物理与化学里借来实验方法，同时保留它关心的独特现象与规律。"于是，生理学成了一个活跃的科学。在那之前，研究一个生物体不可避免地要损害它的性质或破坏它的功能。在此以后，人们可以在人造的环境下对生物体进行实验操作，而不破其生命特征。人们可以通过机械方法把生物体的特征组分分开，研究它们的功能，并且小心谨慎地推断它们在体内的功能。这里，重要的是从生物体里同时发生的复杂进程网络中解析出简单的现象，并在尽可能清晰界定的条件下进行实验。克劳迪·伯纳德认为，生理学家必须是"一个发明家，一个真正有创造力的手艺人"。

一个现象的诞生，可能是偶然观察发现的，也可能是一个假说的逻辑结果。事实上，有两种屡试不爽的方法可以制造出现象。

第一种方法，重现自然发生的疾病。在一定意义上，生理学与医学代表了同一个科学的两个分支，不仅因为它们所研究的对象一致，而且因为它们使用的方法近似。在对常态与病态的研究中，二者往往互相借鉴。医学不再只是经验观察，而必须依赖生理学探索的结果。与此相反，病理的知识也促进了生理的知识。医学为生理学开辟了新的路径。它标明了靶点，暗示了要达成的效果。要维修一个机器，必须要理解各个组成要素及其用途。反之，专门破坏一个器官才能界定它的功能。因此，病理学为生理学家提供了模型，使得他们可以在尽可能精确的区域内制造损伤，重演疾病，进而分析后果。通过机械或化学手段来精准破坏身体的一个组分，而后观察伤口的效果，并界定其他成分参与的反应——这是生理学研究中最有效的方法之一。人们可以移除一个器官，比如肾；或者在原位破坏它，比如通过注射石蜡破坏胰腺；或者损伤它，比如对胆汁管结扎从而损伤胆囊。通过与健康的动物比较，我们可以推断出损伤的效果。人们可以尝试通过注射特定的物质，或者是相关组织里未受损伤的提取物治疗这些受伤的动物。人们还可以通过在其他器官制造更多的损伤以弥补特定的病症。这种通过制造损伤进行探索的方法为功能分析开辟了途径。比如，它厘清了"排泄"与"分泌"的差异：前者是指组织本身不产生任何东西但排空其中形成的物质，而后者是指一个腺体可以吸收特定的物质，把它们组合到一起并产生新的物质。分泌又可以分成两类："外分泌"指的是产物分泌到生物体之外，而"内分泌"是指分泌物留在生物体之内，帮助消化或者其他功能。这方面的探索已经进行了一个世纪。事实上，正是使用这种方法，科学家才鉴定了高等动物里特定的代谢过程，分析了消化现象，发现了激素，阐明了神经及大脑的功能。

除了机械干预，化学损伤是另一个办法。毒药的效果与疾病类似，不仅如此，它们还有效地作用于器官。注射一种有毒物质之后，损伤几乎总是体现在特定的器官。特定的毒药总是损伤特定的解剖结构。比如，一氧化碳攻击血红蛋白，阻止了它们参与呼吸；特定的金属盐类破坏肾细胞，阻碍了血液中的废物通过尿液排出；箭毒伤害神经细胞，阻止了神经冲动的传递，于是麻痹了动物。同样地，有些解药可以专门中和特定的毒药，使受伤的器官恢复功能。利用各种毒药作为武器，生理学获得了前所未有的工具：简单易用，靶标特异，通过调节剂量可以控制其效果，有时甚至可以逆转损失。因此，使用有毒物质是在过去一个多世纪以来最受生理学家偏爱的另一个方法。时至今日，在探索各种化学反应的功能中，有毒物质依然发挥着重要作用，无论这些反应是在生物体内，在细胞内或者细胞外。

在生理学中制造现象的第二种方法，依赖于生物体与其环境之间永恒不息的动态平衡。它们的相互作用是如此紧密，以至于生物体不得不对环境的每一个变化都做出反应。克劳迪·伯纳德认为，生物体与非生物体在这方面是相似的。在每个现象中永远有两个因素需要考虑：所观察的生物与外在环境；环境作用于生物，并使生物体现出环境的性质。假如环境因素被排除，这个现象就会消失，仿佛该对象也被移除。只有同时观察生物与环境，才能发现这种吸引力，就好像只有铜锌两极关联起来才有电流。如果其中一极被移除，那么吸引力或者电流都会消失，它们就成了抽象的观念。这同样适用于生物体。克劳迪·伯纳德说，"生命现象因此既不全在生物体，也不全在它的环境；在一定意义上，它是生物体与其环境合作的产物"。环境的移除或恶化就相当于清除或破坏了生物体。极而言之，生物体甚至可以被视为环境的一个成分，如拉瓦锡曾经所认为的那样。不过，环境不再只是流体，比如生物体沉浸其中的空气或者水。自孔德以来，它也包括了热、压力、电流、光、湿度、氧气或者一氧化碳含量，以及有益或有害的化学物质 —— 简言之，一切与生物体直接接触、以某种形式发生作用的因素。既然每个因素都可以被改进，它们也就成了实验的参数。在"生物体–环境"系统中，两个序列的变量偶联起来：一个是外在的，可以通过物理与化学手段进行实验干预；另一个是内在的，体现为同样可以用物理与化学方法测量的功能。控制环境才有可能影响生物。**为了研究一个现象，需要把生物体、器官、组织甚至细胞提取物置于尽可能界定清晰的环境条件下，并系统地改变环境的各个参数。**毫不夸张地说，从此以后，这套步骤成了生物实验室里的主要活动。

在此之前，人们依据生物体的复杂程度进行分类。现在，在功能的关系之上又加上了结构的关系。在组织体的复杂程度与组织体及环境的相互作用之间可以建立起相关性。一方面，有些简单的生物体被还原为单一的解剖单元（比如滴虫类），或者只包含若干细胞，比如更低等的动植物。在这些生物体内，所有的组成部件都与周围的培养基 —— 周围的水或者空气 —— 直接接触。另一方面，还有更复杂的生物体，特别是包含了大量细胞的高等动物。这里，只有表面的构造直接与"宇宙基质"（伯纳德语）接触。生物体内部的部件浸没在"内在的"或"有机的"基质中，后者作为中间体与"宇宙基质"相连。比如，在人体内，核心组件执行着最重要的功能，它们不受外界变化的影响；它们只与血液或体液接触，从而免受外界突然变化的影响。因为内在基质的主要特征就在于它的稳定性，由器官产生，为器官服务，它们是保护体内关键结构不受意外改变的减震器与缓冲阀，使得器官可以在接近稳定的条件下工作。克劳迪·伯纳德认为：

> "可以说，天上的飞鸟并不真正生活在空气之中，鱼儿也不生活在水中，蚯蚓也不生活在泥土里。空气、水和泥土都是围绕生命体的第二套保护层，组成生命第一层防护的是体内的血液循环系统。"

诚然，高等动物生活在自己体内。

居维叶曾提出生物体的结构分布与功能协调，内在基质的概念为此提供了支持。最重要的组件深埋在身体内，因此得到了更好的保护，它们可以不受气温、湿度、压力等因素的扰动而正常工作。组织结构的复杂性意味着功能上的自由，独立于环境最终成了演化上的一个选择性因素。于是，生物体的分类被颠倒过来：我们可以根据它们"基质"的性质，即它们相对于外界的独立性，来对生物分类。于是，生物可以分成三种类型。第一种包含了低等生物，它们完全依赖于外界条件。一旦条件正确，生命就沿着预定的轨道前进。如果条件不合适，生物体就死亡或者进入了对化学物质不敏感的"休眠态"：所有的交换、所有的活性、所有的生命特征都中止了。第二种包含了低等动植物，它们的内在基质在一定程度上依赖于外界条件。因此外界的波动仍然会影响生物体的生活，会弱化或者强化它的活性，但不会完全抑制。通常，体温调控着"生命的波动"。第三种是高等动物。它们的所有活动都完全独立于外界条件。无论外界环境如何变化，生物体继续以同样的方式生活，好像生活在温室里："稳定且自由的生活，不受宇宙基质变化的干扰"。生物体愈复杂，它们就愈独立。

内在基质及其稳定性强调了生命体的一个根本特征：对功能的调控。它们为测量生物体整合程度提供了一套方法：通过实验考察器官与功能之间的协调程度。这种探索的结果就是，人们发现生物体的所有生命活动，从宏观到微观，乃至最细枝末节，都受到着系统的调控。早在18世纪，人们就认识到某些功能之间的相互作用了。对拉瓦锡来说，动物机器受三种主要的"调控因素"掌控：呼吸、消化和蒸发作用；对克劳迪·伯纳德来说，体内的所有活动都受制于调控的机制。"所有的关键机制，无论如何千变万化，只有一个目的，即维持生命在内在基质里正常运转。"包括平衡的机制，补偿、隔绝与保护的机制，用以调节温度、水含量、氧成分、食物储藏、血液、各种内分泌与外分泌的组成。动物的组织越复杂，调控系统就越精准。因此，使用这些调控系统的生物体，即高等动物的生理系统就越先进。对19世纪的生物学而言，生物体的组织主要依赖于功能的整合。克劳迪·伯纳德认为，正是由于"持续和微妙的补偿，生物才能在最精微的尺度上维持着平衡"，生命才有可能存在。调控机制一方面保护了细胞不受外界波动的影响；另一方面，也能为了共同利益来协调单个细胞的活动。部分必须与整体和谐工作。克劳迪·伯纳德再一次借用了工厂的比喻，来描述生命体内的调控现象。

> "生物体内发生的……正好比一家兵工厂：每个工人
> 制造一个部件，他的工友制造另一个部件，他们都不知道
> 最终产品是什么。直到后来，有一个装配工把所有的部件
> 拼成整体。"

在 19 世纪中叶，神经系统代表了成体动物里的"功能协调者"，它不仅调控着心跳、呼吸、氧含量、体温，还有盐浓度、水含量、肝脏的化学功能、唾液腺的分泌、出汗等。在 20 世纪之初，科学家又发现了另一种化学调控因子：激素。因为加农的工作，内在基质的协调与稳定被称为"稳态"。调控的观念是现代生物学里最富变化的基本概念之一。正是由于调控的概念，生物学才首次为物理学提供了一个模型：维纳正是通过观察生物系统，发展出了控制论。

到了 19 世纪中叶，利用生理学的方法，人们可以分析生物体功能的许多侧面。然而，遗传与繁殖却不在此列。原因何在？克劳迪·伯纳德认为："我们并没有像掌握其他生命特征一样掌握遗传这个要素。"演化理论把繁殖变成了同时负责结构维持与变异的机制。细胞理论把这个机制定位到了细胞，更确切地说，是受精卵。但是遗传与繁殖只为生理学实验提供了狭小的立足之地。我们当然可以干预幼胚，破坏某些细胞或组织，从而阻碍发育。但是，这样的结果往往是扼杀了幼胚或者笨拙地打乱了它的构造。胚胎发育的过程从来没有被扭转到背离自然发育的方向。兔子的受精卵可以接受各种可能的处理：它可能因受伤而流产，但是它"永远不会生出一只狗或者其他哺乳动物"。生理学里可行的方法并不适用于遗传学。对形式的研究不再属于化学的范畴，也不再受化学规律的束缚，它在实验触及范围之外。

由于只能对遗传现象进行思辨却无法分析，生物学于是成了"瓜生瓜，豆生豆"的现象描述，用到的仍然是远古时代遗留下来的图景。区别在于，卵子与精子取代了种质，细胞取代了"生命分子"，胚胎发育的过程是细胞分裂与分化的结果。但是，受精卵要完成发育的任务，在连续的世代里重现一个同样的生物，这都需要一套记忆系统来指导。"可以说，受精卵变成了一种有机配方，总结了生物的历史由来，记录了它的演化记忆。"彼时，演化意味着胚胎时期发生的一系列转变。记忆是一种"遗传之力"，是受精卵"先前的一种状态"，是一种"原始的冲动"推动着鸡生蛋、蛋生鸡的循环。关于这种记忆的本质，人们的认识比18世纪没有什么进步。跟他们的前辈莫佩尔蒂一样，达尔文和海克尔认为，记忆是生物体内微粒的一种性质。对达尔文而言，怀胎的生物体内的每一颗细胞都为生殖细胞输送了一颗配子，有点儿像个特派大使，它们不知怎么就组成了下一代体内的细胞。对海克尔而言，细胞包含了微粒或者色质体（plastids），它们有特别的运动方式，而且有天赋记忆，在连续的世代里可以维持这种特别的运动，并发挥功能。与此相反，克劳迪·伯纳德，类似布丰，认为记忆不在生物体微粒里，而是另有一套特殊的系统，后者指导了细胞的繁殖、分化和生物体的发育。受精卵因此包含了一套"设计方案"，经"有机传统"从一个生物传递到另一个生物。生物体的形成遵循一套严格的"指令"来执行"计划"。这个计划不仅指导了幼胚的发育，还有未来成体的功能、结构与性质，细枝末节尽在其中。一个证据在于，人类的某些疾病从父亲到儿子一再出现。从受精卵开始，一切都被预见到了，也被统筹协调好了，从新生物体的发育到持续一生的保养。用克劳迪·伯纳德的话说，"生物体的所有活动都在自己的掌控之中"。

因此，实验生理学仍然无力研究繁殖的过程。它缺少把假说诉诸实验的手段，没有适合不同情形下的技术，甚至没有适合自己方法的研究材料——总之，它无从下手研究遗传现象。尽管杂交的方法对畜牧和农业来说非常合适，它们似乎并不适用于研究繁殖现象。事实上，生理学的关切在于个体。每个生物体逐一得到观察，从而发现它们在不同环境下的特征、行为和反应。然而，遗传现象涉及的可不是个体，而是因亲缘关系而结合起来的一个群体，正是对后者的观察为实验探究遗传学开辟了道路。达尔文已经用这个方法解释过变异的出现：在大规模的群体里，因为统计的波动性，变异必然出现。通过研究连续繁殖的大量个体中少数性状的行为，孟德尔才能证实遗传现象，进行测量，并总结出规律。但是，要着手处理身体内大量分子的偶然规律，这主要还是物理学的贡献。

2.统计分析

在生物学的早期，它一度有意跟物理学保持距离。在 19 世纪下半叶，通过热力学，它们之间的关联又重新建立起来。首先，因为能量守恒的观念，曾经被认为是生命世界独有的一个特征消失了。其次，在试图把生物体的性质与其内在结构联系起来的过程中，统计力学改变了我们看待物体、生物体，甚至日常生活事件的方式。在 19 世纪的前半叶，物理现象总是用诸如时间、空间、力与质量这样的概念来分析。"力"作为运动的原因被引入，它事先存在且独立于运动。对卡诺（Carnot）来说，有两种方式来考虑物理原理："第一种是认为物理学是力的理论，也就是说，引起运动原因的理论。第二种则认为力学理论也就是运动的理论。"虽然物质是均一的，力的数量、本性以及种类却不断增加。热力学体现出的现象愈发紧密地与物体的运动关联起来，比如，对气体的研究。因此，一个新的物理学领域形成了：在其中，通过测量热的变化，物理学家试图在不知道物体微观结构的情况下分析它的性质。在不同领域发生作用的力，比如动力、电、磁、热、光及化学反应，在能量这个概念里找到了通约性。能量是各种形式的功，它可以作功，功又产生了能量。在一个绝对的意义上，能量不灭，就像物质不灭，但它可以发生转变，以不同的形式出现。从能量守恒定律的观点看，大自然中的每个转变都是能量的转变。不同形式的能量彼此独立，且具有相等的价值。每一种形式的能量都有一个独特的强度指标 —— 高度之于重力势能，温度之于热能，电势之于电能。系统内的差异体现在这些指标的不同。

然而，能量守恒并未解释物理学中观察到的某些矛盾事件。机械与电磁现象是可逆的：它们可以沿不同的方向进行，正负极对力学公式也没有影响。然而，热力学或化学现象却是不可逆的：它们总是沿着一个方向进行，比如，热量不能从冷流向热。在一个"封闭体系"内，能量的总量守恒。但是知道能量的总量并不足以刻画整个系统，我们还需要知道能量的性质。能量越不稳定，就越容易做功，质量[1]也越高。因此有些能量更"高贵"，比如机械能；有些则更"卑下"，比如热能。但是，如果一个系统被弃之不顾，能量的质量倾向于降低，而不是升高，因此某些现象是单向的。当热能从高温流向低温，那是因为能量在不改变总量的情况下降低了质量。如同滑梯上的球，它必然一直滑下，直到触底。这种平衡状态被物理学家称作"熵"趋于

---

1. quality，不是mass —— 译注。

最大化。熵并不是一个空泛的概念，它是可以被测量的物理量度，如同身体的温度、物体的热量或者长度。熵，使得我们可以精确地描述一个物体或系统经历的多种状态。如果一个物体吸收了热量，熵就增加；如果它失去了热量，熵就减少。主宰宇宙一切物理现象的热力学第二定律声称，在一个孤立的系统里，能量趋于退化，即，熵趋于增加。最终，运动停止，电势或化学势的差异消失，温度趋于均一。没有外界的能量输入，每一个物理体系终将衰败，滑向惰性状态。

　　热力学的概念彻底颠覆了生物与非生物严格区分的观念，消弭了生物体内与实验室里化学反应的区别。能量及能量守恒的观念统一了不同形式的功，生物体活动的一切能量都来自于代谢。生物体所能实现的一切，无论是运动、电、光或者噪声，都源于食物燃烧释放的化学能。于是，两个概括性的结论把生物学拉向了物理与化学：组成生物体与非生物体的是同样的基本元素；能量守恒定律既适用于非生命世界，也适用于生命世界。亥姆霍兹等科学家，紧紧抓住这些定律的普适性，得出了一个简练的结论：生物体内发生的现象与非生物世界里的现象没有区别。乍看上去，生物体会生长、发育，在连续的世代之间维持着结构，这似乎违背了热力学第二定律。热力学虽然为一个系统赋予了一个总体的方向，但是它并不排除局部的例外，或者某些部分以牺牲环境为代价的逆熵运动。趋于衰败的是整体，并非所有的个体。因为生物体从环境中不断摄食，吸收能量，它们可以长时间维持较低程度的熵。它们也可以，在不违背热力学定律的情况下，持续地制造出生命体独有的大分子。能量及能量守恒的观念取代了生命力的观念。在 19 世纪初，人们认为，生物体使用"生命力"进行生物合成和形态发育；到了 19 世纪末，生物体消耗的是能量。

　　引入统计方法研究群体行为，对生物学和其他科学的思考方式
还有更广泛的影响。在19世纪，对气体的研究使得人们把热量与分子
运动联系起来，从而打通了物体的性质与其内在结构。气体被认为是
自由运动的分子的集合体。在伯努利（Bernoulli）、焦耳（Joule）和克
劳修斯（Clausius）看来，所有的粒子都具有同样的速度：这使得人
们可以在气体的某些性质——压力、温度、密度——之间建立起关
系。与此相反，麦克斯韦认为，粒子不可能都具有同样的速度，因为
它们的运动源于彼此之间的碰撞。气体代表了"微小、坚硬、有完美
弹性的小球"的集合，"只有在相互碰撞的时候才彼此接触"。于是理
想气体的纯机械模型建立起来：粒子持续运动一段距离，碰撞，重新
开始运动，再次碰撞，再次开始。因此，每个粒子具有独特的速度与
运动。麦克斯韦认为"各个粒子都有独特的能量和运动"，因为碰撞
是随机的，各个粒子的性质也持续变化。因此，我们无法逐个地研究
数十亿颗永远变动不居的气体分子。另一方面，分子的群体与它们的
行为可以用统计方法分析。分子速度的分布必然遵循众所周知的概
率曲线——它适用于一个国家里成人的身高、街上流浪狗的数量或
者霰弹枪打出的子弹的分布。个体的行为无法得到描述，但是群体的
行为却可以。如果把一个群体视作理想分子的集合，它们的参数就是
实际的平均值。气体的性质可以用小球撞击的纯机械模型来描绘，甚
至，熵也可以用分子振动来解释。如果说人无法阻止能量的退化，那
是因为我们无法区分各个分子，并逐个观察它们的性质。但是完全有
可能想象有一种精灵[1]，具有更强大的头脑、更敏锐的感觉，麦克斯韦
说，"它的官能是如此敏锐，以至于可以追踪每一个分子的运动轨迹；

1.也被称为麦克斯韦妖——译注。

这样一种生物，固然不是无所不能，却能够做到我们目前做不到的事情"。不妨设想一个充满了气体的容器，被一道隔板分成两半，这种微小的精灵能够"看到每个分子"，它能够不带任何摩擦地打开一个滑动门。当快速移动的分子从左向右移动的时候，这个精灵就打开门；当缓慢移动的分子抵达的时候，就关上门。对于反方向运动的分子情况则相反。这样，快速移动的分子就会在右侧聚集，右侧变得越来越热；移动缓慢的分子在左侧聚集，左侧则越来越冷。"在不消耗能量的前提下"，这个精灵就能把不可利用的能量转变成可以利用的能量。它规避了热力学第二定律。

然而，在19世纪下半叶，统计分析及概率论的作用与地位都发生了变化。对麦克斯韦而言，它们只是用于分析特殊问题的一个工具。既然无法逐个观察个体，我们只能考虑整体。与此相反，对玻尔兹曼与吉布斯而言，统计分析和概率论为整个世界提供了逻辑规则。他们研究群体并不是因为无法研究个体，而是因为个体行为根本不值得去研究。即使可以用数学方法进行细致的分析，每个个案也不会比群体更富教益。知道了某个分子行进的距离又有什么益处呢？谁会在乎容器里的单个气体分子与墙壁在特定的条件下、给定的时间与地点发生了碰撞？即使每个单元的行为细节都可以被分析，群体的结果只能被拢集起来得出主宰整个群体的统计规律。知道特定分子在给定时刻的运动毫无意义，重要的是碰撞的平均值以及所有分子参与某一次碰撞的概率。

这套办法与之前的思路显然大异其趣——不过，达尔文是个例外。像玻尔兹曼和吉布斯一样，达尔文认为自然律不适应于个体，而是大规模的群体。虽然每个个体的行为可能会有不规律性，但是整体的大数据却有规律可循。统计力学与演化理论的这两种思考方式有颇多类似之处。首先，由于这两个理论的出现，偶然性的观念在大自然里牢牢地树立起来。自牛顿以降，物理学就奠基于严格的决定论之上。人们认为，分子的行为，如同所有可见的物体，都受一套系统原因的控制——科学的任务就是在大自然中揭示出这套原因。如果观察到的现象可以被严格重复，它们的基本过程也必须是确定不移的。但到了 19 世纪下半叶，人们认为的几条自然规律都变成了统计规律。只要涉及大量的个体，这些规律的准确性就体现得非常明显。不过，这些规律所作出的预言无法以严格的因果关系来表述。它们只是概率，也只能在某些清晰界定的限度之内得到验证。对于可观察的现象，这种可能性几乎就是确定性，因为可见的物体都是由大量的分子组成。但是对于不太重要的群体，偏差并不罕见，这就是玻尔兹曼所谓的"统计的波动性"（statistical fluctuations）。如果有一种机制更青睐它们，比如演化理论里的自然选择，那么例外情况也可能最终占据主导地位。

　　最后，演化理论与统计力学都包括了时间不可逆的观念。在演化里，选择的机制使得整个过程不可逆：一旦某些变异体被自然选择保留下来，一旦生物群体确定了某个方向，它们就不可能再回到先前的状态。自然选择的结果可能继续分化，甚至调整方向，但它无法逆转已经迈出的脚步。在物理学里，热力学第二定律为自然现象确定了方向；没有哪个事件可以与所观察到的方向相逆而行，因为那意味着熵的降低。宇宙之中，没有哪个物质可以回到先前的状态，如同设想出来的纯粹机械系统（比如钟表）那样。无论在生命世界还是无生命世界，演化的顺序都无法逆转。

　　然而，能量衰败的进程仍然存留了一丝神秘的色彩。它似乎意味着大自然的各种机制里具有某种神秘的组成。随着统计力学的发展，这层神秘的色彩也消失了。不可逆性表现在分子秩序以及排布上的变化。这种单向运动的肇因正是物质结构的内在性质。对玻尔兹曼来说，热力学第二定律主宰着宇宙的行进，并导致了熵的增加；但是，这个定律本身只是一个统计规律。事实上，它是最高等级的统计规律。大多数物理现象只是表达了分子群体的自然倾向：从有序变成无序。对物理学家来说，分子秩序是可以测量的统计数据。比如，太阳之中储存的热量非常巨大，但它也是可以计算的，因为它并不是均匀分布于整个宇宙，而是聚集在有限的空间里。随着时间的流逝，这份热量自发趋于消散，温度趋于均一，正像熵或者混乱度趋于增加。热量趋于从高温流向低温，并不是因为什么神秘的规律阻止了逆向的发生，而只是因为反向流动 —— 从冷到热 —— 的可能性要低许多个数量级：理论上并非完全不可能，但是现实中从未发生。分子自发地从有序（较低程度的可能性）过渡到无序（更高程度的可能性），就好比一座石碑在地震中成了一堆废墟，或者图书馆里有序放置的书籍被一个粗心的读者搞乱了。统计力学陈述的是，当洗一副牌的时候，它们更可能从有序变成无序。然而，它并没有声称逆向是不可能的。如果进行足够多的尝试，这完全可能 —— 不，这必然会发生。然而，发生这种情况所需要的时间如此漫长，以至于这样的例外丝毫无损于整个宇宙的行进方向。事件沿着统计学意义上更可能的方向流动。对达尔文来说，演化的不可逆转性来自于，一旦生物体沿着某个路径分化了，就无法再回到先前的状态。对玻尔兹曼来说，热力学的不可逆性在于，一旦宇宙中的分子自发地从有序过渡到无序，就无法再回到先前的状态。

受统计力学激发的新世界观的影响，19世纪的态度为之一转。首先，统计力学正是从物质的结构中得出了物体的性质。在吉布斯那里，统计分析不止用于群体行为，也包括一切具有不同自由度的"保守系统"。这使得我们可以分析与能量兼容的物质的分布，如果系统存在的时间够长，全部物质的分布都可以得到分析。物理世界里发生的大多数事件都可以用这种方式处理：化学反应、反应的速率、随温度的变化、融化和蒸发的过程、气压的定律等 —— 只要现象背后的假说是分子秩序发生了变化。一切都受制于统计规律。

因为统计力学，数学工具更趋完美，这使得人们可能探索任何涉及大数字的系统的结构与演化。许多之前难以着手分析的物体、事件和性质现在都可以处理了，只要它们可以被枚举、归类成不连续的系统。事实上，这种类型的统计分析完全依赖于独立单元的分布。无论这种不连续性是否自然存在，像在一个群体中的单元那样，或者通过测量而引入的、需要在两个先定数值之间选择的 —— 这些都是进行统计分析的必要基础，因为不连续的事物可以用最古老、最简单的数学概念 —— 整数来进行计数。计数的能力是使用统计方法的艺术。所观察案例的数量越大，结果的重复性就越高。但是统计方法是如此明确，而且工作的精度如此之高，以至于我们可以调整条件，只观察少量的样本就足够了。对麦克斯韦而言，统计方法这个工具主要适用于物理现象。在玻尔兹曼和吉布斯之后，这个方法逐渐被拓展到许多领域，有些领域初看起来甚至不可能引入不连续性。于是，即使是对那些本质尚未得到理解的现象，我们也可以得出一些经验性的定律。我们不再寻找孤立事件背后的原因，我们可以观察同一类型的大量事件，整理它们，收集结果，并计算经验规律的平均值。于是，针对同一类型的事件未来就可以得到预测，虽然达不到必然的确定性，但可能性如此之高，以至于可以逼近确定性。只有针对所有事件，排除细节和例外，这些预测才谈得上成立。事实上，统计方法的特征之一在于，它有意乃至系统地忽略细节，无意精细刻画每个具体环境，或者涵盖每一点细节信息。它的目的在于得到超越个案的规律。

最后，统计力学彻底扭转了我们看待自然的方式，这是因为它把之前不兼容的两个概念 —— 秩序与偶然融合到了一起，并给予了它们同样的地位：二者与诸多现象都有关联，并且都是可以度量的。虽然一切仍保留着些许神秘、任意的气息，一系列的力、冲动、变易和潜能都被贬低为辅助因素。秩序与偶然，只是代表了一个更深刻、更普遍的机制的不同侧面，而这个适合于整个宇宙的普遍规律就是：事物倾向于从有序变成无序。这个规律并不旨在为事件提供因果解释，它并不解释**为何发生**，而只是陈述**如何发生**。从此以后，因果性的观念不再那么重要，甚至不再那么令人感兴趣。因此，19 世纪上半叶，自然图景中残留的许多神秘消失了。许多完全不同且尚未被解释的现象常常体现出相通的性质，因为无论如何，它们都基于同一个机制。这不仅适用于物理学探索的现象，而且同样适用于天文学、地质学、生物学、气象学、地理学、历史学、经济学、政治学和工商业。到了 20 世纪初，这一点体现得愈发明显。事实上，在人类活动的广泛领域，甚至日常生活的细枝末节，情况都是如此。

毫不夸张地说，我们今天看待自然的方式很大程度上是被统计力学塑造的。统计力学不仅转变了科学的研究对象，也扭转了科学的世界观。它引发了 20 世纪初的思想革命，并直接导致了当代物理学的诞生。根据新的物理世界观，相对性与不确定性受制于量子理论与信息理论，物质与能量只是同一个事物的两个方面。正是通过统计力学，新科学浮现出来，比如物理化学通过物质的物理结构来解释其化学性质。又一次，正是由于统计力学，实验方法可以应用于生物学的多个领域。首先，生物体内进行的化学反应遵循着主宰物质的一般规律。其次，更重要的是，统计分析使得生物学成了一门定量科学。在19世纪末，对生物体的研究不再只关注于秩序，同时也要进行测量。

3.遗传学的诞生

19世纪中叶之后，与达尔文、玻尔兹曼和吉布斯持有类似态度的人越来越多。这种倾向也体现在孟德尔的工作里。在过去的几个世纪里，人们积累了许多关于遗传现象的观察。不过，严格说起来，遗传现象还没成为真正的研究对象。19世纪不再试图去确认一头幻想的怪兽是否存在，它也已经放弃了对不同物种杂交的尝试。尽管如此，不同物种之间的杂交仍在进行，遗传学成了植物育种和动物繁育专家关心的事情。事实上，在整个19世纪，经济需要迫使人们提高庄稼和畜牧产出，并培育出多种多样因地制宜的物种。产出必须要提高一个水平，不只是增加农作物的亩产值，也要提高质量。在果园、牧场、蜂房和养鸡场里，人们进行着各种实验，服务于不同的实际目的。每次杂交之后，人们只需仔细考察后代里可辨别的特征，就足以对它们详尽描述，不会忽略任何细节。大多数特征无法被详细区分，因为它们包含了无数的中间类型，从一个极端逐渐过渡到另一个极端。事实上，杂交操作的成功是通过双亲的性状在后代里杂合的程度来判断的。因此，性状在连续的世代里一再被重新洗牌。有些消失之后又重

新出现。比如，诺丁（Naudin）把第一代杂合体的统一性与第二代中
"各式各样的混乱"相对照：一些更像父亲，另一些像母亲，杂合体就
好像是"活着的马赛克"，其微小的组成部分肉眼无法观察。加德纳
（Gartner）观察到，杂合体后代中存在严重的不均匀性：有些产生纯
种后裔，有些产生杂合体。遗传现象的确非常复杂。

　　遗传学要成为科学，需要两股潮流的汇合：关于植物培育的实践
知识与关于生物学的理论知识 —— 孟德尔正好代表了这个交点。他
幼年在乡村长大，很早就对演化感兴趣。在他的整个青春期，他观
察父亲在田地里种植、杂交、嫁接。终其一生，他都在琢磨着物种是
如何形成的。在修道院的花园里，他获得了许可来培育新植株。然而，
最吸引孟德尔的是遗传的本质：嫁接体的活力似乎比环境，即所嫁接
到的植株，有更强的作用。他也开始培育杂合体，不是为了提高产量，
而是为了追踪性状从一代到下一代的行为。孟德尔的态度与他的前辈
完全不同。他写道：

　　　　"在之前所做过的诸多实验当中，没有人采取过这种方
　　　式，并进行到如此细致的程度，以至于可以计算杂交后代里
　　　出现的不同形态的数量，或者把这些形态依据它们的世代而
　　　精确排布，或者可以准确无误地确定它们的统计关系。"

　　孟德尔的方法里有三种新颖的要素：①事先规划实验并选择合适
的材料；②引入不连续性并使用大群体，使得结果可以定量表达，并
进行数学分析；③使用简单的符号进行标记，这保证了实验与理论可
以持续地"对话"。

　　首先，孟德尔精心选择了实验材料。他尝试了多种植物，最终选定了豌豆。然后他利用的是在严格的条件下经过数年培育得到的纯种品系。这些有待杂交的品系必须彼此不同，不是完全不同，而是少数特征有差异。孟德尔认为，必须排除"那些不能得到清晰区分"的性状，"因为'模模糊糊'的特征通常难以界定"。只有那些可以清晰区分的特征被保留了下来，比如种子与豆荚的样式与颜色、花朵在茎上排布的位置等。为了避免一开始进行过于复杂的杂交分析，我们必须要忽略细节，把研究限制在少数几种性状里：首先是一种，然后是两种，其次是三种，每一步都小心翼翼地区分后代里所有可能的组合。为了穷尽所有的可能性，两个条件必须得到满足：第一，实验的规模必须够大，以至于可以忽略个体而只考虑群体；第二，必须持续追踪性状的表现，从第一代开始，持续许多世代。

　　依其本性，这种类型的实验要以完全新颖的方式来表达结果。由于在区分性状时特意引入了不连续性，每个世代里都可以统计出每种类型的个体数量。于是，每个类型都可以用一个整数来表达，实验范围愈广，这个数字愈大。对这些数字进行统计分析，可以得出它们之间的关联。数字通常可以用简单的比例来表示。他发现，在只有一种性状差异的品性之间，第一代杂合体只与其中一个亲本类似，而不是另外一个：前者被称为"显性"，后者则是"隐性"。由第一代杂合体产生的第二代里，显性与隐性以接近3∶1的比例出现。根据显性性状的携带者产生的后代是显现还是隐形，它们又可以进一步分成两组2∶1的比例。当使用的亲本区别不是一种性状，而是两种性状的时候，第一代杂合体依然一致。但是到了第二代，杂合体的后代则按1∶3∶3∶9的比例分成了4种类型。其中3种在下一代中又可以进一步分成两类。亲本品系的差异涉及的性状越多，杂合体后代的类型就越多。用孟德尔的话说：

> "假如双亲具有多种差异性状，那么第二代以后，性状就体现出组合比例的规律。在其中，每一对不同的性状以递增的级数组合起来……假设 n 代表了最初的双亲里差异性状的数目，那么组合级数的数目是 3^n，级数内个体的数目是 4^n，保持稳定的联合体的数目则是 2^n。"

换言之，差异性状的遗传是独立的。在规模足够大的群体里，性状的分布是可以预测的。

最后，每一个性状的两种形式都可以用简明的符号来表达。孟德尔认为：

> "如果用 A 表示显性性状，a 表示隐性性状，Aa 是它们杂合体，那么 AA+2Aa+aa 则表示了杂合体的后代里不同性状的比例。"

这种符号象征的结果在某种意义上变成了理论与实践的联结。它允许人们从观察到的分布中提出假说，作出预测，并进行实验验证。以这种方式，根据不同性状的组合体现出的关联，人们便可以得出雄蕊及雌蕊细胞的形成与组分。只有当一株植株的雄蕊和雌蕊含有同样的性状，比如 A，这个品系才称得上是纯正并稳定。没有理由认为在形成杂合体（比如 Aa）的时候，它有另外一套机制。既然相对性状 A

和a在同一个杂合体植株里，甚至在同一朵花朵里产生，我们可以得出结论：在Aa杂合体的子房里，雌蕊细胞里含有同等数量的A与a；同样的情况也发生在柱头里。一般而言，当涉及多种性状时，杂合体中出现的雄蕊和雌蕊数量跟后代里出现的组合类型一样多。这种结论得到了实验的证实。据孟德尔，在杂合体Aa中，"究竟花粉的哪一部分会与雌性配子结合，这纯粹是偶然事件。然而，根据概率原则，如果考察大量事件的平均值，每一种花粉的形式（A或a）就有等同的机会与雌性配子的A或a结合。假如花粉细胞的A在受精的过程中遇到了雌性配子的A，另一个a则遇到a。与此类似，假如花粉细胞a与雌性配子A结合，另一个花粉细胞A则与雌性配子a结合"。

这种杂交的结果甚至可以用一张简单的图表表示。但是为了表征一个个体的性质，一个符号已经不够了，需要两个。对此，孟德尔以分数的形式来表示。在杂合体A/a的后代里，会出现四种组合：A/A，A/a，a/A，a/a。只有第一种与最后一种是纯种，并与双亲对应。因为A相对于a是显性的，前三种看起来具有同样的性状，虽然它们的后代表明它们其实具有不同的遗传组成。因此，在第二代里，显性与隐性性状具有3：1的比例。这些数值代表了许多杂合体自体受精的结果的平均值。在个体的花朵或植物里，这个比值常常不等于平均值。孟德尔认为：

　　　"各个具体的数值必然受制于波动 …… 只有从大量的个案中才能推断出真正的平均值；总数越大，偶然的影响越小。"

　　在孟德尔那里，对生物现象的解释突然获得了数学的严格性。一整套内在逻辑，包括方法学、统计处理和符号象征，被应用于遗传现象。除了先定论这一段插曲，关于遗传机制的观念2000年来基本没变过。演化理论需要一个过程，它既可以在后代里重现亲本的特征，又要发生轻微的变异。在孟德尔的时代，达尔文设想的"泛起源"与希波克拉特、亚里士多德、莫佩尔蒂、布丰设想的非常相似。根据泛起源理论，生物体的每个部分，每个细胞，都产生自己的后代，或称为"生殖粒"，它们被运输到生殖细胞，最终长成下一代里所对应的部分。这个理论的优势在于，它既允许了不受外界因素影响的自发变异，又接纳了从外界获得的性状。达尔文，类似于莫佩尔蒂和布丰，并不区分父母身体、配子或后代身体的成分。作为父母身体的代表，配子传递到后代，组成了后代的身体。于是，遗传本质只可能存在于生命的组织结构里，这决定了生物体的所有可见结构及生命功能。孟德尔看待遗传学的方式完全不同，这尤其体现在他分析遗传现象的精度。常规分离、显性性状、杂合状态的维持，所有的这一切都与泛起源论相悖。为了表征一个个体内可以辨别的特征，需要两个符号，因为一个符号无法同时与可观察的性状或生殖粒关联。因此，我们有必要区分观察到的性状与性状背后隐藏的东西——这个区别在20世纪被称为表现型与基因型。基因型决定了表现型，但表现型只表现出了一部分的基因型。可观察的性状只是证明了存在一种隐秘粒子或者孟德尔所谓的"因子"，它们彼此独立，各自决定了一个可观察到的性状。一株植物具有一对来自双亲或者雌雄细胞的因子。遗传所传递的既不是一个完整个体的代表，也不是来自于身体每一个细胞的代表，而是有各个独立单元的组合体。每个单元控制着一种性状，每个单元都以不同的状态存在，并决定了对应性状的不同形式。每个生物体从双亲那里继承了一套完整的单元，这些单元在遗传的过程中以随机的方式重新组合在一起。解剖学家、组化学家和生理学家所研究的组织体，固然承载了生物体形式特征的二阶结构，但已不足以解释遗传现象。在生物体的深处必然还隐藏着更高阶的结构，遗传记忆的第三阶结构就位于那里。

　　为了得出物质演变的规律，玻尔兹曼把物体的特征与它们的内在结构联系了起来。同样的态度也为孟德尔研究遗传规律提供了方法。这两种情况都涉及不连续的要素，此外，单个要素的行为也受制于不可见的偶然因素。另外，对群体的统计分析使得人们可以从偶然中揭示出规律。研究遗传因子，与研究气体分子类似，每个个体要素的行为并不重要。孟德尔对单个植株内性状的组合并不感兴趣，正如玻尔兹曼对单个分子的路径不感兴趣一样。这都是遗传分析要付出的代价。自古以来，为了解释生物性状，人们援引的是体液说、晦涩的力或者神秘的目的；但此时，它们已经被物质、粒子和统计规律替代，对生物体的理解发生了变革。逻辑上，生物学的实践也应该随之发生变革；事实上，这种情况从未发生。观念的发展并没有一个线性的历史，通过逻辑也无法分析出后来的演变，孟德尔的案例恰好说明了这点。虽然孟德尔的工作与当时的物理世界观一致，但他对同时代的生物学者的影响微乎其微。到了20世纪，孟德尔的工作才得到认可，他也被追认为遗传学的创始人。他的第一篇论文标志着这门新学科的诞生。在20世纪之前，他的工作无人知晓。孟德尔的同代人并非对他毫不知情。虽然他不是主流科学工作者，但是他和当时最知名的生物学家保持着联系，与其中几位还有长信往来，详尽地描述过实验细节，可惜这并没有引起他们的注意。1865年2月，当孟德尔在当地的一个自然科学学会宣读他的报告时，布尔诺的教学中心里有 40 多个听众，其中包括博物学家、天文学家、生理学家和化学家 —— 换句话说，他们颇有教养。孟德尔就豌豆的杂交谈了一个小时，听众对讲座表现得很友好。虽然惊讶于数学和概率计算应用到了遗传学的问题，他们还是耐心地听完了报告，并礼貌地鼓掌。当孟德尔结束报告之后，听众安静地各回各家，并未表现出丝毫的好奇。孟德尔在跟纳格里（Nageli）的通信里写道："不出预料，毁誉参半；然而，就我所知，没人打算去重复这个实验。"在孟德尔去世之后，人们记住的是他的社会活动，而不是对科学的贡献。在 20 世纪初，当他的工作被"重新发现"的时候，评论孟德尔论文的书籍毛边往往还没有裁开。

既然如此，怎么可能认为人类的心智时刻不停地等待着新的想法，并充分利用它们？或者，科学的发展只是受逻辑的指引？逻辑只能在该时代的世界观所界定的区域内辗转腾挪，只能分析那些人们认为值得探索的对象。细胞研究在 19 世纪末才发生剧烈的变革，遗传学只能在此之后发生。要对遗传现象的结构进行分析，我们必须重新界定遗传学，揭示出染色体的存在以及运动规律，规则有序如同芭蕾舞，继而分析它们的功能，用"生殖细胞系"替代"泛起源"机制。生殖细胞系的唯一功能在于维系物种的繁殖，并且不受外界环境变迁的影响。

4.染色体之舞

19 世纪中叶以后，细胞成了生物学研究的焦点：细胞不再只是生物体的结构单元，或者解剖分析的终点，而是生命活动的场所，是"生命的基座"（菲尔绍语）。在细胞内，代谢反应发生，生命的特征分子成形。通过细胞分化，器官成形，成体出现。通过细胞分裂，组织体不断更新。一切细胞都起源于另一个细胞。海克尔曾言，繁殖是通过"个体的过度生长"实现的。分裂生殖的单细胞清晰地表明：遗传现象也是一种生长现象。细胞生长，分裂为大小相同、形式结构一致的两半。因为后代是双亲的一部分，所以后代与亲本相似。在多细胞生物里，情况并无不同，因为多细胞最初也是通过一个单细胞受精卵——生长分化而来。这样，一个生物体的身体可以比作细胞的群落，通过劳动分工实现了各个单元的特异化。这意味着，某些细胞只负责呼吸，而另一些只负责生殖、运动或消化。无论是单细胞生物还是多细胞生物，遗传总是源于细胞的连续性。因此，细胞内既进行着特异的化学反应，也繁殖出了相似的细胞。生殖细胞系包含了未出生生物的大致轮廓，不是一个完整的肖像，而是潜在的形式。未来生物体细胞内的特化模式都已经包含在蛋清里了。研究的焦点转向了细胞的功能及其分裂过程。

这个时候，细胞研究的目的并非建立起关于细胞的动物学，包括定义组成生物体的所有单元的位置、关系和性质，了解它们的从属关系，或者构建它们在体内的精细地图。事实上，要澄清复杂生物体内细胞与纤维的网络，可能性微乎其微。虽然动物的细胞有不同的性状、位置和任务，它们仍然是基于同样的模型而建立起来的。多样性的背后是结构的统一。无论细胞的性质及起源如何，它们都是半液态小球，即，原生质（protoplasm），富含蛋白类物质。它总是含有一些小且圆的细胞核，后者同样是由蛋白类物质组成。往往，它的外部都有一层膜，内部有时也充满了颗粒。细胞内占主导地位的是两种主要成分：细胞核和原生质。海克尔说："内部的细胞核与外部的细胞基质是细胞的核心部件，其余的成分都是次要的、从属的。"因此，现在的任务是澄清各个组分的功能，鉴定出细胞的哪个部分传递给了后代，而后形成了新细胞。

　　细胞学，作为致力于探索细胞内部空间的科学，统一了多个的领域：生理学、胚胎发育、遗传与演化 —— 涉及范围之广，可以跟形态学相媲美。这是因为细胞学统一了实验方法、科学语言和研究材料。在 19 世纪末期，光学显微镜已经达到了物理所能允许的最大分辨率。通过使用染料，人们可以对细胞内部结构进行染色。于是，细胞学家的分辨能力大大提高。他们甚至洞察到了细胞结构的化学成分，比如，细胞核很容易用一种碱性染料上色。显微镜下揭示的图景渐渐清晰起来，我们需要一种新的语言来描述它们。在 19 世纪末，这套全新的词汇出现了：以希腊文或拉丁文为词根，兼容并蓄。很快，生物学研究的技术性越来越强，外行已经难以理解。比如，由于细胞核易于染色，"染色"（chrome）这个词根就特别活跃。弗莱明把细胞核内染上色的物质称为"染色质"（chromatin），瓦尔德耶（Weldeyer）把其中可见的纤维状物体称为"染色体"（chromosomes），巴尔边尼（Balbiani）和凡·贝内登（Van Beneden）把染色体上条纹交错的地方称为"染色粒"（chromomeres）。此外，还有染色分体（chromatids）、核外染色粒（chromidia）、核外染色体融合（chromidiogamy）、染色极（chromioles）、染色中心（chromocentres）、染色巾（chromonemes）、有色体（chromoplasts）、有色螺旋（chromospires）等。**知识的精确体现为词汇的精确**。最后，细胞学使用的材料也富有特色。自从它不再局限于特殊细胞，转而研究所有细胞共有的特征，它有了更大的选择自由。它可以集中于少数易于进行观察与实验的生物体。来自不同国家、不同研究领域、怀着不同兴趣的生物学家都开始关注这些"模式生物"。两种类型的材料似乎特别合适。其一，单细胞生物体，即原生生物，它们的生殖循环类似于多细胞生物体，不同之处在于，它们并不结合成单一的个体，而是保持隔绝，独立生存。如理查德·赫特维希（Richard Hertwig）所言："在原生生物里，只有一种类型的生殖，即，细胞分裂。"从生理学的角度看，一个单细胞就是一个个体，与多细胞生物组成个体一样。然而，考虑到它的形态与成形方法，它也可以被视作生殖细胞，或者多细胞生物体内的任何细胞。于是，单细胞生物提供了一个简单合适的材料来研究细胞分裂。其二，在无数的多细胞里，有些特别适用于观察细胞核、生殖细胞和胚胎发育。正是从这两类特别的生物体中，生物学家选择了模式生物进行实验。如果要研究细胞分裂或者细胞核的形态或者它的形成模式，最佳生物是马蛔虫，这是一种长在马身上的寄生虫。它的特点凡·贝内登和波弗里（Boveri）谈得很清楚。用波弗里的话说：

> "（作为实验材料）马蛔虫具有无可比拟的优越性。它的卵细胞可以在干燥寒冷的环境下储藏数月，状态不变。当（实验人员）有时间工作的时候，只需把它移到室温下，它们就开始缓慢发育。如果有人希望适当加快研究，可以把它们的卵置于培养箱。如果必须要中断工作，也可以把其放回寒冷的环境，等日后继续工作。"

更重要的是，马蛔虫的细胞核特别简单；染色体也比较少，一般是4条，有些类型里只有2条；容易识别，方便观察形状和行为；当细胞分裂的时候，可以看到染色体裂成两瓣，被一种类似纺锤丝的构造牵向两极。简言之，马蛔虫是研究细胞分裂机制的理想材料。但是，如果有人想要研究生殖细胞、受精或胚胎发育，而不是细胞分裂，那么常用的生物体是青蛙或海胆。它们的优势，正如奥斯卡·赫特维希[1]和波弗里所言：卵细胞透明且容易观察；精子偏小，有一个致密可见的细胞核。如果把卵细胞与精子置于盛有海水的平皿里，人们甚至可以看到精子附着于卵细胞。"但是只有第一个接触到卵细胞表面的精子可以成功"，波弗里说。于是，人们便可以追踪雄性细胞核与雌性细胞核融合的路径，观察受精卵在时空里发生的连续分裂过程——换言之，详细观察这一近似奇迹的过程：来自雄雌个体的两个细胞如何融合在一起，继而诞生出一个崭新的新个体。

通过研究海胆的受精卵，对细胞与胚胎发育的研究从单纯的观察变成了一门实验科学。事实上，人们可以干扰生殖细胞及发育中的受精卵，甚至调整人工授精时的物理化学条件。通过剧烈振荡未受精的卵细胞，赫特维希兄弟把它们破成碎片，这些碎片也可以与同一物种的精子结合而受精。使用特定的化合物处理卵细胞，波弗里成功地使卵子与多个精子受精；当他振荡卵子的时候，他观察到细胞内的染色体分布出现异常。通过提高培养基的盐浓度或者对卵细胞进行多种物理化学处理，勒布（Loeb）人工诱导出了孤雌生殖。杜里舒（Driesch）从已经分化的受精卵里分离出一个细胞，并发育成了一个完整的个体——虽然小了点，但它是完整的。到了20世纪，胚胎学家的技艺愈发精湛。他们可以对幼胚里特定的细胞进行操作，随意破坏它们，注射特定的物质或者其他胚胎的提取物，移除卵子的细胞核

---

1. Oscar Hertwig，理查德·赫特维希的哥哥——译注。

并换上另一个细胞的细胞核。这些操作的效果可以通过胚胎发育时出现的损伤，通过它发育所停止的阶段，或者最终出现的畸形来衡量。于是，胚胎的形成过程也成为实验分析的对象了。

19世纪，细胞学的第一个任务是区分细胞内两个组分——细胞核与细胞质的功能。渐渐地，细胞核成了前沿。在细胞核内，染色体又是公认的重点。它们数目和形状的稳定性、它们的运动规律以及细胞分裂时分离的精准性，赋予了它们独特的地位。科学家观察到染色体加粗，又变细，消失，而后重新出现，如是循环不止。同时也观察到，染色体从中间裂成两瓣，各自被牵引向一极，仿佛有一个"磁极"（凡·贝内登语）。在细胞循环里，染色体体现出了连续性。在不同的阶段，它们具有特征性的结构。波弗里说，它们是"细胞内独立存在的有组织的要素"。最重要的是，它们能够切成两半，再重新组合，形成与原初一致的两个细胞核。由此，人们可以区分两种染色体，并追踪它们的变化过程，统计数目。它们总是成对出现：马蛔虫里有两组（共计4条）染色体，生殖细胞（包括卵子与精子）里，每个细胞核里只有2条染色体。受精的时候，卵子与精子结合，染色体数目恢复正常。组合过程中的任何失误都会使胚胎发育陷入混乱。对波弗里来说，"正常的发育依赖于特定染色体的组合；这意味着不同的染色体必然具有不同的性质"。因此，染色体在细胞核内，特别是细胞复制中的独特功能愈发凸显。

与此同时，在细胞内最初观察到的二元性拓展到了整个生物体。在那之前，人们并未区分体细胞与生殖细胞。孩子代表了父母的新生，父母各自献出一种生殖细胞，在下一代里重新形成对应的部分。因此，单一的粒子必然首先存在于成体的器官，然后是生殖细胞，最后是在后代同样的器官里。赫胥黎认为："可以想见，甚至很有可能，成体的每个部分都包含了同时来自父亲与母亲的分子；整个生物体，即分子聚集体，可以比作来自母系的经线与来自父系的纬线编织而成的网络体。"但是由于纳格里所称的"滋养质"与"胚质"，作为整体的生物似乎具有一种二元性：滋养质，组成了细胞的主要部分，负责营养与生长；相反，胚质只代表了身体的一小部分，却对繁殖与发育发挥了关键的作用，它才是遗传的基础。卵子里的胚质决定了发育和演化，生物体里的胚质则组成了一种提纲挈领的网络。母鸡的卵不同于青蛙的卵，这是因为它们含有不同的胚质。物种包含在受精卵里，正如它包含在成体的生物体里。胚质非常复杂，它包含了大量的粒子或者"微团"。根据纳格里的计算，每立方微米可以容下 4 亿粒微团。微团在胚质中的分配方式决定了它的特异性。因此，在连续世代里繁殖的形式不是通过身体每个细胞派出一个代表，而后在受精卵里重新团聚，而是通过一种指导发育的特殊物质。在同时代的所有生物学家里，纳格里是最有可能理解孟德尔工作的人。孟德尔正是给纳格里通信报道了他的实验结果，结果却石沉大海。

到了魏斯曼那里，两种组分之间的差别更加尖锐。他更进一步提出，它们具有不同的形式：它涉及的不再是散布于整个身体的物质，而是细胞自身。繁殖涉及一种特殊类型的细胞，即生殖细胞。它们与组成身体的细胞，即体细胞，在功能、结构与演化中的作用都不相同。魏斯曼认为，生殖细胞包含了一种物质，"通过它的物理及化学性质，还有它的分子特性，能够一个新的个体"。正是这种特性决定了一个未出生的胚胎是变成蜥蜴还是人，是大还是小，更像父亲还是母亲。

繁殖完全依赖于生殖细胞的性质与特征，它们"对个体的生活而言并不重要，但是足以延续整个物种"。

可以说，"孩子只是父母的一种新生"这个命题扭转了方向。魏斯曼认为，尽管生殖细胞能够产生体细胞与生殖细胞，但是体细胞只能产生体细胞。因此，生殖细胞不是生物体的成分。在动物的连续世代里，它们表现得像是通过分裂生殖的单细胞生物品系。从生殖细胞系里，体细胞分化出来。动物体好像是嫁接到这个细胞系上的。因此，如魏斯曼所言：

> "多细胞生物与单细胞生物的繁殖遵循着同样的轨迹：它们都是细胞的持续分裂——唯一的区别在于，在多细胞生物体里，生殖细胞不是一切，而是被数百颗体细胞环绕着，组成了外围。"

既然生殖细胞如同原生动物一样通过分裂而生殖，它们总是有同样的遗传物质。因此它们所产生的生物体也必然一致。生殖细胞组成了物种的骨骼，个体仿佛是附着于其上的赘物。巴特勒（Butler）有隽语曰，"鸡不过是蛋制造另一个蛋的简便方式"。

根据生殖细胞与体细胞的功能区分，我们还可以得出进一步的结论。如果生殖细胞直接来自于先前的世代，即它们不是由父母的身体形成，那么，它们也就不受外界事件的影响。无论个体经受什么样的不幸，它的生殖细胞，即它的后代，都不受影响。既然如此，那么生物体获得的性状是如何通过遗传传递的呢？魏斯曼认为："所有因外界影响而发生的改变都是暂时的，并会在个体里消失。"它们只是插曲，并不影响物种的变化。组成物种的个体对整体框架没有任何影响。生殖细胞不受任何外界因素的干扰，因而可以不断产生完全一致的细胞。于是，生物体的所有性质都由遗传决定。个体的未来，它的形式与性质，在受精卵里已经决定了。虽然外界条件仍有一丝发挥作用的空间，它"只局限于遗传决定的一小块活动区域"。一个物种的生殖细胞性质恒定，不同的物种却有不同的生殖细胞。新结构的出现不在于个体本身，而是包含在生殖细胞内的"遗传构造"。"自然选择看似只作用于生物的成体，"魏斯曼说，"但实际上是作用于生殖细胞。"

于是，人们看待遗传学的方式发生了显著转变。在此之前，通过继承获得性状的可能性从来没有被认真质疑过。在远古时代的思想里，无论是在埃及、希伯来或者希腊，类似的故事俯拾即是：父母经受的灾难在后代身上延续。对此，拉马克建立了一套体系，来解释局部变异的机制如何帮助了生物体充分适应它的环境。获得性性状的遗传与大量的迷信密切联系：自然创生、物种间交配的可繁殖性。简言之，所有关于人类、动物和地球起源的古老迷信都不例外。与遗传学的其他方面相比，获得性性状的遗传更难以进行实验分析，因此也阻碍了关于生物体的一般性探索，特别是关于繁殖问题。即使是对达尔文而言，演化依赖于每一个巨大群体内的自发波动，然而泛起源论却允许外界条件直接影响遗传。不过，对魏斯曼而言，环境并不直接作用于遗传，生殖细胞系并不受个体的经历影响。没有一个假定的获得性性状的遗传经得起分析。没有一个残疾的生物一代接一代地产生残疾的后代。如果切除初生老鼠的尾巴，即使连续切除5代，生下来的数百只小老鼠依然会长出尾巴，而且长度一点也没少。遗传现象否认了个体的突发奇想、外界影响或者偶然事件的作用。遗传依赖于物质的构造。魏斯曼认为，"遗传现象的本质在于细胞核内特殊分子构造的传递"。只有这些物质的改变，或者说"波动"，才能在生物体内带来持久的改变。遗传、变异与演化的整个机制，不是依赖于连续世代里获得性性状的传递，而是取决于分子结构的本性。

因此，在19世纪末期，两种新的要素出现了。细胞学揭示了细胞核内普遍存在的结构；对物种的稳定性及变异的细密考察表明，遗传学可以归因于特殊物质的传递。这种特殊物质公认位于染色体上。一切证据都支持染色体具有独特的作用：它们的数目和形状恒定；细胞分裂时它们平均裂成两半，并得到精确地分配；在生殖细胞内，它们数量减半；最后，后代从双亲那里各继承了一半的染色体，它们在受精卵内融合。只有细胞核内的物质可以承载"遗传倾向"。而且这种情形不止包括父母的性状，也包括它们更古老的祖先的性状。受精卵内融合的生殖细胞包含的染色体可以上溯至祖父、曾祖父以及列祖列宗。魏斯曼认为，来自先辈的遗传物质占有的比例"随着时间的延长而逐渐降低，这与动物繁育师通过杂交不同的品系来推测后代里含有的'高贵血统'的比例是一个道理"。孩子有1/2的染色体来自父亲，1/4的来自祖父，1/8的来自曾祖父，依此类推，1/1024来自第10代祖父。遗传的问题于是成了简单的数学计算。每一代里，来自父母双方的染色体被重组。统计分析使得我们可以评估不同来源的祖先对个体遗传物质的贡献。德·弗里斯（de Vries）说："生物现象里的差异偏离平均值，正如一切受概率主宰的现象一样。"无论是生命世界还是无生命世界，所有的物体都遵循统计规律。

　　只有这时候，遗传学才作为一门科学建立起来。通常的说法是孟德尔定律是在19世纪、20世纪之交被人们"重新发现"。然而，首先被发现的是孟德尔的研究方法，即，统计分析的方法：集中于少数差异明显的形状，引入不连续性；对杂交后代进行计数，统计出不同类型的比例；关注群体，而非个体，但是个体的血统也记录备案；用统计分析的方法处理结果；使用同样的阶乘符号；区分可见与不可见。于是，人们发现了同样的现象，得出了同样的结论，揭示了同样的规律。这种分析遗传现象的方法是如此普遍，以至于孟德尔的工作，被忽视了30多年之后，在德国、奥地利、荷兰、英国、美国和法国被同时"重新发现"。20世纪之初，遗传学的迅速扩张既反映了它在经济上的重要性，又体现了它对生物学的重要性。对遗传感兴趣的包括那些研究演化的人，以及育种人员。分析物种的变异与提高动植物的多样性，涉及的是同样的方法，处理的是同样的问题。育种人员，带着他们庞大的设施加入了生物学家的队伍。他们在一些专业学会里组织起来，比如美国育种学会。学会主席是这样界定他们的宗旨的："我们建议，生物学战线上的科学家们暂时放一放关于自然演化的有趣问题，而考虑一下人工演化的需要。我们同时呼吁，实践中的育种人员，在谋求经济收益的同时，稍安勿躁，琢磨一下繁育的规律。我们邀请育种人员和遗传学者们联合起来，互相帮助，相得益彰。"因此，从一开始，遗传学分析就被应用于对人类生活特别重要的生物，比如小麦、玉米、棉花或者家养动物。

　　研究对象的性质对遗传学来说举足轻重。德·弗里斯认为：

　　　　"为了研究遗传现象的普遍规律，我们必须排除掉复杂的案例。使用纯种的亲本是成功的第一要诀。此外，后代必须要多，因为从少数几株植物里无法得出明确的结论：性状是否稳定，或者，如果不稳定的话，不稳定的程度如何。最后，为了确定研究材料，必须谨记实验的主要目标是在子代与亲代之间建立起联系。"

植物学家，比如德·弗里斯、科伦斯（Correns）和切尔马克（Tschermak），最先采用了孟德尔的策略。事实上，植物特别适合于遗传学研究，因为作物的产量大，而且受精过程可控。下一步，实验扩展到小型实验动物，比如实验豚鼠、兔子和小鼠。但是这种类型的工作需要实验材料具有特殊的性质：实验动物需要足够简单，容易在实验室饲养；个体要小，在有限的空间内可以处理大量样本；繁殖要快，在短时间内可繁殖许多；性状必须容易观察，频繁交配并且繁殖力强；这种生物体的细胞必须适合于显微观察，染色体的数量要足够小，这样它们的特性才能被注意到。符合如此苛刻条件的生物的确存在：它就是果蝇。在长达半个世纪以来，遗传学家都在热切地观察着果蝇的眼睛、翅膀和毛发——这都要归功于摩尔根。

遗传学家采用的技术和方法，使得同时研究生物体内的变异机制以及遗传现象背后的结构性质成为可能。首先，因为研究的对象不再是少数孤立的个体，而是成百甚至上千个动植物，群体里性状的变化便可以被观察到。在19世纪的后半叶，渐进积累的微小变化导致的变异，单个来看，往往容易忽视。无论遗传借助的是每个细胞的提取物，如达尔文所想的那样；还是细胞核内的物质，如魏斯曼所想的那样，最终，每个特点经历的波动才是变异与演化的基础。物种内不同个体里同一个特点的强度从不会完全一致，它可能增强也可能减弱。在一个群体里，一些波动总是出现，但是一个性状的"波动"从不会离平均值偏得太远。然而，最终，这些差异积累起来，当一个筛选机制——无论是育种人员有意为之，或者自然条件突然变化——沿一个方向持续施加选择压力时，重要的变异就被保留下来了。在20世纪之初，物种变异的机制彻底改变了。对德·弗里斯来说，变异的发生不是通过一系列微弱的修饰，而是通过剧烈的转变。

> "物种不是逐渐转变的，而是在连续的世代里保存不变，然后突然产生与其父母迥异的新形式，完美、恒定、纯洁而明晰，如同在任何物种里所期待的那样。"

自然界有飞跃。多样性与新物种的产生方式正是突变。

与波动或者逐渐发生的微弱变化不同，遗传既可以被观察到，也可以进行实验操作。只要材料合适，物种够纯，样本够大，人们就可以测量出突变的频率，推测表型，并阐明规律。这些规律可以总结成下列词汇：稀缺、突然、不连续、重复、稳定、偶然、普适。首先，突变是稀缺的。在连续的世代里，大量的个体并未受影响。"要发现大量突变体的机会很小，"德·弗里斯如是说，"人们必须期待它们在培养基里占了非常低的比例。"突变的出现看似突然，毫无征兆。从外在方面，它们具有"新类型的所有特点，而且没有中间状态"，"在正常个体与突变形式之间没有丝毫的转变状态"。其次，新的形式具有稳定的后代，它们在代际之间稳定传递，并没有表现出"返祖倾向"。其次，突变形式也不是只产生一次，而是经常出现，"有些类型在连续世代里重复出现"。一个突变一次只影响一种性状。然而，无论何种材料、何种性状，"突变都是普遍规则"。最后，突变没有偏好的方向，它们的产生与外界条件没有必然的联系，它们的功能也未必有益。它们偶然出现，无所谓"退化"或"进化"。德弗里斯说，它们在"一切方向上展开，一些改变是有益的，另一些则有害，但更多的是无足轻重，说不上利害"。因此，所有的性状都可能发生变化。于是，它们为自然选择提供了"数量可观的原材料"。

变异的这个新地位，为孟德尔及其他遗传学分析采用的实证方法提供了事后合理化的理由。遗传现象里的不连续性，最初是为了实验目的而人为引入的，却反映了自然的进程。如果一个特点具有不同的形式，而且这些形式可以用一系列符号表示，主要是因为这些性状的决定因子确实是以不同的状态存在。这些因子的改进并非通过一系列中间状态，而是从一个状态向另一个状态突然转变。类似于物质与能量的变化，遗传变异也发生类似的跃迁。穆勒（Muller）发现，用X射线处理过的果蝇卵，突变的频率会提高；用特定的化学物质处理生物体，也可以实现类似的效果。尽管如此，无论它们"自发"或者"人工诱导"产生，突变本身都是随机的。它们的产生与外界条件或环境施加的控制之间没有必然联系。通过彻底否定获得性性状的遗传，突变分析厘清了遗传与环境对生物体发挥的不同作用。环境可以影响生物，但这只在"遗传物质的分子结构"（魏斯曼语）所允许的范围之内。在这些限制之外，没有生物体的参与，也谈不上遗传。

遗传学的另一个关切在于探索孟德尔称作"因子"的组织与运动规律，这个"因子"后来被丹麦的遗传学家约翰森（Johannsen）更名为"基因"。我们可以通过杂交等实验手段操作这些因子。然而，杂交不是在起源未知的生物体之间，而是在同一品系里具有不同性状的突变体之间进行的。这样，变异的实际机制才能得到分析。类似于孟德尔，20世纪早期的遗传学家一次只研究少数性状；这些性状独立分离。但是随着研究的突变体越来越多，例外开始出现。某些类型的突变似乎是"偶联的"：它们倾向于在连续的世代里"连锁"在一起。反之，另外一些似乎相互"排斥"。在摩尔根的果蝇品系里，似乎有一系列突变体会改变眼睛的颜色，或者翅膀的形状。在连续多代里，这些性状与昆虫的性别相连，似乎有某种不可见的联结。根据摩尔根与他的同事，包括布里奇（Bridges）、斯特蒂文特（Sturtevant）和穆勒，基因似乎被牵在某种线性结构或者"连锁组"里。在果蝇里，遗传学鉴定出了4组连锁组，细胞学发现了4条染色体。不难想象到遗传学与细胞学的汇合：只要把每个连锁组分配到每条染色体上，甚至可以把动物的性别与其中一条染色体联系起来。最终，染色体的运动、分布以及同源染色体上基因的交换，解释了物种个体之间的遗传学差异。通过测定连续世代里性状联合或分离的频率，人们可以把基因在染色体上进行线性排列，类似于一串珠子。基因之间的相对距离可以被测定，于是，人们可以绘制出物种的遗传图谱。

对遗传学家来说，有三种方式可以分析遗传现象。通过性状，他可以考察功能；通过变化，他可以考察突变；通过重新筛选，他可以考察重组。每个方法都可以使他把遗传物质还原为独立的单元。尽管如此，无论采取何种分析方法，最终结果都是一致的：基因代表了功能、突变和重组的单元。因此，遗传物质被分解到了不能再进一步分解的基本单位：基因成了遗传现象的"原子"。虽然一个基因通过突变可以表现出多种状态，但出现在染色体上的只有一个。由于这种思想的彻底性和严格的形式，遗传学的这一套量子理论没有马上被生物学家接受，因为后者更习惯于日常现象中连续的变异。然而，这套理论跟物理学的概念吻合，因为生物体的性质被还原到了不可见的单元，而且它们的组合也受制于偶然性。如果无法预测单个原子或电子的运动，人们也无法预测基因以何种方式组合在个体里。当舞蹈家伊萨朵娃·邓肯向萧伯纳提议结婚，并表示他们的孩子将会继承母亲的容貌和父亲的智慧的时候，萧伯纳婉拒了这个提议，指出孩子也可能继承了他的长相和她的大脑！只有样本足够大，我们才可能测量基因的分布并计算概率。

在生物体的所有成分中，遗传物质格外显著。它占据着金字塔的顶端，决定了生物体的特性。其余部分的功能是执行这些决定。尽管如此，如果没有周围的细胞质，细胞核也一事无成。整个细胞才是生物体的基本单元，控制着它的性质、代谢、生长以及繁殖。基因代表着遗传分析的极点，但基因无法自治。基因的表达往往依赖于其他基因。决定了生物体生长、发育以及各种特性的是全部的遗传物质，是生物体内特有基因的组合。自然选择作用于群体，更偏好某些个体的繁殖。然而，它由此也间接地对遗传物质发生了影响。这体现在三个水平。首先在于性状本身，也就是基因本身：任何使繁殖更有效率的状态都会保留下来。其次在于个体，即所有基因的组合：某些组合比其他组合更利于繁殖后代。最后是物种，即所有个体内的全部基因库：突变产生了新的基因，或者重组产生了新的组合、新的形式，这都是自然选择的原材料。通过这种方式，遗传物质成了演化的基础。

在经典遗传学所属的生物学领域，生物体被当作一个整体或者一个种群来研究。它并不试图解剖动植物以鉴定成分或考察功能。这种类型的遗传分析一度被称为"黑匣子"方法。生物体被视作一个封闭的盒子，里面含有各种各样的齿轮，彼此以复杂的方式咬合在一起，一环套一环，相互交错、重叠，延伸到所有方向。链条的另一端则是盒子的边缘，即性状。遗传学并不试图打开盒子，或者拆散齿轮。它只是考察外观以推测其内容。透过可见性状，它试图发现不可见的链式反应，检测到盒子内部控制着形状与性状的结构。遗传学完全不问基因与性状之间的过渡齿轮。长远来看，这类分析得到的是一幅非常简化的图景。首先，遗传物质的作用机制简单。通过染色体的分裂、分离与重组，遗传物质发生运动。其次，遗传物质的结构简单。基因的排布可以用最容易理解的形象来表示：一条直线。基因本身，作为遗传原件，似乎具有无比复杂的三维结构，实验尚无力下手。但是要描述在整个生物体背后的形式、特征与功能，似乎很难想象出比一串珠子更简单的形象。性状的各种变异和各种突变都对应于珠子的性质以及排列组合的变化。

短短数年，基因理论革新了生命世界的图景。总而言之，动植物的特性与变异都依赖于细胞内结构的稳定及表现。不过，黑匣子的方法也有它的局限性。在 20 世纪之初，它使得遗传学初具规模，通过简单的符号表征性状，便于系统处理。然而，因为忽略了齿轮，它在基因与表型之间留下了空白。通过建立符号与公式，遗传学为生物体绘制了一幅愈发抽象的图景。作为思辨的产物，基因似乎是一个没有实体、没有质量、没有内容的东西。接下来的任务，是为这个抽象的概念赋予具体的内容。遗传现象的机制需要染色体具备两个稀有的品质：精确的复制自身，并通过其活性影响生物体的功能。20世纪中叶，遗传学家的任务是要发现遗传物质的本性，解释基因的工作机制，填补基因与性状之间的空白。尽管如此，无论是遗传学家的研究态度、研究材料或研究概念，都没有为这类的探索做好准备。为了触及遗传物质的精细结构，仅仅观察少数性状或者测量它们的相关频率已经不够了。遗传学需要与化学合作。

5.酶

与遗传学不同，生物化学所属的生物学分支试图把生物体拆解开，分析各个组成要素。在19世纪下半叶，有机化学探明了这个疆域的边界。下一步的任务是厘清它与无机化学的关系，并确定生物体内独有的化学物质与反应机制。在此之前，有机化学家一直忙于鉴定并分析他们分离到的化合物。所有的这些物质都有一个共同的特征：它们都有碳原子。然而，根据不同的标准，它们又可以进一步细分：依据大小，可以分成大分子或小分子；依据性质，可以分成碳氢化合物、脂类或者蛋白质；依据它们发挥的功能，可以分成组成元件或者代谢元件；依据它们所含的化学基团，可以分成醇类、醛类、酯类等。这份清单本来就很长，而且因为新物质的引入还在不断增加。在孟德尔进行杂交豌豆实验的同时，米歇尔（Friedrich Miescher）发现了一种富含磷的酸：因为它位于细胞核内，故得名"核酸"，不过我们不清楚它的功能。然而，当时的化学分析往往局限于从天然产物中分离出化合物，尽可能精细地改造它们，以理解分子内的原子排布。虽然化学家可以分解有机物，他们尚不知道如何从头合成它们。实际上，他们很早就认定了这样的合成是不可能的。生物体内发生的化学变化伴随着物质流动，这让普通的无机化学望尘莫及。原子与活性基团的运动如此确定，各个元素形成的分子如此精密，产生的化学物质丝毫不爽，单靠化学规律是不可能完成的，还需要生命力。在生命与非生命的边界上，有机化学筑起了一道似乎无法逾越的高墙。

在19世纪中叶以后，化学的世界观发生了变化，人们不必再援引物理学之外的神秘之力来解释自然世界。慢慢地，有机化学与无机化学之间的障碍被夷平。首先，能量的概念和能量守恒的规律取代了之前的生命力。能量存在于化学物质的结构里，原子正是通过这种力才组成了分子。旧的化学键断裂，新的化学键形成，原子重新排布成新的结构，多余的能量则以光、热、电或者机械力的形式释放出来。化合物里包含的能量可以被计算出来，反应释放的热量也可以被测量。比如，当煤炭燃烧的时候，碳碳之间以及氧氧之间的化学键断裂，碳氧之间形成新的键，组成了二氧化碳。但是二氧化碳里包含的能量比煤炭与氧气里的能量要低。当生物体消耗葡萄糖，只有少部分葡萄糖被转换成了其他有机物，大部分被燃烧，与氧气结合，释放出二氧化碳、水与能量。能量可能转换成热，或者用于其他化学反应。在生物体中，化学反应与其他能量转移的反应偶联在一起。生物体内除了有物质流动，还有能量流动。原生质的形成与生长需要的不再是生命力，而是能量。亥姆霍兹认为：

> "生物体里也许存在无机世界里没有的神秘因素，但是这些力量，只要它们对身体发生化学以及力学的影响，必然与无机世界里的一致 …… 不可能存在任意的选择。"

从热力学里产生了物理化学，它可以计算化合物里可利用的能量，推断反应速率并测量反应平衡。无机化学的规律于是逐渐拓展到有机化学里。在整个生命现象里，化学平衡定律与质量定律依然适用。在生物体内或者体外，化学动力学的法则是一致的。

把有机与无机化学统一起来的第二条线索是人工合成有机物。在实验室里，有多种方式可以合成一种化合物：可以通过修饰其他物质，把一个更复杂的物质分裂成简单的片段，或者在简单物质的基础上增添上某个元素或者活性基团；另外，化学家可以从最初的组成元素构建起整个分子。对化学家来说，只有后一种方法才算是从头合成。之前认为，从头合成生物体内的大分子是不可能的。在一般的有机物里，元素的数目是有限的；但是在生物大分子里，它的规模以及多变的组合使得它无法在实验室合成出来。前辈化学家们试图重现大自然工作，所有的尝试都以失败告终。当然，维勒成功合成了尿素和草酸，科尔贝（Kolbe）合成了水杨酸和乙酸。然而，这些合成涉及的是特殊的反应，不是生产一系列化合物的一般方法。此外，在这些例子里，都需要从一个含碳的衍生物开始。由于无法连接碳与氢原子，化学家认为有机与无机之间的鸿沟无法逾越，只有生命力可以克服作用于物质力量的逆流。莱比锡甚至认为，有机化学家没有必要对化学合成产物的结构进行分析。

到了19世纪下半叶，有机合成的问题以不同的形式呈现出来。对贝特洛来说，有必要"从基本元素开始合成有机化合物，特别是那些无机化学里不存在的功能基团"。因此，问题不再是通过特殊的方法得到少许化合物，而是要完善方法，从而合成出各种各样的有机物，涵盖整个范围。这之所以可能，是因为有机化学依赖于碳原子的性质，它们衍生物的性质又依赖于化学基团。贝特洛写道："有机物可以根据8种化学基团或者功能类型进行分类，这包含了目前已知的所有化合物，以及未来可能出现的合物。"第一组是碳氢化合物，它们只有碳、氢2种元素；第二组只有碳、氢、氧3种元素：包括醇类、醛类、酸类和醚类；接下来是含氮的化合物，以碱类与胺类为代表；最后，是"金属离子化合物"，其中金属离子与醚类相连。化合物越来越复杂，有机合成也愈发困难。最大的困难是第一阶段，即，在碳原子与其他元素，特别是氢原子之间，建立新键。一旦碳氢键形成，其余的基团可以通过合成衍生。然而，把碳与其他元素联结起来不再只是一个纯粹的实践操作，它的理论基础是化合价的观念。在凯库勒看来，碳原子在生命世界里的独特性在于它是"四价"。每个碳原子可以与其他原子形成4条键，这些键可能是"饱和"的，也可能是"不饱和"的。6个碳原子可以成对结合，形成一个闭合的"环"，也叫"芳香核"。因此，碳原子的四价性使得人们可以界定分子里原子的相对位置，刻画彼此之间的化学键，并解释原子的不同空间排布带来的异构体——简言之，可以用一套系统的符号体系表征任何给定的有机分子，并预测它的化学结构。由此，人们可以推断出碳氢合成的一般规律，并调节相对比例得到目的产物。在电极或者热的作用下，碳可以直接与氢结合，产生最简单的碳氢化合物，比如乙炔或乙烯。通过一系列置换反应，所有的碳氢化合物都可以一步一步地合成出来。贝特洛写道："这些方法是普适的，所有的碳氢化合物都可以从头合成：于是，我们打通了有机化学与无机化学，因为二者都遵循统一的分子动力原则。"碳氢化合物提供了骨架，其余的化学基团可以嫁接其上。无论是直接把碳氢转化成醇类、醛类、酸类，还是通过间接途径，先形成醇类，再转化成醛类或酸类，不一而足。于是，从基本元素开始，通过"化学亲和力"的作用，以及诸如电与热的物理作用，靠着实验室里的方法，人们可以制造出多种多样的天然有机物。贝特洛说：

> "我们能够合成这些物质，并模仿动植物体内的运行机制。据此，可以认为，生命的化学特征也是由于普通的化学作用，正如生命的物理和机械特征源于纯粹物理和机械力的作用。在以上两种情况下，分子的作用力都是一样的，它们因此产生了同样的效果。"

然而，化学家并不满足于模仿大自然，再造出天然化合物。他们同样有能力创造新的化合物。这一定程度上为抽象的化学规律提供了具体的支持。人们不再只是想象那些曾经在生物体的化学世界里出现过的反应。贝特洛说：

> "我们可以宣布……设想出所有可能的物质类型，并把它们制造出来……利用创世以来所用过的材料，在同样的条件下，遵循大自然创造过程使用的法则与力量，推陈出新。"

此时，再也没有任何理论限制有机化学了。

经过这一道未曾预料的弯路，化学进入了曾经为博物学者保留的地盘。于是，生命世界里的化学反应与实验室里的化学反应没有区别了。事实上，正是化学揭示了微生物的作用。也正是通过化学方法，自然发生说才被彻底清除。在此之前，有机物的独特之处在于它们的组成与化学性质。在 19 世纪末，人们逐渐认识到分子结构与原子相对位置的重要性。有一类被称为"光学异构体"的物质，它们具有一致的化学组成，但是却表现出完全不同的性质。巴斯德说，"这类化学物质的原子组成无论从本性、比例或者元素的构造上都是一致的。化合物的性质同时与这三项因素相关。"化合物的某些光学性质与这种"分子不对称性"有关，这一点可以用仪器进行测量。然而，人们很快就发现，实验室里无法制造出天然物质的不对称性。巴斯德说："实验室里人工合成的样品是完全一致的。但是，大自然产生的许多有机物 …… 那些在动植物的生命现象里发挥了重要作用的部分，却是不对称的。"因此，生物体内的物质，不同于实验室制备出的样品。每个生物体都能在化学反应中制造出这种不对称性，然而在实验室里我们却无法重现它们。通过研究这种不对称性，化学开始研究发酵的中间产物，借此深入到了微生物世界。所有的发酵过程涉及两个因素，一个被动，一个主动。被动的因素，比如糖类，是"可发酵的"。第二个因素又称为酵素，是一种具有"蛋白质"性质的含氮物质。被动的因素在酵素的作用下发生变化。在李比希看来，发酵是特定有机物的性质发生了变化。它们自身就处于一种"变形"的状态，因而可以把这种性质传递给周围的物质。对贝采里乌斯来说，它是物质所具有的一种"催化"能力，它们可以催化别的物质，而自身不发生转化。无论如何，蛋白质都被认为发挥了酵素的功能，充满了神秘的力量——也就是说，它能与"可发酵的"物质接触。而且，发酵的能力并非生物体作为整体的性质，而是其组成成分的性质。对巴斯德来说，这个区别的意义非同小可。如果生物体能把分子不对称性引入到化学反应中来，那么由此可以反推，分子不对称性即是生物体出现的标志。科学进展的一般路径是从理论知识过渡到人类感兴趣的实践问题。这里，他却颠倒了过来。正是为了解决啤酒、红酒酿造过程中遭遇的问题，巴斯德发现了打通生物学与化学的一条新路。发酵过程中的异常，啤酒或者红酒的"败坏"，伴随着不对称性物质的出现。因此，它们必然与某种生物活动有关。对巴斯德来说，异常现象、病理现象并没有为生理研究提供了模型，而是提供了实验的基础。它指出了哪些现象值得探索，值得追究背后的生理学过程。异常发酵其实只是另一种类型的发酵。无论发酵产物是醇还是酸，它们总是伴随着微生物的复制。"真正的酵素是有组织的生物。"巴斯德说。此外，在每一种发酵过程中，有一种特殊类型的生物体可以得到分离、培养、研究。对于一个给定的物质，生物体的特异性决定了化学反应与发酵过程的特异性。当然，一种物质可以被多种生物体利用，一种生物体也可以利用多种物质。事实上，发酵的过程产生了一大批化合物；每一种生物体都有独特的化合物利用范围。巴斯德认为，"一般而言，每一个发酵过程都可以写成一个公式；然而，这个公式在许多细节之点上都可能发生数千种变异，由此与整个生命现象相连"。微生物发酵近似于动物的营养，它们都反映了生物体内的化学活动。

与之前的研究方法相比，这套方法何其不同！它不仅改变了生物学与化学之间的关系，也改变了生命世界的整体图景、生物体之间已经建立的关系和化学活动在地球上的分布。突然之间，自17世纪末由显微镜揭示出来的那个不可见的世界，那个从未被利用以至于几乎被遗忘的世界，找到了它的位置、地位、功能。巴斯德的世界观有两个方面值得注意。其一，微生物的特异性决定了发酵的性质，正如原因产生结果。特异性的观念由此延伸到了未曾预料的领域——病理学。人与动物的许多疾病都是源于某种特殊"病菌"的入侵。人们对这个原则是如此的笃定，以至于后来把它应用于肉眼无法看到也无法在试管里培养的病毒。其二，他把外界物质或生物体上体现出的化学效应与涉及的生物体的性质关联了起来。发酵的问题于是被逆转，问题呈现出了新的面貌。"两种事情可能发生"，巴斯德说，"正如发酵过程中的酵素是有组织的，如果只靠氧气与含氮类物质的接触就足以产生它们，那么这就是自然发生；如果这些酵素不是自然发生的，那么这种气体就参与了发酵过程，可能不是氧气本身发挥了功能，而是这种气体激发了随之而来的病菌，或者本来就存在着的病菌。"

巴斯德重复并改进了斯巴兰扎尼的实验，以化学家的严格精准，最终否定了自然发生说：即使是微生物，它们也只能由另一个微生物产生。在发现杆菌的地方，一个一模一样的杆菌之前就在那里存在着，并产生了新的杆菌。

但是，如果说"自然发生说"这一恶魔已经被彻底降伏，活力论的恶魔却毫发无伤。事实上，19世纪末的研究人员面临着一个悖论：一方面，有机化学与物理化学已经彻底否定了生物体中的化学有任何特殊之处；另一方面，晶体学又揭示出了生物体的成分具有独特的化学性质，并且微生物学认为发酵是活细胞的一个特征。这引起了无尽的争论，洋溢着19世纪司空见惯的激情。长期以来，人们就意识到，有一种可溶的"淀粉酶"：这种物质在试管里依然可以分解某些糖类和蛋白质，不需要生物体的帮助。因此，有必要区分两种类型的酵素："有组织的"与"无组织的"。但是这个问题在19世纪末被化学家解决了。他们能够打破细胞，制备细胞提取物，并寻找酵素。通过同时研磨干酵母与沙子，布赫纳（Eduard Buchner）发现，过滤掉残余活细胞的"酵母液"依然能够把葡萄糖转化成乙醇。

> "发酵的过程，除了酵母细胞之外并不需要更复杂的仪器。很有可能，酵母液里的活性物质是可溶的，甚至可以肯定，它们就是蛋白质。"

彼时，所有已知酵素的性质都是一样的：它们都是蛋白质，而且都可以在生物体外发挥功能。布赫纳的工作为接下来发现其他能够催化各种特异性反应的酵素开辟了道路。此外，由于物理化学的发展，催化现象不再神秘。化学家学会了测量化学反应的参数，包括反应速率、平衡常数以及可逆性。催化只改变其中一项参数：它提高了反应速率，效果如同升高温度。用奥斯特瓦尔德的话说：

> "催化是指这样一种过程：化学反应的速率因为一种物质的出现而改变，而这种物质在化学反应结束与反应之初具有同样的状态。这些物质被称为催化剂，它们只改变反应的速率，本身不参与反应。"

催化现象绝不仅限于生命之中的化学反应。一些重金属，比如铂黑，因为具有特别巨大的表面积，可以催化多种类型的反应。淀粉酶与这类无机催化剂的主要区别在于特异性：前者只能催化单一的反应。因此，自拉瓦锡之后，探索生命世界里的化学反应再也没有任何障碍，生物体内的化学反应也成了化学动力学的研究对象。

　　布赫纳展示了细胞提取物可以把葡萄糖催化成乙醇。这项工作的重要性不只是为生物体内的化学反应提供了新的洞察，更是提供了一个新的分析方法。对于组织或全细胞来说，要使特定的化合物穿透细胞膜往往很难，甚至不可能。与此相反，利用细胞提取物，分析一个化学反应变得相对简单了：科学家可以人为添加或者移除那些可能参与了反应的化合物，也可以观察可能的抑制因子的效果。毫不夸张地说，自此以后，研究细胞提取物成了利用化学手段研究生物体的主要途径。于是，在20世纪之初，一个新的化学分支建立起来了：生物的化学，或者叫生物化学。有机化学继续探索含碳衍生物，研究它们的性质，合成出新的化合物。与此相反，生物化学探索生物体的组成、转换以及它们与生物功能的关系。生物化学位于生物学的核心地带，与所有的生物学科都有关联。然而，它的研究方法、研究对象以及对待生物体的方式，都不同于其他学科。当生物体的组织被破坏，生物就死掉了，但是生命某些方面的性质却仍然完好。诚然，把生物体打碎会破坏某些现象，比如繁殖与生长，但是其他的生命现象，比如发酵，依然可以进行。洛布认为，生物化学的作用就在于"区分哪些功能只依赖于化学组成，哪些还需要生命物质特殊的物理结构"。

　　在生物化学的发展初期，两种潮流体现得比较明显。第一种致力于厘清细胞的化学本性，并用生理生化的概念分析"原生质"。在这个阶段，结构分析的极限是由光线显微镜的分辨率决定的。某些结构，比如细胞核、细胞膜、线粒体等都可以在细胞内观察到。"原生质"看起来并没有真正的结构。它似乎是一种乳状液、小颗粒或"微囊"的悬浮液，被称为胶体。洛布认为，"组成固态或液态生命物质的成分都是胶体"。

胶体，不同于晶体，不只是生物体的性质：我们可以在实验室里制备胶体，比如制备金或者铂的水溶液。这种悬浮液具有特别的稳定性、表面积以及电荷，这都有利于化学反应，因而促进了催化。从多种生物体中提取的蛋白质与脂类很容易就产生胶体溶液。最后，除了肉眼或者显微镜下可见的各种结构，原生质体的胶体性质也赋予了细胞独特的性质。"生命取决于某些胶体溶液的维持，"洛布说，"那些引起交联反应的物质也能使生命暂停。"当蛋白质受热或者重金属作用之后，发生的正是这种絮凝现象。通过破坏可见的结构，保留下原生质体的胶体性质，人们本可以探索原生质。然而，在20世纪初，生物化学支配的手段还不够完备。随着物理方法的进步，特别是超速离心机的出现，人们才可能用分子，而不只是胶体，来解释细胞成分。

生物化学里的第二个潮流，致力于研究细胞组成及细胞内的化学反应 —— 这是布赫纳选择的道路。第一个需要攻克的难题是澄清酵母分解葡萄糖的各个步骤。然而，很快，这样的研究就扩展到了其他的反应过程。这种类型的生物化学分析在20世纪取得了长足的进步。它的主要方法包括细致地解析生物体、组织或者细胞，尽可能轻柔地"打开"它们以便研究其细胞成分。一旦鉴定出来这些细胞提取物所催化的某个过程，生物化学家就试图厘清反应的组成，分离涉及的化合物，并用实验方法纯化它们。这里的目标是重建出受破坏的实体，使分离的成分重新聚到一起，开发出一套"体系"以便研究该反应的性质，测量各项参数，并定义所需的要素。然后，可以用化学符号来表征该反应。这套方法，本质上是还原主义的思路，这使得生物化学截然不同于生物学的其他分支。事实上，其他领域的生物学家常常批评生物化学家研究的不是生物，而是死物，批评他们制造假象，试图用部分去解释整体。简言之，从他们的分析里错误地得出结论。生物化学家在某种程度上对这些批评是有心理准备的，而且他们也试着回应这些问题；在他们的每一步分析中，他们都把试管里观察到的现象与生物体内的过程进行比较。

　　生物化学家利用动物组织或者培养好的微生物制备出细胞提取物。在这里，又一次，某些研究对象，比如小鼠肝脏、鸽子肌肉或者酵母悬浮液提供了最具吸引力的材料，因为它们方便获取，而且易于处理。在这些提取物中，生物化学家尝试鉴定其中的分子，并厘清发生的反应。活体组织的成分可以分成 3 大类：糖类或碳水化合物，脂肪或者脂类，蛋白质。每个分类里都有大分子和小分子。大分子，特别是蛋白质，不稳定，难于制备、分离、鉴定，要研究它们并非易事。彼时，无论是技术条件还是概念框架都不成熟。与此相反，小分子则可以用有机化学的方法研究。人们可以分离、纯化、分析它们，进而研究它们的性质，追踪它们在代谢过程中的每一步转化。在许多情况下，人们甚至可以合成它们。因此，生物化学家鉴定出的小分子的数量与种类越来越多，并阐明了它们在生物体内参与的反应。在实验室条件下，这些反应在人体温度下进行得非常缓慢。对于每个反应，人们都发现了一个独特的生物催化剂，此后被称作"酶"，它可以上千倍地提高反应速率。人们可以研究并定义酶的性质及动力特征。慢慢地，每个已知的反应所对应的酶都被鉴定出来了。每个酶都以它催化的底物来命名，称为"某某酶"。于是，就有了分解各个种类化合物的酶——蔗糖酶、脂酶、蛋白酶。在每个种类里又有针对不同类型的特异酶。以蔗糖酶为例，它又分为淀粉酶、乳糖酶、寡糖酶等。还有一些酶，比如麦芽糖酶，不仅可以降解糖类，在某些情况下也可以利用降解产物重新合成糖类，甚至也有负责呼吸过程的酶类。自拉瓦锡之后，呼吸被认为是一种特殊的燃烧，在体温下缓慢进行。在20世纪之初，呼吸成了为了氧化食物而进行的一系列酶学活动的结果。事实上，食物先被消化，然后消化产物被氧化失去氢原子。氧化的过程与还原的过程通过特殊的小分子偶联在一起，这些小分子能够以极快的速度在氧化态与还原态之间转换。呼吸于是变成了一系列的氧化还原反应，每一步都由一个酶催化：电子从代谢底物开始，经由电子传递链最终传给了分子氧。在无氧发酵过程中，电子的最终受体是某些有机化合物。然而，一个始终不变的规律是：每一步化学反应都由一个独特的酶催化。生物体内化学反应的特异性如此之高，以至于有人总结出了如下格言：一个反应一个酶。反之，一旦反应弄清楚了，酶就成了新的分析与合成的武器。生物化学家们纯化鉴定出酶之后，他们可以随心所欲地操作细胞内的小分子，对它们进行精确的修饰，这里移去一个原子，那边添上一个基团。这些技术如此精准，如此有效，委实出乎所有人的预料。

有了新材料与新方法，生物化学也就相应地发展出了一系列新概念。首先，人们发现了越来越多的化合物和化学反应，这孕育了"中间代谢"的观念，意指营养成分转换成特定产物的过程中所有代谢反应的总和。许久以来，人们就发现了营养成分里并没有生物体或细胞的所有成分。因此，营养需要先被分解，分解产物然后构建出新的化合物。自从巴斯德的时代以来，人们在微生物生长的过程中已经观察到了这一点：比如说，酵母可以在人工配制的培养基里生长，这种培养基里只包含了矿物盐和单一的有机物；比如说，葡萄糖，作为唯一的碳源及能源。一旦葡萄糖进入细胞，它必须经历化学重排才能产生酵母生长所需要的所有化合物。这些转化过程不是一步完成的。它们可以被分解成若干步，每一步都足够简单，可以单独分析。一连串的反应步骤涉及了一系列中间产物。这些中间产物往往不具有特别的生理功能，只是作为上一个反应的产物和下一个反应的底物。营养成分最初被特殊的酶降解，分裂，转化成小分子。反之，这些小分子作为底物被另一些酶组装起来，添上原子，替换基团，延伸，联结——简言之，合成出生物体的各个组分。于是，生物体像个化学工厂，充满了食物降解而成的各种小分子，它们又通过一系列合成反应转化成特定的化合物。此外，不同的生物里往往具有相同的代谢反应通路。比如，酵母里葡萄糖的分解与肌肉在无氧条件下收缩，涉及的是同样的反应，与中间产物。于是，生命世界里化学的统一性渐渐清晰起来。

营养成分不仅要为生物体提供建筑材料，也要提供能量。当酵母利用糖类生长，无论有没有氧气，无论是呼吸还是发酵，只有一部分糖类转化成了构建酵母细胞的建筑材料。其余的糖类则为这些工作提供了能量。为了生长、繁殖并维持生命世界里的秩序，抵抗熵增的趋向，生物体必须从外界获取能量。长远来看，太阳为大多数生物体提供了这种能量。然而，单个的生物体会利用不同的方式来确保它们的能量补给。比如，绿色植物通过光合作用可以直接从太阳光里获取能量；某些细菌可以通过氧化无机物获得能量；还有一些，比如大多数动物，从氧化有机物里获取能量。在所有的例子里，能量必须要以化学形式储存起来，以备不时之需。生物化学家发现，能量被储存在一种含磷的化合物，即三磷酸腺苷（ATP）中，它们含有所谓的“高能键”。通过这些化学键的合成、分解或转移，生物体内的能量得到储存、释放或交换。说到底，三磷酸腺苷是所有生物体内的能量储备。无论是细菌还是哺乳动物，无论能量是来自呼吸还是发酵，细胞内糖类的分解步骤都是相似的。同样的步骤、同样的反应总是合成出同样的高能化合物，这进一步强化了生命世界里功能统一的观念。

于是，人们可以分析生物体所需的营养，厘清它们需要的食物，区分哪些是生长和繁殖所必需的，哪些是可以忽略的。某些被称为"维生素"的化合物对于哺乳动物的健康与生存似乎必不可少。另有一些被称为"生长因子"的化合物对某些微生物的繁殖必不可少。当生理学家和生物化学家试图厘清微生物和哺乳动物所必需的化合物的时候，他们发现了一些有趣的类似性：细菌必需的"生长因子"与哺乳动物必需的"维生素"大范围重叠。此外，不仅那些需要它们的生物体里有这类物质，所有生物体内都有这类物质。有些生物体本身就可以合成所有的维生素，有些则不行。因此，后者必须不断获取这些自身无法合成的化学成分。于是，所有的生物体都需要某些"关键代谢物"。生物体的功能与组成都体现出了生命世界的统一性。

在20世纪的上半叶，生物体内的化学反应可以通过实验来研究。人们在试管内可以研究数百个反应，大规模地分析相对简单的分子，追踪提供能量或合成材料的生化反应。对这些反应的界定越是清晰，它们与实验室里的反应就越接近。在生物体内，化学反应的独特性主要在于催化它的酶类。正是由于酶促反应的特异性、精准性和高效率，化学反应才可以在细胞内的微环境中进行。也正是由于高度的选择性，每个酶只选择给定化合物的一种光学异构体，于是带来了生命里化学物质的不对称性。通过鉴定酶并推测它们的性质和作用原理，生物化学家逐渐把酶的活性与蛋白质的出现联系了起来。最终，人们发现，每个酶促反应体现的都是一个特定蛋白质的性质。如果生命体内的化学反应有什么秘密，它必然存在于蛋白质里。但是，虽然生化方法分析相对简单的分子绰绰有余，用它们来分析大分子却捉襟见肘。这些不稳定的大分子容易降解，所以科学家无法通过传统技术来研究它们。一旦被化学降解，它们产生了少量简单的氨基酸。渐渐地，制备、分离、纯化蛋白质的方法愈发进步。人们甚至可以结晶某些蛋白酶。最终，这两种类型的化学之间的壁垒消失了。但是，由于蛋白质的结构非常复杂，生物化学尚未发现进入这类大分子结构的路径，或解释氨基酸的组成如何导致了蛋白质的特异性与催化能力。蛋白质分析需要新的技术与概念。直到 20 世纪中叶，综合了物理学、多聚体化学及信息理论，合适的技术才出现。

*

20 世纪初，生物学在遗传学与生物化学这两股新潮流的激荡之下，发生了新的转向。首先，它们首次在生物学里引入了严格的定量考察。仅仅观察到现象是不够的，还需要测量它的参数 —— 反应速率或者重组频率，推测反应平衡常数或者突变频率。其次，遗传学和生物化学改变了我们对生物本性的理解。生物体不再是器官与功能的有序排列，也不再是围绕着组织体辐射出的生命力。生物化学告诉我们，生物体的功能弥散在整个细胞里，在成千个微粒体内 —— 化学反应发生，结构成形。遗传学告诉我们，这些活动都集中在细胞核内，染色体的运动决定了形式、功能和物种。每一种学科都有它自己的理解模式。一方面，生物化学家谈论分子结构与酶促反应，他们致力于解释生物体如何从环境中获取能量以对抗熵增的趋势：经过生物体的不仅是物质之流，还有能量之流。另一方面，遗传学家开始描绘染色体上第三阶结构 —— 即基因 —— 的组成及功能：物种的恒定被归因于基因的固定性，而物种的变异归因于基因的变化。生物体的特性最终依赖于这两个新的实体：生物化学家谈论的蛋白质以及遗传学家谈论的基因。前者是执行化学反应的基本单元，并参与构建了生物体的结构；后者是控制着繁殖及功能变异的遗传单元。基因发出指令，蛋白质执行功能。

　　在20世纪中叶，遗传学与生物化学发现或多或少汇合了。它们都成功地在自己的研究领域内发现了功能的统一性。因此，它们都很清楚所研究的对象。但是，它们还缺少一个必需的手段。事实上，在第二次世界大战之前，生物学成了一门相当分裂的学科。每个专家都在使用自己的材料，琢磨着自己的问题。在同一个研究所，甚至是在同一个楼层，人们会发现两个同事，一个研究基因，另一个研究蛋白质。遗传学研究离不开染色体的成分，染色体可以执行独特的功能：一方面，它决定了生物体的结构与功能；另一方面，它又需要复制出自身的拷贝，同时保留偶然变异的可能性。生物化学家在细胞核里发现了两类物质：蛋白质和核酸。关于核酸的结构，我们只知道它含有四种特殊的分子：两种"嘌呤碱基"，两种"嘧啶碱基"，各自与一个糖基和磷酸基连接在一起组成了"核苷酸"。这四种化合物组合在一起形成了"四聚核苷酸"。核酸分子看起来颇为单调，对遗传现象似乎也起不了什么作用。于是，执行遗传功能的似乎只能是蛋白质，虽然它们的性质似乎无法胜任这项任务。由于遗传现象的复杂性，实验方法尚无力研究它们。J·S·霍尔丹认为：

　　　　"关于生理活动与遗传现象的发现越多，就越难想象任何
　　物理或化学的描述或解释可以涵盖生物体的协调与稳态。"

　　19世纪末20世纪初，活力论已经失去了存活的空间，虽然早期
的生物学为了获得独立性而假定了它的存在。随着实验科学，特别是
遗传学和生物化学的发展，人们再也无法严肃地援引任何神秘的、物
理规律之外的因素来解释生物体的存在及性质。如果物理学尚不能解
释所有的生命现象，那不是因为生命世界里有什么独特的、超出现有
知识范围的力量，而是因为我们观察与探索的能力有限，因为生命世
界比无生命世界更加复杂。正如原子的某些性质无法彻底还原为机械
力，细胞的某些特殊性质也许无法用原子物理来解释。尼尔·波尔
说道：

　　　　"从根本上讲，生命体的功能依赖于原子的特性；但
　　是，认识到这一点并不足以为生命现象提供一个完整的解
　　释。因此，问题的症结在于，我们对自然现象的分析是否
　　遗漏了某些根本的特征，以至于我们无法利用物理经验达
　　到对生命的理解 …… 按照这种观点，生命的存在必须被
　　视作一个基本事实，它本身无须解释，而只是生物学的一
　　个起点；类似于量子的运动，从古典力学来看似乎毫无道
　　理，却和基本粒子存在本身一道构成了原子物理学的基础。"

　　因此，我们对生命世界的理解之所以不足，不是因为生命世界与
非生命世界存在什么根本差异，而是我们分析手段的不完备，甚至是
想象力的匮乏。此外，生命体的基本成分不同于经典物理学或化学中

的分子，其复杂性也不相同。薛定谔甚至认为，生物体不仅不违背物理规律，甚至可能包含着"迄今尚未发现的物理规律；而后者一旦被揭示，则是新科学的必要成分"。于是，科学家不再纠缠于我们是否需要一种神秘的力量来解释生物体的起源、性状与行为。问题变成了物质世界里已知的规律是否足够，抑或我们需要发现新的规律？为了成为一门独立的科学，生物学必须彻底切断它与物理或化学的联系。但是为了继续探索生物体的结构与功能，生物学又必须与两者密切配合。在20世纪中叶，正是通过这种结合，分子生物学诞生了。

第5章
分子

　　20世纪中叶，组织体的地位再次发生了变化。组织体各组分的结构决定了整体的结构。组织体深埋在生物体内部，位于细胞的精微细节里。在此之前，人们虽然知道有细胞核和各种细胞器，但细胞仍被视为"一袋分子"。如果无数的化学反应可以被塞进细胞，如果催化反应竟然可能，那也是归功于原生质，那一团无定形的胶状物质。为了协调器官与细胞组织的功能，复杂的生物体需要特殊的装备。神经细胞与激素在身体里编织了一个相互作用的网络，借此，即使是相距最遥远的元件也可以联系起来。生物体的统一性依赖于功能调控中的特异机制，简单的结构里没有这些。

　　随着电学的发展与控制论的出现，组织体成了物理与技术的研究对象。战争与工业的需要使得人们开始制造出自动化的机器，而且随着整合的复杂性越来越高。在一台电视机、一枚对空导弹或者一台计算机里，单元组成了集合，集合又进一步参与了更高一层的集合。每一个物体都是系统嵌套着系统。在其中，各个组件之间的相互作用贯穿于整体组织。只有当组件之间可以彼此交流，并为了整体目标而协调功能，才谈得上集成。在此之前，组分的协调只存在于部分系统之内。在此以后，要素的组织和相互作用变得不可分了。彼此互为存在的条件，互为因果。只有当组分互相影响，才有相互作用。只有在集成的系统里，各个组分才相互影响。组分之间的交流之所以可能，那是因为它们的结构赋予了这样的性质。与此同时，这些要素的结构包含了未来的排布顺序，以及自身的转变。说到底，功能的协调不仅决定了集成系统的性质，也决定了演化的路径。正是在结构与功能的关系里，系统的内在逻辑诞生了。

因此，生物体的性质、功能与发育表达的是生物体组分的相互作用。各个性状的背后是特定结构的性质。功能分析与结构分析不可分割：细胞的结构决定了机体的功能，而分子的结构又决定了细胞的功能。但是为了用细胞的分子结构来解释生物学进程，科学家还需要对方法进行汇总，对分析进行综合。在长达一个世纪的时间里，生物学已经逐步分裂，各个分支愈发孤立。每个学科门类都依赖于专门的技术，这也束缚了各个领域的发展。然而，在20世纪中叶，不同的学科发现它们有必要汇集到一起。分析的推进需要不同学科统一作战、明确观点、协调方法。简言之，"分子生物学"出现了。要做分子生物学，单单使用一个技术、研究一个特定现象里所有的参数是不够的，人们需要穷尽所有可行的方法，厘清化合物结构之间的关系。人们也不再单独研究基因、化学反应或生理功能，从基因型到表现型之间的一串事件必须要以分子、分子的综合及相互作用来描述。核酸分子的组织，即，碱基排布成的"信息"，保留了遗传的记忆；核酸分子成了决定生物体形式、特征与功能的第四阶结构。

可以说，生物化学、物理学、遗传学和生理学因此融合为一门学科，它就是分子生物学。这门学科不再是孤立的科学家的关切，各自沉浸在特殊的问题或生物体里。新学科需要人力与技术的统一努力。在一个研究所，或一个实验室里，专家们协调作战，虽然彼此的教育背景不同，但是同样的追求和同样的研究材料把他们团结起来了。这里不再有两种生物学，一个着迷于生物体的整体，另一个只对部分感兴趣，它们是同一个对象的两个方面。分子生物学家依然从黑匣子外面考察它，观察它的性质；与此同时，他们也打开黑匣子，发现齿轮，拆解开它们，并试图由各个部件重构出机制。无论是研究生物的整体还是部分，只有把它们联系起来才能解释生命现象。先前，生物学为了界定它的目标与方法而与物理、化学切断联系；现在，它又得重新建立密切的关联。这种努力丝毫无损于生物学的特色。

1. 大分子

到了 19 世纪中叶，能量的概念与能量守恒的观念已经改变了生命世界的图景。首先，它在有机化学与无机化学之间建立了关联。其次，它为所有生物体内各种不同的活动提供了共同的基础。在生物的功能中，能量取代了生命力。一个多细胞生物体里有数十亿颗细胞，一个细胞内有数百万个分子；但是，人们无法理解结构的特异性、细胞的排布、异构体内原子的位置，不理解为什么具有同样组成的物质会表现出不同的性质。一方面，统计热力学使得人们可以接受大量分子群体的平均行为。另一方面，遗传分析揭示了生物特征并不是分子事件的统计后果，也不能被表述为大量分子的随机波动；相反，它取决于染色体上某些物质的性质。与无生命体的秩序不同，生命体的秩序无法从无序中推演出来。它取决于既定秩序的再生。薛定谔认为："生命似乎是物质有序的运动，不是完全依赖于物质从有序向无序转变的趋势，而是部分依赖于对既有秩序的维护。"

在19世纪中叶，信息的概念为探究这种秩序及其传播开辟了道路。通过忽略个体事件，而只考虑种群的平均行为，统计热力学放弃了对系统内部结构的理解。可以说，它只能触及系统的表面。但是，同样的外表下可能隐藏着不同的结构。因此，统计分析为系统提供的信息是不完备的；而且，随着越来越多的内部结构可以用统计规律来表达，这种不完备性愈发明显。对麦克斯韦来说，这种信息可以无偿获得。人并没有获取它的感觉器官，而前文提到的气体容器里的麦克斯韦妖（精灵），却可以毫不费力地推测出分子的价值并筛选它们。对西拉德（Szilard）和布里渊（Brillouin）来说，获取信息是有代价的。精灵只有与分子建立起某种形式的物理关联，比如通过辐射，才能"看到"分子。事实上，由气体和精灵组成的系统也要趋向于平衡，精灵早晚也会逐渐"看不到"气体。它可能会继续区分粒子，但是这必须消耗外部供给的能量，比如以光的形式。作为回报，精灵获得了关于分子的信息，并且通过筛选它们，降低了系统的熵。长远来看，整个系统的熵却增加了。即使是精灵也无法逃脱热力学第二定律。对系统而言，这伴随着一系列信息的连续转变。**熵与信息密不可分，犹如一枚硬币的两面**。在任何给定的系统里，熵是无序的量度，表明了人对内部结构的无知；而信息则是有序的量度，表明了人的所知。二者互为对立面。

熵与信息的这种同型异质关系把两种形式的力量 —— 行动的力量与指导行动的力量联系了起来。在一个有组织的系统里，无论是否有生命，物质、能量和信息的交换把各个部分统一起来了。信息，一个抽象的实体，成了不同类型秩序的交汇点。它既可以被测量，也可以被传递，又可以发生转变。在组织体内的成员之间，每一次相互作用都可以被视为一次信息交流。这适用于人类社会和生物体，也适用于自动设备。在每个对象里，控制论都发现了一种同时适用于另外两个对象的模型：在社会里，语言把各个要素连接成一个整体；在生物体里，稳态使得所有的现象彼此协调，抵抗熵增的趋势；在自动设备里，元件的组合方式定义了整合的需要。最终，任何组织系统都可以用两个概念分析：信息与反馈调节。

信息意味着从特定组合里提取出一系列符号 —— 印记、字母、声音、音素等。于是，任何信息都代表了一种可能的组合，它是符号系统所有允许的组合中的一个特例。信息表征的是选择的自由度，因此也是单条信息的不可能程度，但它并不在乎语义学内容。任何物理结构都可以比作一则信息，因为它的组成原子或分子的性质及位置都是一系列可能的组合结果。通过一套密码的同型转换，这种结构便可以翻译成另一套符号序列。它可以通过一个传达者传递到世界的任何一个角落，只要有接收者把信息转换回来。这就是广播、电视和情报的工作原理。诺伯特·维纳（Norbert Wiener）认为，"把生物体比作信息"并无不妥。

反馈是这样一种调控原理：它使得机器可以调节自身的功能 —— 功能不仅是指它需要做什么，而且包括它实际上在做什么。它把系统之前的结果重新引入到系统。这相当于为运动器官提供了感受器官，从而可以衡量其表现，并做出必要的改进。这种监督的目的在于矫正系统倾向于无序的趋势，即在局部暂时地逆转熵增。这些机制的复杂性有高有低。简单的例子，比如锅炉根据周围环境而调控温度；复杂的例子，比如一个真正的机器学习系统。每个组织体都依赖于反馈途径来保证各个组分都"知道"它自身运行的结果，并为了整体利益而调节自身。

随着机器开始执行人为设计的程序，动物与机器的关系问题以新的形式呈现出来。维纳认为，"两个系统存在高度的类似性：它们都通过反馈调节来控制熵"。两者都"消耗负熵"（借用薛定谔和布里渊的用语），重新组织外界环境。事实上，两者都利用特殊的元件从外界摄取并转化低能量水平的信息，服务自身。在两者之中，结果，而非目的，调节着系统对外界的反应。生物体正是通过从外界源源不断地摄入"负熵"才保持了一定程度的稳定性。虽然环境不免变动，生物体还是成功地使波动保持在平衡附近。它勉力维持着稳态，多种调控机制使得生物可以界定最适宜生存的条件。无论是否有生命，每个运行中的系统都倾向于衰败、坍塌，熵总是趋于增加。通过特定的调控手段，局部的能量损失可以通过生物体别处的工作而得到补偿，因此引起了另一处的熵增，这又得通过第三处的工作得到补偿。依次类推，类似于连锁反应。系统的协调依赖于调控元件组成的网络，生物体由此整合起来。但是，如同在级联反应里，所有进程的能量变化总是沿着同样的方向发生，这是由热力学第二定律决定的。如果系统不与外界发生任何形式的能量交换，那么它就会沿着统计趋势逐渐趋于无序，乃至消散。归根结底，生命系统的维系必须付出代价：向着平衡（平衡总是不稳定的）的回归终会走向终结，组织总会瓦解——就生命体及环境所组成的整体而言，无序总在增长。因此，生命系统不可能是封闭的。它无法停止摄食，排泄，或者中断来自外界的物质与能量之流。没有持续的秩序之流，生命体必将瓦解，在孤立中走向死亡。在一定意义上，任何生物体都沉浸在裹挟着宇宙涌向无序的洪流之中。组织的维系与繁殖，只是局部短暂的漩涡。

　　动物与机器这两个系统，于是成为彼此的参照模型。机器可以用解剖学和生理学的词汇描述。它有被能量源激活的执行器官，也有一系列感受器官，可以对光、声、热和触摸的刺激响应，从而保持健康，感知环境，核实输入材料。它包含了评估其表现的自动控制中心。它有记忆，要执行的行为细节和过往经验的数据都被记录下来。所有这些都通过神经系统联结起来：一方面，感觉印象反馈到大脑；另一方面，指令传达至四肢。在任何时刻，执行程序的机器都可以根据接受到的信息调整其行为，矫正或中断它。

　　反之，动物也可以用机械语言来描述。器官、细胞和分子通过交流网络联合起来。它们通过组分之间的相互作用不停地交换信息。行为的灵活性取决于反馈通路是否顺畅，结构的严谨性取决于设定的程序是否严格得到执行。遗传现象成了代际之间的信息传递。遗传程序被记录在受精卵的细胞核里。薛定谔认为：

> "（染色体）包含了某种形式的密码文本，它记录了个体未来发育及成体执行功能所需的所有模式……染色体的结构对于它所蕴含的这一切也至关重要。它既是法律条文又是行政权力，既是建筑方案又是修建工匠。"

　　生物体的秩序因此依赖于大分子的结构。考虑到它的稳定性，染色体可以视作一种晶体 —— 不是化学图案在三维空间里无限重复的单一晶体，而是生理学家所谓的"不均一晶体"。其中，若干图案的排布提供了生物多样性所需的变异。"只要几种图案就足够了。"薛定谔补充道。摩斯密码只有两种记号，它们组合起来却可以编码任何文字。生物体的组织方案记录在化学符号的组合系统里。遗传就像是计算机程序。

在20世纪中叶之前，对大分子结构的研究依然寥寥无几。这种状况直到两个技术汇合之后才有所改观：一个是多聚体技术，人工合成的多聚体成了工业应用的新材料；另一个是物理和化学分析技术，我们因此可以纯化大分子，鉴定组成，厘清结构。人们早在19世纪初就知道生物体中有多聚体存在了。事实上，有好几个例子表明，一些大分子水解之后只释放了少数几种产物，有时甚至只有一种简单的化合物。比如，纤维素或淀粉里只有葡萄糖，橡胶里只有异戊二烯。自从贝采利乌斯以来，"多聚体"这个名词已经用来描述大的化学结构，而"单聚体"则用于描述其亚单元。这些亚单元一般首尾相连，形成链状。然而，组成类似并不必然意味着结构类似。比如，淀粉和纤维素都是由葡萄糖组成，性质却截然不同：淀粉可以被人体消化，而纤维素则不行。只有亚单元不同的排列方式可以解释这种差异。事实上，在某些多聚体里，这些亚单元沿着同样的方向均一排列；在另一些里，排列就杂乱得多。有些链长，有些链短，有些是线型，有些有分岔。有些多聚体只有一种类型的单体，有些则不止一种。因此，少数几个参数的变异就足以带来多样性。

在20世纪中叶，化学家尝试着在实验室的条件下探索大自然如何构建出了这些巨大的分子建筑。多聚体化学与小分子化学有根本的区别。为了制备小分子，化学家按部就班地在合适的位置引入合适的原子，代价往往不菲。然而，制备多聚体则需要基本的亚单元以特定的比例混合，并辅以适当的条件，比如合适的酸碱度、温度、压力等。一旦反应开始，它就会自动进行下去，无须任何外界的干预。化学家有好几种方式可以影响最终产物的性质：通过改变反应条件、亚单元的组成比例，或者添加某些特别的催化剂来改变链延伸的方向。通过使用催化剂，人们可以决定反应的方向，并掌控最终产物的空间结构。这鼓舞了科学界与工业界的密切合作。通过简单小分子的聚合反应，一系列新的化合物被制备出来。随之而来的还有一系列新的概念与技术，它们的出现影响了生物学研究生物大分子的方法。

通过这种方式，多聚体技术与物理化学分析技术日益结合起来。大分子具有独特的性质：重量、电荷、光学衍射、黏度。这些性质为处理这些物质或研究其行为提供了新的方法。比如，人们可以通过比重力大几十万倍的离心力来测量大分子的重量，可以在电场里测量它们的运动能力，以此估计它们的大小、电荷数及整体形状。简言之，可以绘出分子结构的整体图景。人们之所以能够揭示出大分子的精细组成、内在组织和合成过程，主要依赖于三种技术的使用。

第一，化学技术。在 20 世纪之初，植物学家发现了纯化分离各种植物色素的方法。他们把植物浸出液倒进长长的灌满了碳酸钙的柱子，然后用不同的溶液来清洗，术语叫"洗脱"。不同的色素在柱子的不同区域保留下来，因此在洗脱过程中得到了分离。这种方法，现在称为"色谱"，在 20 世纪中叶被化学家改进并发扬光大。它现在有无数种类型：柱子的成分、用于洗脱的溶液、盐离子的活性以及浓度等。这种技术有极好的分辨率，它可以区分非常相似的化合物，哪怕它们只在电荷、大小或形状上有微小的差异。除了色谱柱，人们甚至可以用一层特殊制作的滤纸来进行分析，先纵向，再横向。在电场里，每个化合物都以特定的速度泳动。据此，化学家可以对差别非常微小的化合物进行定性和定量分析。毫不夸张地说，色谱分析方法因其简单有效，彻底变革了对生物大分子（特别是蛋白质及核酸）的探索。先前，人们知道这类化合物是由多个化学亚基组成 —— 蛋白质有约20种氨基酸，核酸有4种碱基。经过不懈的努力，人们甚至可以水解一个分子，分析它的成分，并统计出每个亚基的数目。但是，当时人们尚无法研究亚基的排列方式，或者蛋白质的空间结构。色谱技术使得这种研究成为可能。使用特定的酶，化学家可以把一个蛋白分子分解成若干片段，但这还不是单个的氨基酸，而是由若干氨基酸组成的多肽。接下来，化学家可以把各个片段切成更小的片段，并研究其成分。就像是在拼图游戏里，问题在于推测片段的相对位置，并把它们拼接起来，组成最初的样式。因为不同的酶可以在不同的位点进行切割，所以同一个蛋白质可以被切成若干种片段。通过一步一步的分析，人们便可以得到足够多的线索，分析出蛋白质的序列。令人意外的是，蛋白质分子复杂的三维结构竟然可以还原为一维的简单线性结构。事实上，这是一条由数百个氨基酸首尾相连组成的线性多聚体。复杂的三维结构源于链本身的折叠，源于不规则的缠绕引起的扭曲。分子的特殊性质取决于链的长度，包括亚基的数量及序列。又一次，多样性或复杂性可以追溯到组合系统的简单性。

　　第二项革命性技术，是物理学家发现的放射性同位素。放射性元素释放的射线可以被检测到，因此，它在生物体里的位置就"可见"了。化学家可以在分子的特定位点引入一个放射性元素。一旦它进入了生物体，这个分子就可以用来"示踪"了。人们可以观察它持续的转变，它在生物体各个组分里的分布、滞留或排出。同位素的使用使得人们可以对中间代谢过程进行抽丝剥茧式的分析，可以追踪小分子如何一步一步地聚合成了大分子，并测量化学成分的稳定性或者更新的速率。把放射性同位素自显影与细胞组化考察结合起来，人们甚至可以在显微镜下观察到细胞结构，并追踪细胞周期的变化。人们探究的不再只是生物体的组成，而是生物体内所有化学转化的动态过程。

　　最后，观察技术的改进为人们探究大分子结构做好了准备。首先，电子显微镜利用电子束替换了可见光，分辨率提高了一千倍。于是，人们可以观察到细胞器的精微结构，甚至可以区分某些分子的整体轮廓。其次，更为特别的是，通过研究晶体的X射线衍射，人们不仅可以推测分子的整体样式，甚至可以对每个原子精确定位。这不仅适用于简单的小分子，也适用于复杂的大分子。然而，需要的精确度越高，技术难度也越大。以至于只有物理学家才有能力进行这样的研究，这也使得一批物理学家对生物学发生了兴趣。在20世纪初的英国，X射线就被用于分析简单晶体（比如氯化钠）的组成。由此诞生的一个晶体衍射学派致力于分析各种化合物，甚至是生物大分子的结构。他们坚信，活细胞的功能取决于这些生物大分子的结构。事实上，正是他们其中的一员提出了"分子生物学"这个表述。每个专家都或多或少地忙碌于细胞内的实验。比如，莫里哀（Monsieur Jourdain）做的正是分子生物学，但他自己却不知道。起初，晶体学家还有些孤立，慢慢地，他们在复杂的生物系统里摸索出了门道。他们从简单向复杂过渡，逐步提高分辨率，学着识别分子内的某些特殊区域，并用更重的元素标记它们，以便进行X射线检测。慢慢地，他们能够检测到大分子的轮廓，甚至可以探明细节。纯粹的晶体衍射分析日渐式微，取而代之的是更精细的工作，需要综合物理数据、实验建模以及对原子特征和成键性质的直觉式理解。虽然艰辛，晶体衍射学与理论化学之间这种新生的合作是探索生物大分子结构的唯一途径。化学分析固然可以描绘其基本单元的链式排布，但并未涉及任何链的折叠、分子的解剖细节或者空间构型。物理分析使得人们得以勘察由数千个原子组成的大分子的细节。

晶体衍射学家并不孤单。另外一批物理学家同样对生物学感兴趣，但是出于不同的原因。第二次世界大战之后，许多年轻的物理学家惊骇于原子能的军事用途。其中一些人更是不满于原子物理学实验的走向：使用大型仪器、进展缓慢且复杂。他们认为这门科学走到头了，于是考虑转行。一些人怀着忐忑与希望转向了生物学：忐忑，是因为他们在学校里学过动物学和植物学，但记不大清了；希望则是因为物理学里最有声望的前辈都认为生物学前程远大。波尔（Niels Bohr）认为，生物学中可能有新的物理定律等待着被发现。薛定谔（Schrodinger）同样预言，生物学将进入一个激动人心的新时代，特别是在遗传学的领域。仅仅是听到量子力学领域的翘楚问道"什么是生命？"，进而以分子结构、亚原子键和热力学稳定性来描绘遗传学，就足以点燃一批年轻物理学家的热情，为从事生物学提供了合法性。他们的雄心与志趣集中到了一个核心问题：遗传信息的物质基础是什么？

2.微生物

　　20世纪中叶，细胞学与遗传学研究发生了转变：变化的不仅是概念和技术，还有研究材料。经典遗传学无法在基因与性状之间建立联系，它已经得出了结论：染色体里包含了一种既可以精确复制自身，又携带着遗传特异性的物质。但是在20世纪上半叶，遗传学的研究对象并不适于探索这类物质，或者分析它的作用机理。在研究果蝇的过程中，人们结合生理学与遗传学，成功证明了基因对生物体内的某些化学反应有影响。但是在一个进行有性生殖的复杂生物体中，一个基因的作用效果往往要等很长一段时间才体现出来，甚至要经过发育与变形等一系列转变过程。遗传学家使用的研究材料不适合于生物化学家，反之亦然。为了把他们的努力结合起来，他们必须找到一个共同的实验材料。与所有的期待相反，这种材料是微生物，更确切地说，是细菌和病毒。

　　自从17世纪显微镜发明之后，细菌学就诞生了。但是长期以来，这门学科一直停留在观察阶段，直到巴斯德把它转变成了一门实验科学。在短短数年内，人们惊讶地发现，假如没有微生物，世界将是另一副模样。然而，微生物作为病原体的重要性、在生态循环中的功能、在许多工业界的作用，长久地遮蔽了它们对于探索生物学基本原理的价值。细胞理论为生物体的统一做出了贡献，但是细菌仍然被排除在细胞世界之外。事实上，它们的小个头妨碍了人们观察它们的独特结构。除了培养它们，描述它们，并尝试着对它们分类，似乎没有别的事情可以做了。到了20世纪初，微生物才逐渐成为生理学家和生物化学家的探索对象。医学与工业的发展需要对病原菌精确鉴定，以明确它们的性质。分离出的微生物种类越多，鉴定并区分它们就越重要。微生物学家集中于研究它们在不同条件下的生长，并成功摸清了微生物所需的营养条件。微生物可以利用特定的化合物作为碳源生长，对某些抗菌物质敏感或者耐受。同时，生物化学家发现，微生物特别适合于他们的研究。比起鸽子肌肉或者小鼠肝脏，培养的酵母或者细菌更容易操作，重复性更好，也同样适用于提取细胞成分、研究代谢或者鉴定酶学活性。鸽子、小鼠和细菌具有惊人的相似性：它们进行着同样的化学反应，使用同样的高能中间代谢物，而且酶学活性总是与蛋白质相关。在多姿多彩的性状和各种各样的性质背后，生命世界似乎具有组成与功能的统一性，它总是用同样的物质构成同样的成分，大自然仿佛只有一种运行方式。

然而，直到20世纪中叶，微生物与高等动物在一个领域里似乎没有任何共同之处：遗传现象。基因一直被视作重组与分离的单元，直到非常晚近才被认为是突变与功能的单元。遗传学依赖于研究有性繁殖的杂合体。染色体的功能与遗传现象的机制，是由遗传探索与细胞观察结合起来得到阐明的。然而，上述研究却无法在微生物里实现，无论是杂交还是细胞观察。微生物进行的是无性繁殖，没有任何性行为的迹象。它们的小个头，阻碍了细胞观察。因为缺少组织结构，人们也无法区分体细胞与生殖细胞，区分性状与因子，区分表现型与基因型。因此，细菌学家和遗传学家都同意，细菌缺少遗传元件，它们的遗传现象与动植物的不同，微生物的世界似乎不遵循遗传学的概念与方法。

直到20世纪中叶，针对微生物的遗传探索才成为可能。首先，在霉菌和酵母里，人们观察到了交配和结合的现象。在这些生物体里，代谢与遗传研究可以结合起来。它们所体现的性质也不再是次级性质，比如翼的长度或者花的颜色，而是体现在关键的代谢能力、生长能力与合成能力。第一次，遗传学家与生物化学家联合起来研究霉菌的繁殖，以及如何从简单的培养基里合成出微生物体内所有的成分。遗传学家分离出在选择性培养基上无法生长的突变体，生物化学家则试图寻找其中的原因。看起来，一个突变中断了代谢过程的一个节点，阻碍了一种关键代谢物的合成，或者破坏了合成途径中某个酶的性质。因此，生物体内的全部化学反应都受着遗传的控制。特定的基因控制着特定的反应，因为基因决定了催化该反应的蛋白酶。这样，蛋白质出现在了基因和性状之间，弥合了存在许久的分裂。

　　一旦代谢反应成了遗传研究的对象，人们便可以分析细菌的遗传现象。细菌中那些之前认为不利于遗传探索的特征恰恰使得它们适合于突变研究。细菌个体小，繁殖快，在数小时之内就可以繁殖许多代，在非常小的空间里产生出大量的个体。对这些细菌的统计分析表明：变异是罕见的量子式的改变，这与高等生物里的突变是一样的。类似于果蝇，细菌也有基因。基因主宰了表型、代谢以及所有可见的特征。在某些微生物里，甚至有雄性细菌与雌性细菌交配的现象，类似于高等生物里的性行为。于是，人们可以通过杂交来厘清基因之间的关系。结果表明，它们也是排布在线性结构上，类似于高等生物里的染色体。病毒里的情况也是一样。因此，在整个生命世界里，似乎只有一种方式来保证形式的恒定与特征的延续，也只有一种方式可以改进它们 —— 生物遗传的游戏规则是一样的。

先前，有性繁殖似乎是基因重组的唯一方式，由此导致了多样性。除了交配，细菌还有其他传递遗传信息的方式。比如，病毒可以装载细菌的基因，在感染下一个细菌时传播基因。另外，某些细菌可以吸收其他细菌裂解之后释放的基因，并嵌入自己的染色体上。因此，遗传并不等同于有性繁殖。遗传的观念必须要拓展。遗传是细胞复制自身的能力，遗传的中心原则是通过繁殖再现出结构与功能。没有遗传就没有生命体，其余的一切，性、细胞的形状与分化，都是演化过程中同一基本主题的变奏。完全可以设想，在一个相当单调的世界里，没有性，没有激素，没有神经系统，这个宇宙中的生物全是相同的细胞无休止的自我繁殖。事实上，这个宇宙是存在的：纯培养的细菌就是这样的小宇宙。

利用纯培养的细菌作为实验对象，引出了两个重要的结果。其一，它为探索遗传的精细结构提供了路径。事实上，对细菌的遗传探索简化到了极致，达到了在复杂生物体所无法企及的分辨率。只需把几滴培养基在选择性培养基上铺开，数小时之内就可以获得关于数十亿个细菌突变与重组的信息。试想一下，如果要在动植物里进行同样规模的实验，需要多大的工作量！这种更高的分辨率修正了基因的传统图景：一串项链上的珠子，或一个固定的结构。基因，虽然被定义为功能的基本单元，但它又包含了数百个更小的单元，它们会突变，也会分离。但是，对于这个新的系统，旧的原则同样适用：变异具有量子性，重组的过程也充满了偶然性，并受制于概率法则，这些单元以线性结构排列。此外，细菌还为探索遗传物质的化学性质提供了门径。如果一株细菌裂解释放的基因果真可以进入另一株细菌，如果这些基因也可以在新的宿主里扎根，并赋予后者新的特征，那么，生物化学家就可能介入这些过程。他们可以像对待其他的化合物那样，提取基因，纯化基因，并进行定量分析。艾弗里发现，遗传活性与脱氧核糖核酸的出现相关联。在过去一个世纪里，人们知道核酸存在于细胞核里，也知道它的整体化学组成。但是在这之前，科学家一直苦于无法洞察核酸的分子结构。现在我们知道，它承载了孟德尔单元的特异性。它的结构可以通过化学分析与晶体衍射学的组合手段推测出来。它是由四种核苷酸排列而成的一串多聚体，四种碱基沿着主链重复了数百万次，就像一本书里的字码。正是这四种碱基的顺序决定了蛋白质里 20 多种氨基酸的顺序。一切证据都支持这样的结论：遗传信息里包含的序列是一串指令，它决定了细胞内分子的结构以及细胞的特征。遗传信息也是生物体世代传递的执行蓝图，这四种碱基组成了一种四进制的密码系统。简言之，所有的观察都促使人们把遗传的逻辑与计算机的逻辑相提并论。事实上，还从未有哪个时代提出的模型比这个更可靠。

使用细菌纯培养还有第二个后果：因为这种生物如此初级，许多技术得以大大简化，并同时被使用。为了探索遗传现象，单单观察细菌细胞的特征或者杂合体的变异与重组是不够的。研究人员还需要同时提取遗传物质，明确它的特征，在离心机里测量它的密度。与此同时，也需要分析对应的蛋白质，厘清它的结构，并推测其酶学活性。这样，人们就可以追踪突变的效果，包括它如何改变了结构，影响了功能。与此相反，人们也可以通过研究突变的后果来分析细胞的特性、组织和功能。于是，遗传分析的目的不再是简单地拆解开遗传的机制，还包括检测细胞的组成、功能，并精细分析其他要素的相互作用。突变提供了分子水平的工具，使我们可以在不裂解细胞的前提下研究细胞。一个世纪以来，病理学研究为解释机体正常状态提供了最有效的方法。实验生理学从外部干扰生物，通过物理机制或者有毒物质制造损伤。分子生物学从内部利用突变制造损伤，它改变的不是已经成形的结构，而是为结构提供指令的遗传程序。在实验室里，人们可以对微生物群体施加极大的选择压力，获得任何可能的突变体。利用这些突变体，生理学家和形态学家可以研究整个生物体，生物化学家和物理学家可以研究细胞提取物。从此，这两个独立的领域成了同一个探索过程的两个方面。

这为生物学研究带来了多么大的转变！纵观生物学史，两大阵营的冲突从未停歇：一派希望用物质的性质来解释生物体的表现，另一派则坚信生物组织具有某些特殊的性质。一方面，生物化学分析越是深入，人们发现，主宰生命世界和无生命世界的规律越是一致；另一方面，对生物体的行为与演化的研究越开阔，不同层次之间的断裂也越多。从病毒到人类，从细胞到物种，生物学所感兴趣的系统的复杂性不断增加。每个层次的组织体都代表了一个门槛：研究对象、研究方法与研究思路突然发生变化。一个层次观察到的现象在更低的层次上消失了，对更低层次的解释在更高的层次上也失效了。

于是，生物学必须对这些层次逐一探讨，在每一道门槛的两侧揭示其整合的特点与逻辑。可以说，细菌代表了最小的活力单位。而分子生物学正是从最低水平的整合来理解微生物，它冲到了生命世界的最前线，即生命与非生命的交界处。再往下一个层次，需要用化学和物理学的词汇来描述；再往上一个水平，则是用组织、逻辑系统甚至是自动化机器来描述。但是系统的性质与观察的方法使得人们可以把这两个层次放在一起进行思考，不断比较整体与细节。我们关于细菌的知识来自多方面的积累：既有关于生物体整体的，也有涉及细菌提取物的，特别是把遗传探索与物理和化学分析结合起来。为了鉴定组分、研究功能，研究人员需要破坏细胞的整体性，进行体外实验。但是在分离纯化之后，他们又需要进行体内实验，以表明在细胞之内这些组分依然发挥着体外验证过的功能。正是在这两种水平的比较中，细菌的图景渐渐清晰起来。

3.信息

单个细菌很少成为研究对象。实验涉及的往往是一代菌群，每毫升培养基里包含了数亿颗细菌。因此，单个细菌的特征无法得到直接观察。即使要检测某种特定类型的个体，比如说某个突变体，也需要等它大量繁殖之后再研究。这样，我们所观察到的便不再是个体本身，而是它们的子孙后代，这是一个规模巨大的群体。于是，生物学家绘制的细菌细胞的图景就是统计意义上的平均值，是对大量个体的观察综合而成的一幅拼图。

这幅图景综合了组织的特征、生物体的自主性和稳定性，从而得到了一个最简单的研究对象。更初级的组织结构，比如病毒，仅具有生命的部分特征，算不上完整的生命。由于缺少自主性，它们也算不得独立的生物体。而原生生物和酵母这样的单细胞生物，以及多细胞生物体，它们的组织结构又比微生物的远为复杂。

诚然，微生物细胞相对简单，但这并不意味着它们在演化的意义上更初级或者更低等。如下想法颇为诱人：古老等于简单，微生物细胞好像是活化石，甚至是我们共同的祖先。但是，无论是微生物还是哺乳动物，每一种生物体都是亿万年演化的产物。当演化的道路不再有清晰的路标，崎岖的小径可能成为永远的迷踪，原初生物与现存细菌之间的亲缘关系再也无迹可寻。演化的源头是什么模样？我们只能猜测。即使原处生物与现在的微生物有几分类似，我们也无法假定它有今天所见的复杂性。在我们考察的每一株细菌背后，在它的每个组分背后，都有一个漫长的演化史。要理解该系统的结构，就需要理解结构背后的历史。

限于技术原因，细菌研究主要集中于一株无害的细菌：大肠杆菌，它通常寄居在人体肠道里。只要在培养基里提供几种简单的盐类和有机物 —— 比如糖类 —— 作为碳源与能源，大肠杆菌就可以不断繁殖。培养基的配方并不复杂，我们可以很容易在实验室培养它们。我们也可以选择成分更复杂的培养基，比如肉冻培养基，其中包含了许多天然有机物。因为某些生长必需的有机物已经包含其中，微生物就不必合成它们，从而繁殖得更快。在优化的培养条件下，大肠杆菌每20分钟就可以复制一代。这20分钟之内，它生长、分裂，产生出两个一模一样的后代。

单个的细菌过于微小，肉眼难以辨认。在光学显微镜下，大肠杆菌看起来呈杆状，大约1~2微米长，0.5微米宽，但你看不到任何内部结构。在电子显微镜下，事先固定并染色的细菌切片呈现出近似月球表面的模样。通过不断的尝试与对比，以及多种技术的组合，研究人员终于鉴定出了细菌的部分结构。在电子显微镜下，细菌看起来像一个袋子，有一层致密的细胞壁维持着形状。在这层细胞壁之下，有一道双层的细胞膜包裹着这个袋子，把细胞壁与细胞质分隔开。细胞膜具有选择性，它可以阻止某些物质进入，又会保护细胞制造的分子不流失，它也会允许某些无机盐类自由流动。此外，膜上还有一些微小的"泵"状结构，可以专门吸收代谢需要的物质，比如糖类。我们目前对细胞膜的结构以及这些"泵"的工作原理知之甚少。即使是在电子显微镜下，可以明确鉴别出来的胞内结构还是屈指可数。在中心区域，似乎有一团更致密的纤维，自相缠绕，拧成一坨麻绳：这些长长的纤维里包含了遗传信息。除此之外，袋子里似乎只有上千个小球颗粒：它们是核糖体，蛋白质就在这里合成。

打开这个袋子，生物化学家发现了上千种分子。根据大小，它们可以粗分成两类。其中一半非常小，分子量不超过 600 道尔顿；另一半则非常大，分子量大于 10 000 道尔顿。在这两类之间没有过渡态。初看起来，这颇为怪异。然而这种分布可以从细胞构建的过程来解释。对细胞来说，从一砖一瓦构建起巨大的分子建筑，耗时费力，殊非易事。因此，这项工程分两个阶段进行。首先，培养基里的基本元件通过一系列转变组合在一起。或是一个接一个，或是一组接一组，它们不停地交换，移动，这儿加一点，那儿减一点。第一步的关键是把碳原子连接起来。这构成了分子结构的骨架，或是线性延长，或是环形闭合，后续的分子可以再接上头。这些活动涉及上百种化学反应，但最终，它制造了几十个小分子化合物。在第二个阶段，这些小分子组合成更大的分子。这些亚单元通过聚合反应，首尾相连，形成了大分子里典型的主链。因此，每个化学反应都是一样的：它总是在链条的生长端添上一个亚单元。通过改变链的长度，或者亚单元的顺序，细胞就可以利用数量有限的亚单元构建出数量可观的大分子。因此，这两个阶段的功能、产物及性质都大相径庭。第一步，形成基本的化学元件；第二步，进行组装。第一步制造出的化合物是用于生物合成的中间体，只是昙花一现；第二步才构建出更持久的结构。第一步涉及了一系列不同的化学反应；第二步则是单一的聚合反应。

细菌用于制造小分子的化学反应，也用来转化它从培养基里捕获的能量。微生物获取能量的方式多种多样：或者捕获太阳能，或者氧化有机物或无机物。为了聚集并转移能量储备，细菌跟所有的生物体一样，都需要高能富磷化合物（三磷酸腺苷，ATP）。该化合物的合成伴随着能量的储存，分解则伴随着能量的释放。大肠杆菌只能从某些有机物（比如糖类）的分解之中获取能量。在糖分子 —— 例如葡萄糖 —— 里，原子按照精准的空间秩序排布成固定的结构。通过打破分子的结构，微生物可以把葡萄糖里的秩序转化成化学能。这种能量然后用于合成细胞成分 —— 换言之，用于建构另一种不同的细胞秩序。最终，能量的转移体现为组织结构的变换，即培养基里的秩序转化成细菌里的秩序。为了降解一个糖分子，细胞有步骤地进行一系列的化学反应。在其中一些步骤，能量得到释放，储存在这种富磷化合物里。正是靠着这样的有序分解，细胞才能高效地进行能量转移。

如果要做个类比，那么微生物细胞最像一个微型工厂。它们都依赖外部的能量才能工作，它们都有一系列的步骤把从外界获取的原材料转化成终端产品，也都会向环境排出废物。但是，工厂的类比暗示了一个目的、一个方向、一个要生产的意志 —— 换言之，结构之所以如此安排，各项活动如此协调，是因为它有一个目标。那么，微生物的目标是什么？

　　这个问题似乎只有一个答案：一颗微生物要变成两颗微生物。这似乎是它唯一的宗旨和野心。小小的细菌竭尽全力，同时进行着 2 000 多个代谢反应。它不断生长，越来越大，一旦时机成熟，它就会分裂。本来的一个，现在成了两个。然后，每个新个体都成了新一轮化学反应的中心，各自合成其分子结构，重新生长。只要条件允许，它们会不断重复该过程。在过去的 20 多亿年里，细菌，或者某些类似细菌的生物，一直在繁殖。细胞的结构、功能和化学组成，都为了这个目标而不断优化：无论外界环境如何多变，你都要尽可能又快又好地制造出两个拷贝。如果把微生物比作工厂，它也是一种特殊的工厂。工厂制造的产品跟制造产品的机器截然不同，跟工厂差别更大。然而，微生物却制造出了它自身的成分；它最终生产的是另一个自己。工厂生产，细胞繁殖。

　　活细胞进行的两类合成反应 —— 累进的重排反应与聚合反应，跟有机化学家在实验室里的工作并没有本质不同。细胞内进行的反应也没有什么神秘之处：我们知道所有的原料，可以在实验室里实现每一个反应。生物化学家们可以制备细胞内发现的许多化合物，有些物质甚至可以自发产生，极有可能在生命出现之前就已经在地球表面存在了。比如，当含有各种无机成分的溶液被释放的能量（比如紫外线辐射）"激发"，就有可能产生有机物。无论是原材料，还是涉及的化学键，生物体内的化学反应跟无机物的化学反应并没有本质区别。

　　固然，实验室和工厂也能生产出细胞内的化合物，但代价何其巨大！仪器昂贵，费时费力，产量微乎其微，反应条件（包括高温、高压、强烈的酸碱性）几乎与生命毫不兼容。然而与此同时，微生物可以在狭小的空间，以无可比拟的速度同时进行2 000多个反应。它们全速分化、再次汇合，从不混淆，保质保量地制造出生长与繁殖所需的大分子，生产率接近100％。生物体内的化学反应跟实验室的化学反应的区别不在于反应的性质，而在于反应进行的条件。

不过，化学家很早就窥探到了细胞的秘密：细胞使用了催化剂。催化剂本身并不参与反应，也不改变化合物的性质，但是会加快反应达到平衡。在实验室或细胞内，大多数化学反应可以自发进行，但是速度极慢。催化剂可以提高反应速率。然而，实验室催化剂的特异性一般不高，而生物体内的催化剂则非常专一。细胞内的每一个化学反应都有一个特殊的催化剂，一个独一无二的酶。每个酶只负责催化一个反应。为了实现这2 000多个化学反应，细胞必须要制造2 000多种酶。所有的酶都属于蛋白质，[1] 但并非所有的蛋白质都是酶。每个酶都包含上千个原子，它们以严格的秩序组合在一起。酶的空间结构赋予了它独特的性质。改变一个化学基团，移动几个原子都足以使整个分子变形，甚至失去功能。

因此，细胞内所有化学反应的精度和效率都依赖于2 000多个酶催化代谢反应的活性。每一代细菌所繁殖的不只是整个细胞，还有控制着细胞内化学反应的所有酶，以及组成细胞的所有分子。纯化研究一个蛋白质至少需要用到数千亿颗细菌。每一颗细菌里包含了数千种

1.后来我们知道，少数酶是RNA，比如自剪切酶 —— 译注。

分子。此后，化学家从混合物里分离并纯化蛋白质，分析蛋白的组成，测定了氨基酸的序列。之后，晶体学家确定了蛋白质的分子组成，并精确绘出了每个原子的位置。这意味着，就细菌制造的同一种蛋白质而言，它们具有同样的性质：由同样的氨基酸按同样的顺序组成，有着同样的结构，所有的原子都以同样的方式分布。简言之，一个培养基里的所有细菌都生产出一模一样的分子，即使偶有讹误，数量也太少，我们无法检测出来。

因此，生物体在世代更替中体现出的恒定性不止在于外表，也体现在组成分子的化学细节里。在代际之间，每个化学分子被忠实地复制。然而，并非每个化学分子都有能力复制自身。一个蛋白质并不起源于另一个蛋白质。蛋白质不能自我复制。它们源于另外一种物质，即脱氧核糖核酸。后者是染色体的成分，也是细胞内唯一可以自我复制的成分，这是由它独特的结构决定的。实际上，脱氧核糖核酸是一个长长的聚合物，而且它不是一条链，而是两条链，螺旋交错在一起。每条链都包含了糖基和磷酸基团交替组合而成的骨架。每个糖分子只与4种碱基相连，从而构成了4种核苷酸。4种核苷酸重复出现数百万次，以近乎无限种方式组成了DNA链。若要类比，这种线性序列通常比作一本书里的字母。无论是一本书还是染色体，信息来自于亚基——字母或者碱基——排布的顺序。聚合体在繁殖中发挥了独特的作用，这缘于两条链之间的对应关系。每条链上的碱基都与另一条链上的碱基对应，而且，碱基配对遵循一定的规律。配对的原理是：一个碱基只能与另一个碱基配对。腺嘌呤（A）总是和胸腺（T）嘧啶对应，鸟（G）嘌呤总是和胞（C）嘧啶对应。一条链的顺序同时映照了另一条链的顺序。

由于双螺旋结构的特殊性质，核酸可以被精准复制。既然两条链互补，每一条链都包含了序列的信息。DNA分子的复制包含了两条链的分离，然后各自重新合成出它的互补链。A的对面只能是T，G的对面只能是C，依次类推，每条链可以精确地指导互补链的合成。于是，它就制造出跟原来的分子一模一样的两个分子：这个机制简单得令人惊叹。染色体的复制最后也就归结于碱基对的自我复制。负责碱基识别以及正确定位的力量也是控制晶体形成的力量。把每个碱基与它之前的碱基连接起来，并让聚合反应发生，几个酶就足够了。目前我们对这些酶还知之甚少。然而，其中一些已经被分离出来。在试管里，我们只要提供反应的必要成分，即4种核苷酸，它们就可以组装成DNA。在细菌里，人们也发现了DNA复制的修复机制，它们可以"校对"新拷贝：更正讹误，确保准确。

既然核酸是细胞内唯一以这种方式复制的成分，它的双螺旋就比其他的化学分子更稳定地在连续的世代里传递。事实上，它的部分作用在于指导蛋白质的合成。基因对应于特殊的一段核酸。在那里，指导蛋白质合成的指令是一个由4种碱基组成的系统。核酸和蛋白质都是线型多聚体，序列的特异性在于碱基的顺序，核酸序列决定了蛋白亚基的序列。这是一个单向的过程：信息的传递总是从核酸流向蛋白质，而不会相反。核酸的组合系统只有四种化学符号，蛋白质系统却有20种。基因要指导蛋白合成，就需要从一个符号系统翻译成另一个符号系统。

于是，基因的概念也发生了变化：古典遗传学家设想着基因具有独立的结构，如同项链上的一串珠子；晚近的模型则是一个线性排列的化学符号，是物理学家所预测的不规律晶体。关于遗传结构的最好模型恰恰来自于我们已知的化学信息。这种信息并非汉字那样的象形文字，而更像是摩斯密码里的一串字符。正如一个句子代表了一串字符，一个基因也是一串核苷酸。在这两种情况下，孤立的符号没有任何意义，只有组合起来的符号才有"意义"。在这两种情况下，一个给定的序列，一行句子或一个基因，它的起始与终结都有一个"标点符号"。从核酸序列转变到蛋白序列，就像把本来无法理解的摩斯密码翻译成可以理解的语言。这是由一种"编码"系统来完成的，它相当于为序列转换提供了"字母表"。

因此，从基因里的核苷酸序列翻译成蛋白质里的氨基酸序列，这代表了一种比基因复制本身更为复杂微妙的活动。为了组装蛋白质里的化学键，细菌需要借助于一件无比复杂的装备。蛋白质合成的过程可以分成两个阶段，因为蛋白亚基的组装和多聚化并不直接发生在基因上，它的装配线位于细胞质里的核糖体上。基因中的脱氧核糖核酸（DNA）首先被转录成信使核糖核酸（mRNA），后者同样包含了4种化学符号。这个拷贝之所以称为"信使"，是因为它携带的是DNA里指导蛋白质装配的指令。信息翻译的过程还需要另一种"接头"分子的参与。这些接头把合适的氨基酸与对应的核苷酸配对，从而在两套字母表中建立起一对一的关联。接头携带着对应的氨基酸，从mRNA的一端移动向另一端，就像卡带机的触头读过卡带。于是，氨基酸按照基因指定的顺序排列。氨基酸之间通过相同的化学键连接起来，蛋白质于是从一端到另一端逐步合成出来。

今天，我们已经完全理解遗传信息翻译的"密码表"了。每个氨基酸都对应于特定的3个碱基, 也称为三联体密码子。4种核苷酸的碱基于是可以产生64种不同的三联体密码子, 即, 细胞包含了64种遗传词汇。其中3个是标点符号, 在核酸的语言中, 它们意味着蛋白链的终止。其余的密码子都对应于某个氨基酸[1]。因为只有20种氨基酸, 所以每一个氨基酸对应于若干个三联体密码子, 或者说, 它有同义词。这为遗传信息的书写提供了必要的灵活性。所有的生物体, 从人类到细菌, 都能够正确解释遗传信息。遗传密码在整个生命世界似乎是普适的, 所有生物都能理解它。

　　一旦氨基酸按顺序排列好并链接起来, 氨基酸链即以一种复杂且独特的方式折叠自身。蛋白质于是获得了最终的形式, 这赋予了它独特的功能: 或是催化, 或是其他。不过, 从一维结构向三维结构转变的细节目前尚未彻底得到理解。看起来, 并没有额外的因子参与这个过程[2]。它似乎是自发产生的, 依靠的是化学基团之间的简单相互作用, 一些彼此吸引, 另一些彼此排斥; 氨基酸序列一旦出现, 就自发形成特定的空间构造, 结构随即固定下来。蛋白质可能因物理或者化学手段的处理而发生变性, 失去形状, 散开, 重新变成延展的链。如果把它们重新置于生理条件, 有些链又恢复到它特定的三维形状, 有些则不行。人们推测, 后一种蛋白质在合成的过程中要获得构型, 需要一个"成核中心", 后续的分子才能组织成形。然而, 无论如何, 蛋白结构的折叠这一关键步骤, 完全只靠物理的作用就足以把蓝图转化为建筑, 把潜能实现为功能。

1.蛋白链的起始密码子同时编码一个氨基酸(甲硫氨酸)——译注。
2.我们现在知道, 这个过程还有分子伴侣的参与——译注。

　　细菌染色体里的DNA分子，可能含有数千万对碱基。如果全部拉长，它的长度超过1毫米，比细胞的直径长1000倍。在细菌的生长过程中，DNA每代只复制一次，并平均分配到两个后代里。核酸链上编码的信息，即，建构细菌细胞的遗传程序——为全部的蛋白结构列出了详尽的指令，逐字逐句地被严格传递。遗传程序的转录和翻译不是一下子完成的，而是分批进行。解读信息不像打开一卷纸，而更像是在必要的时候参考的指导手册。程序里的某些段落包含了回溯到其他段落的指令，这视具体情况而定。比如，在第35页，有如下的指令："生产一个装置检测培养基里的半乳糖。如果半乳糖存在，执行第341页的指令；否则继续。"或者，第428页的指令是：建造一个装置，测量细胞质里一个关键代谢物——精氨酸——的浓度："如果该浓度超多阈值，按兵不动；如果浓度低于阈值，执行第19，64，155，601以及883页的指令。"细菌可能遭遇的大多数情况在遗传程序里都提到了。因此，遗传程序既保证了细菌的生存繁殖，也足够应对日常生活中的困难。但它也只是一个程序。在核酸序列复制的过程中，无论是为了繁殖或者蛋白合成，DNA总是被动地发挥作用。在细胞之外，一旦没有了这些方案的执行手段，没有了复制或者翻译必需的装置，DNA就处于惰性状态，就像卡带离开了卡带机。如同计算机的内存，遗传的记忆也无法孤立工作。遗传信息只能在细胞内执行功能，离开细胞则一事无成。它只能指导正在进行中的事情。要从方案里生产出机器，必须要有一个现成的机器。细胞内的所有物质，一旦被提取出来，就不能再自我复制。只有完整的细胞可以生长、繁殖，因为只有细胞同时具备程序和使用程序的手册，同时具备方案和执行方案的手段。

4. 调控

执行遗传程序的手段是蛋白质。细胞的所有活动、构造和整合都依赖于蛋白质的特性。蛋白质所做的，并不是形成化学键，而是与其他的化合物发生关联。事实上，蛋白质的结构赋予了它们一项独特的性质：它们可以在最混杂的混合物里精确地"识别"出一个或几个化学分子。正是这种选择的精确性与专一性决定了细胞成分的关系，主宰了细胞内全部的化学反应。

一个酶可以催化一个特定代谢产物的形成，这是因为它的不规则表面的凹槽只允许特定的底物分子嵌入其中。一旦底物铆定在了它的位点，周围的蛋白质残基会发生移动。底物里某些原子之间的力受到干扰；于是化学键发生变化，旧键断裂，新键形成。新生的产物不再适应蛋白质的位点，于是从凹槽脱落，而蛋白质完好无损，又可以重新接受新来的底物分子；所有这一切在转瞬之间发生。这种反应的奥秘在于化学分子的精准性，在于每个酶识别各自底物的方式：反应的效率及速率都依赖于此。既然一个代谢物只被一个酶识别，它就不可避免地沿着这个酶的催化活性所指定的化学通路行进。反之，酶只"了解"一种化学分子的特性而对别的分子视若无睹，它的结构决定了它的特异性与活性。因此，酶扮演了麦克斯韦妖的角色：在细胞内混合的化合物中，它"只看到"一个化学分子，并专门为此开启了反应之门。细胞内物质和能量交换过程的严格性完全依赖于酶促反应的特异性。

蛋白质的这种特异性同时也决定了细胞的构造。虽然结构相对简单，细菌细胞已经包含了许多不同的化学分子，它的复杂度是如此之高以至于我们难以综观细胞的整体架构。但是我们正开始理解哪些因素决定了更简单的生物体的形式，比如病毒。一个病毒颗粒是包裹于一层蛋白外壳内的核酸。由于缺少合成自身所需的酶、其他组分以及能量，病毒不能复制自身，而只能在它感染的细胞之内"盗用"宿主的复制机制。只有在细胞内，病毒核酸包含的指令才可能得到执行：合成蛋白质，复制核酸；也只有在细胞内，新生的零件才可以装配成新的病毒颗粒。一旦被释放，这些颗粒就可能会感染其他细胞。于是，病毒不像细胞那样生长与分裂，而是通过组分的独立合成，最终再重新组合成新的病毒颗粒。显然，病毒具备生命系统的部分特征。它可以传播，复制，发生突变；病毒可以指导蛋白的合成，影响环境，为自身谋利；它也因此受制于自然选择。但是，病毒只能在可以进行新陈代谢、产生能量并合成多聚体的环境，即细胞内，执行其遗传程序并复制自身。因此，严格说来，病毒不是一个生物体。在细胞外，病毒颗粒只是一个惰性物体。只有"细胞病毒联合体"才具有生命的所有特征。病毒感染可以理解为受到外源化学信息的入侵之后细胞结构的破裂。

　　病毒大小不一，形状各异。在最小的病毒里，核酸只有几千个碱基，仅够合成三四个蛋白质。这些小病毒的蛋白外壳，呈杆状或球形，由若干同样的蛋白颗粒组建而成。这些完全等同的分子的组合方式决定了病毒的整体建筑。病毒的外壳蛋白可以被分离和纯化。当置于合适的溶液条件，这些蛋白分子以一种近似于结晶的方式自发聚集，并产生出与病毒的外形完全一致的颗粒。如果在蛋白溶液里也加上特定的核酸分子，如此重装出来的病毒颗粒就有感染性。又一次，蛋白质的特殊结构，使得它可以选择特定的蛋白分子，从而形成严格界定的对称性与形状。蛋白质分子通过特定的化学图式识别彼此，并组成了独特的空间构型。形成这个形状，无须模具、能量、特殊作用力，需要的只是原子团之间的相互作用，如同无生命世界里晶体的形成和生长。它甚至可以产生更复杂的病毒形状，比如说一个多面体的脑袋接上一个长尾巴，这就需要不止一种蛋白质了。同样的道理适用于细胞内的细胞器，比如核糖体，也适用于某些细菌长出的鞭毛。

细胞里许多令人惊叹的构型都呈现出晶体的特征。结晶的过程意味着相似单元的结合，并形成严格固定的几何图案。无论是粒子、片层、纤维或者微管，显微镜下见到的大多数结构都表现出这种特征。我们尚且不清楚细胞内大多数细胞器的分子结构，尤其是细胞膜的结构。然而，我们可以确定的是，这些细胞器的形成不需要任何神秘的原则，或者超出物理原理的力，或者结构中不包含的因素。形式的多样性、动人之处及其他让人惊叹的几何图案，似乎确实依赖于一个我们早就知道的现象：晶体的形成。再次声明，生命世界与非生命世界的区别不在于性质，而在于复杂程度。细菌细胞的整合完全依赖于蛋白的特征，依赖于它们特异地识别其他分子的能力。细胞成分之间的协调方式为这个复杂系统赋予了统一性。细菌的细胞由数千个分子组成，内部有数千个核心化学反应同时进行；如果它的成分之间没有密切配合，就无法形成一个有功能的整体。所有的物质及能量交换必须明晰到最终细节以便实现其目标：产生两颗细菌细胞。因此，细菌的细胞虽然微小，却不是一包大分子，彼此并列又相互独立，仅受制于统计规律。细胞必须有一种通信网络把成分联络起来，并指导它们为了整体利益与共同目标协调活动。在细胞化学的每一个阶段，调控元件发挥作用，提供反馈，以适应生产所需的条件。细胞花费了一点能量，但收益是可以酌情调整工作。细胞只在必要的时候才生产特定的东西，这个化学工厂是全自动的。

　　细胞内化学反应的协调意味着：第一，反应链根据它所处的条件开启或者暂停。这意味着为信息的执行代理持续地提供自身活动的反馈，以便适应环境。这还意味着在同一个功能系统里把不同结构的组分关联起来。细胞要实现整合，这必须兼顾遗传程序的严格性与局部形势、系统状态和培养基的特殊性。"必须要做的"与"实际在做的"之间的张力持续地影响了每个组分的活性。这种张力把系统从热力学的限制中解放出来，并使它能够对抗熵增的倾向。感受器官要想"探听"到外界世界，检测到某些信号物质，并测量它们的浓度——这都需要特定蛋白质的参与，它们也被称为调控因子；同样地，信号物质的特性依赖于蛋白质的结构。事实上，这些蛋白质能够与两种或者更多性质结构不同的分子特异地、不可逆地结合，而它结合的物质本来不会发生任何化学反应。只有经过调控蛋白的介导，这些化合物之间才会建立起特殊的关联；如果不加引导，它们可能擦肩而过。因此，可以说，这些调控蛋白组成了双触头结构：一个触头使得蛋白质可以识别一个特定的化学分子，并执行其功能；另一个触头，可以结合完全不同的化合物，修改蛋白的构型，并改变第一个触头的性质，这取决于这种化合物是否出现，或者是否达到了一定的阈值浓度。调控蛋白在两种状态之间摇摆：有活性或者无活性。于是，化合物的变化调控着蛋白质的功能，进而影响了后者所参与的一系列反应，它就像一个化学信号"开启"或"关闭"了蛋白质。因此，这些调控蛋白把细胞的不同功能联通了起来，使得数千个反应可以协调、积累或利用能量。

这些偶联的重要之处在于，它们不受那些影响化学反应的限定因素的束缚：因为它们是可逆的，而且不涉及任何真正的化学键，它们引入的活化能非常低，近乎为零；因为不受制于亲和力或者化学反应的作用，它们可以在任何分子之间建立偶联。这些相互作用的本质，甚至它们的存在本身，都依赖于蛋白分子的结构，最终还是依赖于核酸序列。没有这些偶联体，没有这些多触头蛋白质，细胞的协调将极为困难，特别是考虑到分子的化学结构如此多变，而且热力学特征如此悬殊。调控蛋白的出现为细胞与环境之间、基因与细胞质之间、本来没有化学亲和作用的组分之间建立了通信网络。

调控回路就依赖于这些蛋白质。在电子设备里，同样的元件可以被组合成不同的回路，并在不同的情况下发挥功能。类似地，有些调控蛋白从培养基里检测到特定代谢产物的出现，但后果却取决于化合物的性质以及它在细胞活动中的作用。比如，如果该化合物是可以提供能量的糖类，它的出现会马上引起其分解酶的合成。反之，如果该化合物是细胞产生的一种关键代谢产物，它的出现会马上中止其合成酶的合成。在一连串反应中，通过终产物的浓度，上游的执行要素可以时刻感知到下游结果，并做出相应的调整。通过反馈回路，细胞调控着每个代谢物的合成。

就像电子仪器中的中继器，调控蛋白仅对超过阈值的化学信号做出反应。它们的反应基于蛋白质在两种可能状态之间，比如在活性和惰性、开和关、是和否之间，进行的选择。蛋白质所能察觉到的，无非就是某一种给定的成分、特定的化学模式是存在还是缺失。这种二元系统在新陈代谢的所有层面上都存在，实现了对细胞反应的协调：

调节反应链中的催化活动、决定哪些基因要翻译成蛋白质、允许染色体每一代只复制一次、协调细胞的分裂。细胞的整合及其活动的统一因而全都依赖于这些蛋白质结构，而后者纯粹是自然选择的产物。只要合适的蛋白质结构存在，所有能想象到的相互作用都可以在不同的分子之间建立起来。在实际情况中，有可能观察到这样的连接，它从化学角度来看是无法预料的，但在逻辑上非常有效。当一个新的代谢路径被发现，对它的调节必然使细胞的功能变得更有效，方式也更经济。其中体现出来的优势，正如超额生产奖金。调节系统的逻辑基础在于细菌有这样的野心：以最小的代价繁殖出两个细菌。

因此，无论是研究细胞的功能、形态，还是它们的整合，蛋白质始终占据着舞台的中心。在它们之中，既有执行代理，又有结构单元或者感知元件。无论它们的功能如何，蛋白质都能够选择性地与其他化合物通过所谓的"非共价"结合，不涉及真正的化学键。它们在细胞内的地位之所以特殊，是因为它们能够从一团混合物之中特异性地识别出某些化学基团，无论这一团化合物有多么复杂。可以说，蛋白质可以"触及"到化学分子，"探听"到培养基的成分，"感受"到各种特殊的刺激，它们可以选择"认识"的分子。在一定意义上，蛋白质扮演了"麦克斯韦妖"的角色，与熵增的趋势对抗。它们守护着细胞组织。

蛋白质之间的相互作用都源于蛋白质的独特结构。这意味着，细菌的解剖学，如同它的生理学，几乎完全依赖于少数蛋白序列的细节。这也意味着，这些结构乃至整个系统的再生之所以可能，是因为三维的分子结构完全依赖于另一个一维结构。布丰早就指出了在空间里复制一个三维结构的种种困难。但是，这种困难存在于所有层面上，从可见的形式到分子水平。分子生物学已经把内在模具替换成了线性的信息模型。因为在所有物质结构中，毫无疑问，一维的序列可以被最准确地复制，而且成本最低。无论是考虑到生物体里形状的排布，还是分子里的原子，复制的过程只有一种可能的方式：即，每一步必须在原件对应部分的指导下进行。除非每个犄角旮旯都被标记过，而且每个细枝末节都识别到，否则，要准确复制一件物体是不可能的。然而，三维结构的情况却有所不同，因为只有表面能被接触到。生长仅仅意味着在结构的可触及部分添加上新元件。同样的机制也主宰着晶体的形成：同一个模式不断重复。相反，很容易想象表面的复制，没有任何细节隐藏在内。理论上，没有任何机制阻碍一个矩阵的精确复制；或者，更妙的是，互为镜像的两个矩阵之间的复制。然而，实际上，复制这类结构比单一序列复杂得多。分子的复制之所以如此有效，甚至之所以有可能，是因为这两个系统之间的单一关系：首先，核酸序列是线性的，因此很容易拷贝自身；其次，蛋白序列自发、准确地转变为一个特异的三维结构。空间的复杂性之所以能复制自身，正是因为背后序列的简单性。因为，在生命世界里，秩序的规则是线性的。

5.复制与犯错

原则上，核酸序列有无数种可能性，产生的蛋白结构也有无数种可能性。物理因素对结构有哪些限制，我们了解不多。但是无论如何，目前已知的跟全部可能性相比，无异于九牛一毛。细菌细胞里包含了数千个蛋白分子，每个蛋白都完美地适应于它的功能，都为生物体的繁殖做出了独特的贡献，这种精度和效率让我们惊叹。对细菌细胞的探索表明，这是历经20多亿年连绵繁衍的结果，也是今天在演化之链上的一个横切面。当然，演化的进程并非针对细菌的组成或细菌这个整体，而是作用于大规模的群体。尽管如此，演化的作用机制一定是从细节开始：每个分子结构都经受考验，不断演化，变得更适应于它的功能。对简单如细菌的生物体，自然选择的唯一标准是繁殖速率。在这个繁殖的竞赛中，任何活动都有其代价，哪怕只是微小的差错、延迟、分化 —— 只要它们对遗传发生影响，都会受到自然的选择。天地不仁，这是演化的铁律。无论结构或功能的差异如何微小，只要在每一代里一再出现，它们就不可避免地带来演化的后果。如果一个结构看起来可以结合多个代谢物，如果某些回路有助于调控，那么，一个改进的染色体就更适于繁殖。自然选择的对象是现存的生物体。但是，回头来看，大自然似乎是逐个地选择了组成细菌的化学分子，就好像是它塑造了每个分子，并对细节进行了最后的润色。

　　遗传程序里记录的是过往时代里繁殖的胜出者，因为失败者都消失了。因此，今天生物体里的遗传程序，就像一个没有作者的文本，而校对者已经修改了20多亿年，而且还在不断改进、调整、完善它，逐渐去除每一个瑕疵。为了确保物种的稳定性，今天所复制传递的，正是这个在时间中不断被修饰的文本。时间，在这种情况下，意味着信息复制的次数，意味着从远古祖先到今天的细菌之间连续繁殖的代数。我们可能永远都无法洞悉演化经历过的具体路径，更不可能历数过去数十亿年里的所有阶段。原子如何逐渐被组织起来，组成了细菌细胞这样令人敬畏的结构，我们无从得知。不过，我们可以确定的是，遗传学和分子生物学所揭示的某些机制，的确参与了生物体的变异与演化。然而，要厘清它们的功能并评估其重要性，殊非易事。

在细菌的所有生命活动之中，最让人惊讶的或许是化学反应的准确性。数千种反应同时发生，有条不紊，目前没有哪项技术或工业能达到这种精度。细胞内甚至有专门的质量检测体系，可以检测并纠正有瑕疵的"产品"。系统的维持及它在连续世代里的稳定性，都依赖于这种精度，这使得生物体免于分崩离析——这是任何机械系统不免受到的威胁。整体而言，细菌产生致死或无法繁殖的错误的概率不到千分之一。但是，准确并不意味着永不犯错。或者这里，或者那里，总会有少许错误冒出来。依据它们是否传递给后代，是否改变了遗传信息或者介入了信息的执行过程，复制错误可以分成两种类型。如果错误发生在转录或翻译的过程中（特别是在翻译的过程，因为这涉及多个复杂的元件），比如，某个氨基酸被错误地装配到三联体密码子上。只要一个失误就可能在序列中引入错误，突变的蛋白质可能就无法执行它本来的功能。然而，这类错误是罕见的，因为我们可以纯化出蛋白质，并精确地分析它们的序列。在体内，这类错误也往往无害，因为执行同样功能的蛋白质有数千个，如果只有一两个有缺陷，也无甚大碍。这些只是"生产过程"中的错误，对物种并没有灾难性的后果。

那些改变了遗传信息的错误，即遗传突变，对物种可能产生严重的后果。因为一旦它们出现，就固定在遗传信息里了。要研究遗传突变的起源及后果，细菌提供了方便有效的平台。事实上，对巨大的群体施加选择压力，人们就可以向特定的方向改造它们。于是，遗传学家可以制造出罕见的突变。他需要做的，是把数十亿颗细菌置于特定的培养基，确保只有少数突变体可以繁殖。于是，人们很容易地计算突变频率，厘清机制，在结构与功能之间寻求可能的因果关联。突变的性质是由它所在的化学环境决定的。有些突变改变了文本的意义，比如核酸序列发生变化，改变了蛋白序列，进而影响了功能。突变就好像是打字员或者打印机在文本中引入的错误。如同文本，核酸信息的字符可能被修改、删除或添加，位置可能会改变，甚至发生颠转——简言之，任何可以改变既定遗传信息的状况都是遗传突变。

　　这些突变的特点在于它们没有特定的方向。化学环境的改变似乎不是针对特定的序列，而是随机的。通过使用某些化学试剂或放射性物质，人们可以选择性地影响4种碱基，引起它从一个向另一个变化，比如从嘌呤变成嘧啶。但是，DNA链上有数百万个嘌呤，在遗传信息的每一节里都有大量的嘌呤。化学放射性无法选择特定的嘌呤，它只能随机作用于某一个嘌呤，并把其变成嘧啶。唯一需要知道核酸序列并在复制的过程中建立起秩序的是核酸本身。在蛋白合成的过程中，信息总是从核酸向蛋白质流动，从不反向。大自然里没有任何分子以特定的方式修饰核酸序列，无论是参与核酸复制过程的酶还是"开启"或"关闭"核酸的调控蛋白。这些分子可以作用于核酸，但是无法修改它的序列。由于遗传物质的本性以及与其他细胞成分的关系，没有哪个分子能够改变遗传信息的内容。这意味着，一个基因不会仅仅因为它的功能而被改变。无论是随机产生还是人工诱导，突变总是对遗传程序中的某些片段随机修改。整个系统的设计决定了突变是随机产生的。细胞内没有哪个成分可以从整体上解释遗传程序，更谈不上"理解"一段序列进而"完善"它。翻译遗传信息的元件只能"识别"三联体。那些可能在繁殖的过程中改变程序的元件并不理解它。即使有一种意志要修饰遗传信息，它也没有直接的手段，它也必须要经过自然选择。

　　每个突变都可能影响遗传信息中一个或多个字符。每个发生了突变的基因，都可能改变了一个蛋白质。根据这些突变对细菌的繁殖是否"有用"，突变体比它的同类有更多或更少的优势。显然，在今天的生物体内，所有可见的结构与功能已经在自然环境中被数百万代的繁殖改进过了。它们是如此的准确有效，以至于遗传程序的改变通常引起功能的衰弱，甚至丧失。当环境剧烈变化时，突变往往会带来某些益处。即使数十亿的个体因为无法繁殖而消亡，少数突变体的繁殖就足够保证物种适应新环境。这些突变在常规环境下有害，在异常环境下可能就有利了。

　　许多突变改变的是遗传程序的质量，而非数量。它们扰乱了遗传程序，而没有增添任何东西。然而，在演化的过程中，生物体的复杂性增加，遗传程序也有所扩张。两种类型的事件可以增进细菌遗传信息的含量。第一，当染色体复制的时候，同样的片段有时会被复制两次。这就像打印设置的错误导致了某一行不小心被多印了一次。从此，这两份遗传片段就在一代一代之间延续。但是维持功能的选择压力只作用于其中一个拷贝，另外一个拷贝则可以自由突变。这样的变异不必对细胞有利，却依然可以保留下来，前提是它们没有害处。很可能，正是通过这样点滴的累进，代谢通路才逐渐形成。

　　有些细菌还有其他的方式可以扩展遗传程序。许多时候，微生物各自营生，老死不相往来，甚至还通过细胞壁避免发生任何关系。尽管如此，细菌之间还是时常发生遗传信息的交流，或者通过病毒的介导，或者通过一种类似于高等动物的性行为的过程。但是，只有当引入的片段在新宿主里扎根，在以后的繁殖过程中得到继承，这些新增的遗传物质才会对细菌后代产生持久的作用。所谓的"扎根"，往往是通过遗传重组而发生的。因此，一段染色体可以被来自另一个细菌的同源片段替换。细菌种群可以在不同的环境下繁殖，根据环境需求，不同的遗传元件之间倾向于组成固定的一串。通过重组，来自不同个体的基因能够以新的方式组合，并可能为繁殖提供益处。虽然交配不是细菌繁殖的方式 —— 分裂繁殖仍然是主流 —— 它使得不同物种的遗传程序可以混合，从而产生新的遗传类型。

重组只是把种群里的遗传程序重新组合，并没有增添什么。然而，某些遗传元件可以在细菌之间传播，并添加到现存的遗传程序里。它们包含的指令对生长或繁殖都谈不上必不可少。但是新增的遗传信息可能会使细胞获得新的结构，执行新的功能。正是这类遗传要素决定了某些细菌的性别分化。此外，这些核酸序列也不受制于自然选择对细菌染色体长度的限制。这些新的序列像是细胞获得的免费赠品，可以让细胞在繁殖过程中灵活变化。

生物体的两种看似矛盾的特征，稳定性与变异性，正符合遗传程序的本性。在细菌个体的水平上，人们观察到遗传程序的复制过程无比细致，它不仅规划了每个分子结构的详细方案，而且囊括了执行方案和调节结构活性的手段。另一方面，在细菌种群的水平，或者在物种整体水平上，核酸信息似乎永远无法安顿下来，复制错误、重组失误、添加或者遗漏，遗传信息不断被修正。但是修正它的既不是无比智慧的神秘意志，也不是环境引导的序列重排：核酸信息并不从经验中学习，修正遗传信息的是自然选择，而且这种修正的过程不是发生在单个基因水平，而是在整个生物体或者生物种群水平，从而排除了不规律性。"自然选择"的概念深深地内化于生物体的本性之中，因为只有繁殖的个体才能长久地存活。每个新个体，通过突变、重组，成了一个新的遗传程序的载体，马上要经受繁殖的考验。如果生物体无法繁殖，它就会消失；只要它能够比同伴繁殖得更快更好，哪怕只是微弱的优势，就会促进特定遗传程序的扩张。如果说，长远来看核酸信息是被环境所塑造，过往的经验最终在遗传信息里留下烙印，那么，这个过程也只有通过繁殖才能发生。但是，只有存活下来的生物才能繁殖。选择的过程，并不针对可能性，而只针对现存的、活着的生物体。

不过，遗传程序的执行方案受制于特殊环境的影响。然而，即使是在这里，环境也并不给出明确的指令。在特定的过程中，比如说在诱导酶的合成中，细菌对环境中特定物质的出现做出反应，产生特定的蛋白质。就在不久之前，人们还认为化合物必定以某种方式改变了遗传指令的含义，参与了它的决策，为蛋白质的最终结构做出了贡献。现在我们知道并非如此：即使是在这些现象里，环境也不给出指令。这些特殊的化合物仅仅扮演了刺激物的角色；这个过程的机制和终产物的结构都由核酸信息规定好了，环境只是启动了合成过程。系统为这两种可能方案提供了选择。调控蛋白从环境中收到的指令只能是"前进"或者"停止"。因此，解读遗传信息就像从咖啡馆里的音乐盒里点歌。选择不同的按钮，你就可以选择机器里已经设置好的唱片；但是，你无法修改事先录制的音乐。与此类似，细菌染色体里的某一段遗传信息可能被转录，也可能不被转录，取决于环境中的化学信号；但是这些信号并不改变遗传信息，因此也不改变功能。所以，"适应"这个词包含了两个不同的意思。一方面，它是指个体里发生的现

象，表达了生物体对外界因素做出的某种反应，但它总是在遗传程序
设定的限度之内。另一方面，它是指种群里发生的改进，这涉及了遗
传程序本身在选择压力的作用下偏爱特定的程序。无论如何，适应总
是对自然选择的适应，而不是任何智能设计的结果。

★

　　分子生物学就是这样看待生命世界与非生命世界的区分的。当然，
即使是对如细菌这般简单的生物，我们的知识也远不完备。在细菌
里有大约2 000个反应同时发生，而目前鉴定并研究过的不过700个。
对于许多相互识别并组成了细胞器的化学分子的组成或结构，我们一
无所知。比如，我们还不清楚细胞膜的组成与结构。但是，虽然每一
点进步都表明了细节无比复杂，同时也表明了它涉及的原则是多么
简单。大自然采用的步骤与人类的技术极为相似，无论是延长多聚体，
传递信息还是设置调控元件。随着我们研究细菌工厂，并阐明其机制，
分析其结构，我们发现，至少从理论上而言，没有什么现象是实验室
里的化学做不到的：无机小分子与有机大分子的行为表现，生物体内
的反应与无机世界里的反应，实验室里的化学与生物体内的化学，并
没有什么不同。酶学活动可以在试管溶液里重现，也可以识别实验室
里制备的分子，所有这些相互作用物理学家都不陌生。最近，人们甚
至合成了一个酶，其人造版本跟天然版本有一样的催化活性。理论上，
这项操作没有特别的困难；化学家早就知道如何在实验室里把氨基酸
结合起来，形成蛋白链。然而，实际上，这种合成过程非常复杂：数
百个氨基酸必须排列好，从头到尾逐个相连。每一步只能添加上一个
氨基酸，而且需要一系列化学反应。整个蛋白的合成，需要数千个反

应，而且必须依照固定的次序进行。虽然有了仪器，一部分工作可以按照程序自动进行，但是这种类型的合成依然费时费力，并且效率不高。但是，人们预测，很快我们就会合成出一大批蛋白质；不仅仅是那些功能已知的蛋白质，也包括功能未知的蛋白质，还有那些在生命诞生之前就已经形成的蛋白质，这使得人们可以探索实验难以触及的过去。

实验室合成核酸序列更为困难，这倒不是因为什么理论问题，而是出于技术原因。生物化学家知道如何把核苷酸挨个拼到一起，只是目前办法效率太低。即使每步反应的成功率超过90% —— 我们目前离这都很遥远 —— 经过数千个反应之后，最终产物与原始材料相比也会少得可怜。然而合成少数核苷酸的短链还是可行的，之后我们可以把它们延长。通过有机化学合成，并使用细菌的酶，人们已经合成了基因。无论如何，人们目前已经可以合成核酸序列，并将其植入细胞，赋予宿主新的功能。目前尚无法达成的，而且将来很长一段时间恐怕也难以达成的，是一点一点地创造出一条长的核酸链，从头合成出一个完整的遗传程序，即使简单如同病毒。但是并没有什么必然的原因使得生物学家不能完成这项事业[1]。

许多物理学家起初投身生物学，特别是遗传学，是希望能够发现尚不知道的物理定律。他们的期望落空了。当然，出于技术方面的原因，复杂的结构在未来很长一段时间都无法用实验化学研究。然而，在未来，要逐个合成细胞内的数千个反应也并非不可想象。但是，要

---

1. 时至今日，技术已经大大进步，作者的这些设想都已实现 —— 译注。

从试管里正确地合成所有的化合物，并制造出一个细菌出来，希望非常渺茫。许多聚合酶只在特定的基质里才能工作，其他的聚合酶只有利用引物才能延伸现存的多聚体。在某些复杂细胞器的合成过程中，亚基的正确定位甚至可能由业已形成的结构来决定，就像晶体的形成过程那样。无论细菌跟其他生物体比起来显得如何初级，它仍然需要相当的一段时间来组织它的系统。细菌的工作如此有效，是因为在过去的200多万年里，它的祖先不断地摸索着化学反应，详细记录下每个成功的区别。这正是生命世界与非生命世界的区别，也是生物学与物理学的分野。非生命体不依赖于时间，生命体却与时间不可分割。在生命世界里，没有哪个结构不记录着它的历史。

细菌的历史正是一个连续的复制过程，伴随着它们的历险、失败与成功。今天地球上之所以有这些细菌，正是因为在历史上有其他的、也许更加初级的细菌不懈地繁衍生息。由于复制的机制不是毫厘不爽，遗传程序有许多的机会变异，被破坏或被改进。演化依赖于突变，依赖于偶然，依赖于错误。这些因素可能导致一个惰性系统毁灭，但错误也正是生命系统中新颖和复杂的来源。突变可能引发创新，错误可能孕育成功。自然选择有它自己的游戏规则。重要的变异会影响后代的数量：如果数量降低了，那就是错误；如果数量增加了，它们就得被保留。这个游戏里没有诡计或谋略，只是细致地计算得失。繁殖决定了偶然的走向。

细菌的组织方式使得它们复制一代只需20分钟。细菌不像其他必须通过交配才能繁殖的生物体，生与死并非截然对立。当细菌在培养基生长的时候，单个的细菌并没有死去。它们作为个体消失了：从一个变成了两个。"母体"里的所有分子被平均分配到"子代"里。比如，母体内一个长长的DNA双螺旋在细胞分裂之前复制成两份；每个后代都得到一个拷贝，每个拷贝都包含了一条"旧链"和"新链"。细菌停止生长的一个指标就是不再繁殖。如果这种非生命状态被视为死亡，那也是暂时的，它往往取决于细菌培养的条件。如果培养基持续得到补充，微生物就处于一种持续生长的状态：细菌永久地繁殖。

因此，细菌的个体转瞬即逝，这并不是通常意义上的死亡，而是生长和繁殖导致的稀释。留下来的只有组织结构，它们可以繁殖，只要细菌能从培养基里获得能量与物质。并没有什么心智指导这个过程，没有意志决定是进是停。只有遗传程序被持续地执行，这就是它存在的任务。唯一可以解释遗传程序的要素是遗传程序的产物。遗传程序之所以有意义，是因为每个组分都依赖于其他组分。组织体可以复制自身，是因为空间中的复杂结构碰巧是由一个线性的组合系统生成，是因为两个符号系统之间存在单向的关联：一个在连续的世代里维持着信息，另一个在每一代里展开成为结构。第一个系统在亲本与后代之间建立了垂直联系；第二个决定了生物体组分之间的水平联系。这两种系统之间的关联为细胞繁殖赋予了内在逻辑，但这不是来自于任何的智能设计。不过，这种逻辑却使得遗传程序不受任何环境或者细胞的直接影响。只有遗传程序的活动过程才受制于调控，这并不意味着核酸信息不受任何形式的监督。虽然遗传程序不受细胞内部的控制，但它依然受制于外部的调控。这倒不是说有一只看不见的手操纵着每个细菌的命运，而是说个体是群体的一部分，无论它们是生活在试管里、水洼里或者哺乳动物的大肠里。因此，它是一个更复杂系统里的简单成分。在这个系统内，调控可以影响遗传程序。种群与环境的相互作用最终会影响细菌的繁殖，影响遗传程序里自发产生的突变。说到底，遗传程序与环境是关联的，因此适应才能发生。但是这种关联只能通过一个长长的迂回途径建立起来：根据后代的数量来调整遗传信息的质量。由于自然选择带来的连续修正，遗传程序不停重组，遗传信息不断调整、修改，使生物在多变的环境中繁殖。不靠任何思想指导，不靠任何想象更新，遗传程序在被实现的同时也发生了改变。

结语
整合子（Integron）

今天，遗传现象可以在分子尺度上得到诠释。但这并不是终点，也并不意味着未来所有的生物学都会成为分子生物学。它标志着生物学的两大潮流，博物学与生理学，各自奔腾多年之后，终于在此交汇了。整合论者与还原论者之间的古老争论得以和解，另一个原因是不久之前物理学在微观和宏观之间作出了区分。一方面，生命世界的丰富性，宏观层面上所观察到的形式、结构与特征的多样性，都是基于少数分子的系统组合。也就是说，就微观层面而言，它的方式非常简单。另一方面，生物分子在微观尺度的行为，与物理和化学所探究的惰性系统没有区别。只有在宏观尺度上，生物体的特殊性质才体现出来，表现为繁殖与适应环境。于是，问题成了：鉴于生物体的起源与目的如此重要，我们如何来解释生物与非生物共有的进程？

物理化学过程在分子水平上的统一性彻底摧毁了活力论的命脉。事实上，自从热力学出现之后，生命这个概念的操作价值不断萎缩，抽象能力也不断衰退。今天，我们不再在实验室里探索生命，也不再试图对之作出界定；我们只是试图分析生命系统，其结构、功能与演化历史。与此同时，认识生命系统的目的意味着生物学研究必须不断地触及组织体的"计划"，触及"计划"对结构和功能的"意义"；显然，这种态度与之前占主导地位的还原论大相径庭。在还原主义时代，真正的科学分析必须排除研究对象或其独特功能之外的任何其他考量，这意味着，科学描述必须排除目的论。与此相反，在今天，人们无法把结构与功能分开，而功能不仅取决于生物体，而且也受制于塑造了生物体的所有历史事件。不单在机体中，在一系列使机体成其所是的活动中，人们都无法把结构与功能分开。每一个生命系统都是不同组分维系的动态平衡。这种相互依赖意味着，任何修饰都会影响整个关系，并且迟早产生新的组织。通过分离不同种类、不同复杂性的系统，人们可以识别出它们的组分并分析其关系。然而，无论是哪个层次的研究 —— 分子、细胞、组织体或者种群 —— 历史的视野都不可或缺，而连续性则构成了解释的原则。每一个生命系统因而都具有两种分析图式：一个是纵向，一个是横向。一方面，人们必须区分主宰生物体整合的原则，即结构与功能；另一方面，人们需要理解主宰生命转化与演变的原则，对生命系统的描述必须诉诸于它的组织逻辑和演化逻辑。今天，生物学的关切是生命世界的运行机制。

*

生命系统的组织遵循着一系列物理的、生物的原则：自然选择、最低能量、自调控，通过亚单元的连续整合而形成了不同结构。自然选择提供了目的因，作用对象不仅是整个生物体，而且具体到每个分子。在生物体中，每个结构之所以被自然选择保留下来，是因为它为动态的自我复制的整体实现了特定的功能。因此，正是由于它们的历史与连续性，组成生命的分子才不同于其他分子。某些分子在数百万年里没有变过；在某种意义上，它们依然是远古时代分子的拷贝。与此相反，另外一些在选择压力下变异了，许多在途中丢失了，更多的在新物种（比如人类）中出现了。除了自然选择，生命系统跟无生命系统一样，都受制于最低能量规律。无论它们是否涉及真正的化学键，无论分子是合成还是偶联，生物体内的反应总是沿着同样的方向，即自由能降低的方向进行，而且反应的速率总是受制于活化能。

调控元件为生物系统赋予了统一性，并提供了其遵从热力学定律的方式。这些定律规定了一个化学反应只有达到平衡的速率可以改变。在一个简单反应中，平衡常数是由反应底物与产物决定的一个函数。催化剂通过降低活化能所增加的无非是反应速率。在酶促反应中，蛋白质的特性决定了它对底物的亲和性及反应速率。亲和性及速率的改变只能通过改变蛋白质的形状来实现。细胞的协调因此依赖于少数蛋白质的空间构型，后者与作为信号的代谢分子相互作用，发生构型变化。在多细胞生物里，还有额外的调控元件来平衡并整合细胞的活动。这里，细胞间的直接接触、激素和神经系统发挥了作用。目前，我们尚不清楚这些元件如何工作。不过，这些激素与神经系统的化学介质可能会改变细胞膜上的某些蛋白，或者受体细胞质内蛋白的形状。这些化学物质本身并没有什么重要性，它们之所以在某些细胞内具备了传递信号的功能，也是因为蛋白受体的关系，换言之，最终还是细胞的遗传程序决定了它们是受体。但是无论如何，在生物系统里，调控影响的是反应速率。它表达的组分之间的相互作用，即组织结构本身所具备的性质。

无论生物体的组织程度如何，它们都是通过连续的结构而成形，这是生物体组织的通则。即使是最简单的生物体也是如此复杂，以至于难以想象它们居然可以一点一点构建起来。事实上，生物体正是通过一系列的整合而构建起来的。相似的结构首先拢集，形成了更高一层的基本单元，如此继续。正是通过把越来越多的要素组合起来，并使辅助结构相互配套，生物体才产生了复杂性。在每一代里，这些系统都可以从它们的基本要素里再生，因为在每个层次，它们的中间结构都具有热力学的稳定性。生物体通过一系列连续的"包裹"构建起自身，依据的是一套不连续的等级结构。在每个水平，单元都是由亚单元整合而成，它们也可以用一个更一般的名字概括：整合子。一个整合子是由更低一层水平的整合子组成，它们又进一步组成了更高一层的整合子。

整合子的这种等级结构，以及大箱子套小箱子的原则，在细胞内蛋白质的合成过程得到了体现。事实上，这些结构的组成过程可以分成三个阶段。第一阶段，无机元素通过一系列酶促反应变成微小的分子，即，氨基酸。反应的特异性取决于酶与底物的关联以及它们的平衡，反应速率通过酶与特定代谢物之间的相互作用而得到协调。第二阶段，多聚体沿着核酸模板链形成：氨基酸沿着严格的顺序被组织起来。它们的排布顺序不涉及任何化学键的特定关联。只有当氨基酸各就各位，酶才催化新键的形成。第三阶段，即最后阶段，蛋白链折叠形成超级结构。最简单的超级结构仅仅包含了结构所能允许的组合：要素之间的亲和力使得系统自发形成。对于更复杂的超级结构，或许都有某种程度的"中心"参与了组织形成，它的角色可能是修饰其他组分的构象，加速了彼此偶联，或是在所有满足热力学可能的结构中选择出某个特殊的构型。但无论如何，一个组织结构的可能构型取决于元素之间的键能，这是系统平衡的特征。即使存在这样的中心，它的出现仍然是由组分之间的相互作用决定的。最终，最复杂的结构通过一系列的中间阶段构建出来：它的中间体不仅是原材料，在某些情况下，也可能是构建下一级结构的诱因。如果没有特殊的说明，只有被容纳到结构里的成分才是必要的。生物体由其基本组分自发组合而形成。

在许多方面，这些结构的特征与晶体的特征相似。这是一个古老的类比，早在两个多世纪之前就被用来解释组织体的形状、生长与繁殖。然而，自从完美晶体的结构被揭示出来，人们就不得不抛弃这个类比了。因为晶体需要同样的模式在三维空间里重复出现。从中心到表面有序排布。结构的内核无法触及，也没有功能。晶体生长靠的是在表面添加上新的成分，它并不繁殖。但是随后，晶体的概念得到了推广：它适用于任何在二维甚至一维里重复的组织体。从没有维度的粒子，到一维的纤维，二维的膜状表面，再到自发形成的三维物体。从此，晶体与生物体的类比有了新的价值。基本单元是一致的，所以才能聚集。它们不仅可以形成空间几何形状，而且这个过程是自发的。但是没人知道，这种一致性能走多远以及可以忍受多大程度的差异性。虽然三维晶体的形成条件看似苛刻，但在其他的例子里似乎不那么严格，因此核酸亚基或蛋白质亚基足够相似，可以置于多种几何构型里。一系列的生物结构 —— 多聚体、膜及细胞器 —— 于是都有了它们的内在逻辑。这种逻辑与三维晶体的不尽相同，差别也很细微，但所有这些结构都是通过表面来执行催化功能。

不过，即使人们可以辨识出生命系统里的组织、构造和逻辑中的原则，甚至可以推测它们的起源，要把握从有机物到生命体之间的连续事件仍然困难重重。对生物学家来说，生命始于遗传程序建立之际。一个物体只有能被自然选择，才称得上生物体。生物体的根本特征在于繁殖，即使繁殖的过程要延续数年。然而对一个化学家而言，在本来只有连绵的起始处做个区分总不免有点武断。每个全副武装的生物体都包含着结构、功能、酶、膜、代谢循环、高能物质等。无论生命系统的开端是什么样子，只有在预备已久的环境中，我们才可能设想其组织过程。生物演化是漫长的化学演化的自然延伸。人们在实验室条件下尝试重新构建生命起源之前的地球环境。一系列的有机分子都可以自发形成。即使是多聚体，也可能因为亚基之间的偶然结合而出现。虽然效率不高，那些生物体特有的大分子的生成过程似乎可以不借助生物催化剂而发生。然而，要设想一个整合系统的出现，无论它多么初级，仍然很困难；最卑微的生物体，比如一颗简单的细菌，都已经包含了数量巨大的分子，很难设想这样的组织居然能够繁殖，哪怕它非常笨拙，非常缓慢。我们无法设想所有片段都从原始海洋里独立形成，某一天萍水相逢，就突然组合成了一个复杂的系统。第一个祖先可能是某种形式的核，或者由若干分子组合成的联合体。但这一切是如何开始的？有哪些物质参与？这听起来像一个悖论：遗传程序只有通过它的翻译产物——蛋白质才能得到翻译。没有核酸，蛋白质没有未来；没有蛋白质，核酸也没有活性。哪个是鸡，哪个是蛋？到哪里去寻找祖先的遗迹，或者祖先的祖先的遗迹？是在地球上某些尚未探索到的角落，还是在某颗彗星上，抑或是太阳系里的其他行星？毫无疑问，在任何地方，哪怕没有新的生命形式，只要有任何复杂的有机残迹，都是无价之宝。都将改变我们对遗传程序起源的探索。但是随着时间的流逝，这一希望变得渺茫。由于缺乏直接研究的对象，生物学家只能诉诸于猜想。他们尝试着把问题排序，把各个对象独立开来，并提出可以用实验回答的问题。哪一个多聚体首先登场，核酸还是蛋白质？遗传密码的起源是什么？第一个问题引导人们追问，如果只有一种多聚体，那么它是否可以被设想成是类似于生命的东西？第二个问题同时涉及了演化与逻辑。事关演化，因为核酸三联体密码子与每个氨基酸的对应不可能一次产生；事关逻辑，因为难以想象为什么采用的是这种特殊的关联方式，而非其他。为什么这个三联体对应着这个氨基酸，而非另一个？也许原始组织体具有某种结构上的限制性，我们暂时还不知道。也许它们对分子构象有某种调整，哪怕可能不是整个系统，至少对其中一部分如此。但是同样地，也可能根本没有什么限制，于是何者产生、何者延续都是随机事件。因为一旦关联系统建立起来，那么任何关联的改变都会影响系统的含义，甚至破坏信息的价值。一套遗传密码正如一种语言：即使它们仅仅是随机的产物，一旦"符号"与"含义"之间的关联建立起来，它们就不能变化了。这些正是分子生物学尝试回答的问题。但是没有任何证据表明，从有机物转变到生物体的过程能被彻底理解，我们甚至无从推测生物体在地球上出现的概率。如果遗传密码是统一的，那很可能是因为现存的所有生物体都起源于一个祖先。但是，只发生过一次的事件谈不上概率。人们担心这个主题可能会就此限于理论的泥淖，不可自拔。生命的起源是一个大谜团，聚讼纷纭，莫衷一是。这已经不是科学推测，而是形而上学。

然而生物学已经表明，"生命"这个词语背后没有任何形而上的实体。组合的能力，产生更加复杂结构的能力，乃至繁衍生息的能力，都是物质性质的自然延伸。从粒子到人类，有一系列的整合、层次和不连续性。但无论是物体的组成，还是其中发生的反应，其中都没有任何断裂，也没有"实质"的改变。因此，对细胞内的分子和细胞器的探索成了物理学家的关切。结构的细节从此由晶体衍射学、超速离心、核磁共振、荧光染色及其他物理技术来厘清。这并不意味着生物学成了物理学的附庸，成了复杂系统的一个分支。在组织的每一个层次，都出现了新性质和新逻辑。单个分子不具备繁殖能力，后者仅仅出现在可以被称为生物体的最小整合子，即，细胞里。但是从此以后，游戏规则就改变了。对于更高水平的整合子上——细胞的群体——自然选择又施加了新的限制，并提供了新的可能。以这种方式，在不违背物理原则的前提之下，生命系统就具备了更低层次所没有的意义。生物学不可能彻底还原为物理学，但也离不开后者。

　　生物学研究的每个对象都是嵌套系统。因为组成了一个更高的系统，而系统的一些规律无法通过简单分析而推断出来。这意味着组织体内的每个层次都必须与临近的层次参照分析。如果不理解转换器如何工作，不理解发射器与接收器的关系，我们就不可能理解电视机的工作原理。在整合的每个层次，一些新的特征出现了。如物理学家在20世纪之初发现的那样，物质的不连续性需要我们使用不同的观察手段来研究，因为它改变了现象的性质，甚至是背后的自然规律。往往，在一个层次适用的概念与技术在更低或更高一个层次就不再适用。生物组织内的不同层次有一个统一的原则：要适于繁殖。它们的区别在于交流手段、调控元件以及每个系统独有的内在逻辑。

*

　　人人都同意演化有一个方向。无论再多舛误、歧路或穷途，过去

20多亿年里演化还是走过了特定的道路。然而，描述自然选择偶然烙下的痕迹绝非易事。"进步""进展""发展"这类词汇并不合适，因为它们暗示着太多的规律性、目的性及人类视角，而且所谓"进步"的标准也难以界定。如果说标准之一在于适应生存，那么大肠杆菌适应于它所在的环境，丝毫不亚于人类适应于人类的环境。"复杂"或者"精细"也不合适。因为有些复杂是偶然产生的，而且，过度分化往往抑制了进一步演化的可能。最能凸显演化特点的，或许是它在执行遗传程序的过程中表现出来的灵活性，这种"开放度"意味着，允许生物体不断强化与其所处环境的联系，并扩展行动的范围。在简单如细菌的生物体内，遗传程序执行得极其严格。它只能从环境中接受非常有限的信息，而且只能以固定的方式对信息作出反应，在这个意义上，它是"封闭的"。细菌唯一能从培养基里识别出的是特定化合物是否存在。它能作出的反应是"决定"是否制造特定的蛋白质。它的感知及反应被简化为两个选择：是或否。演化上的"成功"伴随着识别能力及反应能力的提高。生物体要分化，要变得更独立，要拓展与外部世界的交流，生物体不仅要发展它与外部环境相连的结构，也要发展其组成元素之间的相互作用。因此，在宏观水平上，演化依赖于建立新的交流系统，不仅在生物体之内，也在生物体与环境之间。在微观水平上，这表现为遗传程序在性质和数量上的改变。

有一种观念认为，演化完全来自于一连串随机发生的微观事件，比如突变。但是时间或统计规律都不支持这种观念。如果哺乳动物里的上万个蛋白质是通过偶然产生的，这需要的时间比太阳系的形成还要久。只有在非常简单的生物体内，变异才能在非常微小且独立的阶段发生。在细菌里，它的生长速度以及种群规模允许生物体为了适应而等待突变的出现。演化之所以可能，是因为遗传程序有变化的潜力。随着生物体变得更加复杂，它们的繁殖也变得更加复杂。繁殖的过程不免具有随机性，这又促进了遗传程序的重新分配，于是，以变化为己任的一整套机制出现了：遗传信息散布于若干染色体；每个细胞内都有两份染色体；染色体的独立分离；同源染色体的断裂以及重组等。但是最重要的发明是性与死亡。

性，貌似很早就在演化中出现了。它是一种繁殖的辅助方式，或者说是一个多余的装饰：细菌不必借助性来繁殖。性一旦成了繁殖的必需方式，它就剧烈地改变了遗传系统及其变异的可能性。从此，性变得不可或缺，每个遗传系统不再完整地拷贝一个程序，而是通过两个程序的重组来完成。于是，遗传程序不再是一个遗传品系的独有财产，它属于以性联结的全部个体。因此，一种共享的"遗传基金"建立了起来，每个后代都从中抽取资源以制造出新的程序。这份"共享基金"，这种通过性联结起来的群体，组成了演化的单元。性在每一代里对程序重组，从而提供了多样性。这种多样性是如此巨大，以至于没有两个个体完全一致（唯一的例外是同卵双胞胎）。性使得遗传程序覆盖到组合系统中所有的可能性，它又进一步促进了变化。要理解性在演化中扮演的重要角色（性本身也成了演化改进的对象），考虑一下高等动物中伴随着性活动的所有表演、仪式以及各种繁文缛节就足够了。

死亡是演化的另外一个必要条件。这里，我们讨论的并非外在因素引起的、因偶然事件引起的死亡，而是内部因素决定的、从受精卵的遗传程序本身决定的死亡。因为演化是过去与将来的斗争，是保守与革命的斗争，是一成不变与推陈出新的斗争。在以分裂生殖的生物体中，个体的迅速繁殖带来的稀释作用，使得过去转瞬即逝。但是在多细胞生物体中，因为体细胞与生殖细胞的分化，以及有性繁殖，个体必须要消失。这是两种相反作用力的动态平衡：一方面是性的有效性，分娩、哺育以及抚养的仪式；另一方面是完成了繁殖功能的个体的消失。自然选择的效果对这两项参数的调节决定了一个物种的寿命极限。演化，至少就动物而言，都依赖于这种动态平衡。生命的大限不是偶然决定的。在精卵结合的那一刻，遗传程序就已经决定了个体的遗传命运。我们目前尚不清楚衰老的机制。主流的理论认为，衰老是某种错误累积的后果，错误可能来自体细胞的遗传程序或者来自遗传程序的表达过程，即细胞产生蛋白质的过程。根据这种理论，细胞只能对付一定数量的错误，一旦错误的积累超过临界点，死亡就不可避免。因此，遗传程序的执行方式决定了生命的长度。无论具体机制如何，死亡都是动物世界演化过程中的必要环节。今天许多人对所谓的"生物工程"充满了期待：它能解决癌症、心脏病、精神病患等各种疾病；通过移植或合成的方式对各种器官进行替代，治疗机体衰老；对基因缺陷进行纠正；甚至暂时中止生命以便在未来复苏。但是要把生命无限延长，可能性微乎其微。长生不老的梦想无法与演化的大限和解。

遗传程序更偏好改变其质量，而非数量。事实上，演化最初表现为复杂性的增加。细菌的核酸序列有1毫米长，包含了大约2 000万对碱基。人的核酸序列有2米长，包含了数十亿对碱基。组织体越复杂，遗传程序就越长。通过生物体的三维结构与遗传信息的一维序列建立的关系，演化成为可能。整合的复杂性可以通过添加简单的成分来实现。然而，目前已知的遗传机制偏爱遗传程序的变异，却几乎没有为它提供任何辅助。某些拷贝错误会重复特定的信息片段，病毒可以转移基因片段，甚至会转移多出来的染色体。但是这些过程的效率并不高。很难想象它们足以带来演化上的革命：从简单的或"原核"的细菌转变到"真核"的酵母或高等生物的细胞组织，乃至出现脊椎。事实上，每一个这样的事件都伴随着核酸数量的显著增加。这些剧变只能是因为某些非常规事件，比如复制错误造成了额外的染色体，甚至是某些非常规过程，比如生物体的共生，或者不同物种之间遗传程序的融合。共生确实参与了演化，"线粒体"的性质表明了这一事实。这些细胞器在复杂的细胞内负责产生能量，然而所有的生物化学特征都表明：线粒体来源于细菌。它们甚至仍然具有独立于宿主染色体的核酸序列。很有可能，它们是远古细菌的遗迹。这些远古细菌与另一种生物体融合在一起，形成了我们的始祖细胞。遗传程序的融合多见于植物，罕见于动物。这是因为动物被一层安全机制保护着，免于古代和中世纪所谓的"可鄙的配对"。然而最近，在实验室培养基里，不同物种的细胞，比如人与老鼠的细胞可以融合了。杂合细胞同时包含了人类和老鼠的遗传程序，也可以完好地复制。不能通过细胞融合实现的物种杂交可以通过其他途径完成。只要它们可能产生后代，即使非常罕见，它们也足以为剧变创造条件。实际上，没有任何证据表明这样的细胞融合曾经在大自然里发生过；但是理论上，我们也不能排除这种可能。遗传程序的扩展没有规律性可言。突然的变化、意外的增加、难以解释的减少，与生物体的复杂性无关。要使遗传程序扩展并进入演化的节奏，需要非同寻常的事件。今天对演化持续时间与生命出现概率的评估，看来像是痴人说梦。也许有一天，计算机可以算出人类在地球上出现的概率几何。

遗传程序的扩展，源于生物体与环境相互作用的趋势日渐增加，这也是演化的一个代表性特征。生物体有多种方式来增加与环境的交流。原生动物已经这么做了。它们特化的细胞器的外膜作为一颗单细胞已经展现了惊人的复杂性。对于负责繁殖的结构，无论是数量和大小都有限制。当达到一定阈值之后，更为节约的方式是增加细胞数量并分化它们的功能。某些细胞专门负责营养，另外一些负责感知、运动或者整合。细胞的多样化与专门化意味着一种自由，即，它们不必都完成生物体所有的反应。这意味着细胞可以做更少的事情，而且做得更好，只要这些活动相互协调。如果细胞要分工，它们必须彼此交流。

细胞有多种方式可以交流，通过直接接触，或者通过神经系统与激素的介导。目前，我们对参与调控的分子元件知之甚少。事实上，我们刚刚开始"理解"细胞，而非组织或器官。关于控制着遗传程序执行的复杂过程，比如哺乳动物发育过程的逻辑系统，我们一无所知。从受精卵发育成人的过程无比精准，令人叹为观止。从一个单细胞里产生出了上千万颗细胞，而且分工有序，按部就班，严丝合缝，它是如何做到的？简直无法可想。胚胎发育的过程中，受精卵的染色体里包含的指令逐渐被翻译、执行，决定了未来成体细胞里的数千个分子何时、何地形成。发育的整体计划、有待执行的整体方案、合成的时空顺序都记录在核酸信息里了。在方案的执行过程中，一旦有个别失败，就会导致流产或胎儿发育畸形。

在发育过程中，每个细胞都有了一套完整的染色体。但是根据不同的分工，不同细胞产生不同类型的信使RNA与蛋白质。虽然每个细胞包含了整套遗传程序，但它只表达了部分基因，仅执行特定的功能。因此，随着细胞的分化，基因表达的过程改进着，特定的化学事件以严格的次序进行。通过遗传信息的调控元件之间的相互作用，每个细胞系里特定的遗传信息被开启或者关闭。多细胞中的这些调控元件不仅比细菌中的更加复杂，而且也满足了不同的需求。首先，多细胞生物体中必须有一种可以使基因差异表达的方式，而且一旦固定下来，就不可逆转；另外，从100万个基因里定位一个基因，比从1000个里定位一个，需要更加精细的机制，比如通过集合筛选；最后，细菌和多细胞生物的生存条件完全不同。细菌，在适应不同环境的时候需要维持其功能的平衡。在多细胞生物里，一颗细胞不仅需要保持自身的动态平衡，还必须与周围细胞的活性保持协调。只有这样，器官才能发挥其功能，当然，细胞也受制于生物体整体的调节。

　　最终，遗传程序、生物的个体性与生存目的，控制着生物体的组分及交流系统。在一个如此复杂协调的化学反应网络里，差错在所难免。有些无关紧要，有些后果却很严重。比如，细胞的繁殖要受到生物体的调控。在胚胎发育的早期，繁殖非常迅速，但在成体中几乎完全停止，只有受伤的时候才重新开启。遗传程序不仅为细胞分裂设计了方案，也设置了限制。这种协调的网络似乎包含了两类元件：一种直接，由细胞之间的物理接触完成；另一种间接，通过激素来实现。然而，在每一种元件里，都是由细胞表面的某种受体来接受信号。如果受体失活，或者信号没有传递，那么该信号参与的细胞与分子行为就受到了阻断，细胞会因此进入一种无政府状态：对限制生长的信号置若罔闻，仿佛它不再是社群的一员。它可能会入侵临近的组织，引发癌症。有了遗传程序的观念，关于癌症起源的古老争论已经不再重要。无论残缺始于细胞核还是细胞质，无论它是源于体细胞突变，还是病毒入侵，任何阻止信号传导的事件都会使细胞癌变。理解癌症，即是理解生物体依照怎样的系统逻辑约束细胞。

多细胞和细胞分化引起的这些副作用，都是由生物体与环境更多的交流而决定的。受伤之后的愈合、四肢的再生，已经体现了生物体的灵活性。于是，遗传程序更大的灵活性允许生物体抵挡特定类型的入侵。然而，在演化的过程中，最先发育的是物体从外界环境采集信息、处理信息并调整机体反应的能力。所有可能的对策都会出现，也都受制于自然选择。有些生物体感受环境，或听声，或观色，或闻味。对刺激作出反应的方式与日俱增，选择的自由度与日俱广，二者相辅相成。仅仅笼统地获得少数感受是不够的，还必须有能力整合信息，并得出结论。比如，感光是一件优势，这种优势是如此巨大，以至于在演化的过程中眼睛被多次"独立发明"出来：昆虫的复眼及晶状体眼睛，至少在某些蜗牛、蜘蛛和早期的哺乳动物里独立出现过三次。但是如果不是为了定位捕食者或者猎物，并做出相应的反应，这样一个可以看清形状、判断距离、推测运动方向的精确工具有什么用处？为了这个目的，同样关键的是有处理信号的能力，并把它们与"记忆"比较，区分敌友，无论是水里游的、地上跑的或者天上飞的；简言之，要"选择"一个反应。感知、反应与决策的手段必须协同进化。

生物体与环境之间更进一步的交流依赖于神经系统的发育。但是，我们当前关于神经系统的了解，就好比19世纪人们对于遗传学的了解。关于神经的某些电生理或者生化性质，我们知道一点，但我们对神经联结的特异性或神经网络的组织与构建却知之甚少。信息是如何编码、传递、记录并解码的？记忆和学习的过程依托的是什么样的逻辑？在这些领域里，我们几乎一无所知。然而，一个事实似乎无可置疑：神经系统的解剖学构造也是由遗传决定的。大脑正如其他器官，结构的每个细节都是由遗传程序决定的。在小鼠的一些突变体中，某个基因的改变会同时引起某种行为发生异常和大脑的特定区域出现损伤。在特定受损神经的再生过程中，纤维所采用的路径，建立的关联，以及回路的组成——简言之，整个网络组织，都是依据初始方案来执行的。事实上，哺乳动物的大脑里有特殊的神经中枢，它们不仅接受各种感受信号并对肌肉做出反应，而且也控制着睡眠、做梦、注意力，甚至负责产生不同的状态。比如，在大鼠脑里，一个区域负责"惩罚"，另外一个负责"快乐"；一旦正确地接入电极，并给予它刺激该区域的能力，老鼠会不断地满足自己，直到精疲力竭，彻底崩溃。但是我们尚不知道后天的通路是如何架构在遗传网络之上，也不知道先天与后天的机制如何协调。有可能后两者不是对立，而是互补的。动物行为学家认为，当一个行为涉及后天经验的时候，它也依赖于遗传程序。学习进入了遗传固定下来的框架。无疑，很快人们就可以分析突触的分子机制，神经细胞间的精细联结，它们是神经网络架构的连接单元。我们确信，对生物化学家来说，大脑活动最典型的那些反应终有一日会像消化活动一样平凡。但是用物理和化学的词汇来描述感情、抉择、回忆、负罪感完全是另一码事。没有任何证据表明这是可能的。不仅是因为它很复杂，而且因为哥德尔已经表明：任何逻辑系统都不足以描述它自身。

随着神经系统的发育，随着学习与记忆的发育，遗传不再那么呆板。在复杂生物体的遗传程序里，有一个封闭的部分只能以固定的方式表达，还有一个开放的部分允许个体的灵活反应。一方面，遗传程序严格确定了结构、功能以及特性；另一方面，它仅仅决定了潜力、常态以及框架。此处它发出严格的指令，彼处它允许一定的自由。随着后天的学习越来越重要，个体的行为也发生变化。鸟类识别其同类的不同方式就表明了这一点。在某些鸟类中，比如杜鹃，物种的识别是由遗传程序严格确定的，它所需要的只是看到另一只鸟的外形和运动。在养父母（比如篱雀或者树莺）的巢里长大的幼年杜鹃一旦独立，它就会加入其他杜鹃的行列，即使从未见过它真正的兄弟姐妹。对鹅来说，与此相反，识别要微妙得多，它们通过"印记"的机制工作。孵出来之后，小鹅追随它看到的第一个移动的、发声的物体。通常，它追随的都是鹅妈妈。但是有可能，因为偶然的缘故，它也会追随另外的生物，比如小鹅把动物学家康拉德·劳伦兹认作妈妈，并跟他到处走。因此，遗传程序在杜鹃里决定了识别外形，在小鹅里则是识别印记。动物世界里有许多类似的例子。遗传程序中的开放部分日益重要，并为演化提供了更多方向。随着对刺激反应能力的提高，留给生物体选择的自由度也同步增加。在人类中，反应的可能性是如此之大，以至于人们可以讨论哲学家如此珍爱的"自由意志"问题。但是灵活性也有其限度。即使遗传程序只赋予了生物体一种能力，即学习的能力，它同时为学习内容、学习方式、学习条件做出了限制。人类的遗传程序赋予了我们学习、理解并使用语言的能力。不过，人类只能在发育的特定阶段、在适宜的环境里才能实现这一潜能。过了一定的年龄，长时间没有交谈、缺乏照顾，一个孩子就永远不会讲话了。记忆同样会受到限制。可以记录的信息总量、存储时间以及回忆能力都是有限的。但是在遗传程序中，我们并不清楚严格性与灵活性的边界何在。

随着演化进程中信息交换的增加，新的交流系统不再局限于生物体内，也会发生在生物体之间。于是，同一物种的不同个体之间建立起了一个关系网。最初，这些交流系统直接与繁殖相关。没有它们，性就难以为继。如果它们不是繁殖必需，而只是些辅助，那么性的结合就不具备优先地位。细菌之间没有"性吸引"，个体只是因为偶然的机遇相逢。在低等动物里情况同样如此，比如雌雄同体生物很少进行交配。但是随着生物体独立性的增加，性成了繁殖的唯一方式，个体必须能够识别异性。因此，把同一物种内的异性联系起来的远程交流系统出现了。某些昆虫使用嗅觉信号，比如外激素，这是一种挥发性物质，可以被同伴接收、识别并理解 —— 只要它们的遗传程序编码了对这些分子结构敏感的受体；另一些昆虫使用听觉信号：雄性振翅高歌。鱼和鸟类使用视觉信号：一种性别，通常是雄性，往往具有精致的外表、颜色以及光彩照人的装扮，这为异性提供了独特的视觉刺激。这些视觉信号，通过激素与生物体内的化学联系起来，激活了与繁殖相关的行为。继之而来的是一系列行为，包括交配、筑巢、哺育等。整套进程与仪式都记录在遗传程序里。异性见面只是一个信号，它启动了为繁殖早就准备好的方案。

显然，这些信号系统都是因为有利于繁殖才被保留下来的。尽管如此，它们也是同一物种内个体之间交流的方式。这使得生物在个体之上可能形成新的整合。然而，在哺乳动物出现之前，整合很少超越配偶这样的临时组合，即繁殖的单元。在一群动物中建立协调的行为并不多见，比如迁徙的鱼群或者鸟群。最大的例外出现于某些昆虫，比如蚂蚁、白蚁或蜜蜂。它们形成了真正超越个体的整合子，生物体和社会的古老类比在蚁穴、蜂巢中实现了。然而这些结构主要还是繁殖单元，蚁后和雄蚁好比是生殖细胞，工蚁则是体细胞。又一次，这些系统也是由遗传程序严格控制的，不仅包括每个类型的形态与生理学，而且包括各自行为的性质和次序。一旦遗传程序开始运行，一个新的交流系统，比如蜜蜂跳舞，建立起来，它就可以传递必要的信息来实现系统的一个功能：寻找食物。

遗传程序的结构因此造就了动物社群的结构。但是，对哺乳动物而言，遗传程序的严格性更加微弱，感受器官更加敏锐。它们的行为方式更多样，理解能力、整合能力随着大脑的发育一起提高。生物体甚至出现了一种新的特征：它不再依赖于对象，而是在生物体和其环境之间使用符号建立了一种过滤机制。渐渐地，信号变成了符号。即使是老鼠都可以学会区分三角形、正方形或者圆形，并把特定的形状与食物联系起来。一只猫可以学会对刺激计数。虽然大猩猩不会用喉结发声，它似乎可以学习某种肢体语言，进行简单的无声交流。大猩猩甚至学会了识别特定的符号，理解并模仿它们，甚至把其中一些组合起来用"短句子"表达自己。因此，大脑内一小块负责姿势与语言区域，它的发育不是突然的跃迁，也不是一蹴而就。人之所以成为人，也不是一连串事件就实现的。它是通过一种拼接式的变化，每个器官、每个系统、每个功能组合，都以各自的方式，按各自的节奏演化。漫长的胚胎生活、缓慢的发育、靠两腿走路从而解放了前肢、手的形成和工具的使用、脑容量的增加和语言能力的获得，所有的这一切都不仅赋予了个体更大的自主性，而且产生了新的交流、调控与记忆的系统——它可以在超越个体的水平上发挥功能。于是，实现新的整合所需要的条件都具备了：各个要素之间的协调不再依赖于分子之间的相互作用，而是依赖于编码信息的交换。一种崭新的整合等级系统建立了起来。从家庭组织到现代国家，从民族群体到国家联盟，一整套的整合都依赖于各种各样的信息编码，包括文化、伦理、社会、政治、经济、军事与宗教。人类历史或多或少就是这些整合子的历史，是它们形成与转变的历史。因为新的交流方式的出现及发展，进一步整合的趋势成为可能。如果只局限于口头表达，信息传递就被限制在了特定的时间与空间里。因为书写的出现，交流打破了时间的壁垒，过去的个体经验都可以存储在集体记忆里。电子设备出现之后，人们可以保存图像、声音，并在地球上自由传递，时空限制也消失了。

　　在文化与社会的整合子中，新的组织出现了，它们遵循的是底层的整合子所不知道的原理。民主、产权和工资的概念对于生物体或者细胞毫无意义，正如繁殖和自然选择对孤立的分子毫无意义一样。这意味着，生物学在人类学中被稀释了，正如物理学在细胞学中被稀释了一样。在这个领域内，生物学仅仅代表着众多方法之一。自从演化理论提出以来，尤其自赫尔伯特·斯宾塞以降，人们常常试图只用纯粹的生物学模式来解释社会或者文化的整合子里发生的变异和相互作用。因为信息传播的机制遵循特定的原则，文化在代际之间传递的过程可以被视为繁殖现象之上的第二种遗传系统。于是，生物学家就特别渴望对比这两个系统内的进程，找出相似性，比较观念与突变的出现，比较保守的复制与新颖的变异，通过演化中过度分工的后果来解释社会或者文化的消失，正如解释物种的消失那样。这种对比甚至可以深入到细节上。无论是哪个系统，繁殖传播都是核心目的，对于文化的编码与社会如此，对生物体的结构与性质同样如此 —— 文化的融合如同配子；大学之于社会正如生殖细胞之于身体；观念入侵心智，正如病毒入侵细胞 —— 它们因为种群赋予的优势而得到筛选和复制。简言之，文化与社会的变异，像物种变异一样，都依赖于演化。于是，我们需要做的，就是厘清选择的标准。然而到目前还没有人成功，因为文化与社会的整合子超越了生物学的解释模式。

　　虽然现象与概念存在着分层和不连续，生物学的各个层次之间并不是彻底的分裂，而是有一定的交集。比如，在生理学的层次上，人们研究的是生物体的各个功能及协调它们的机制；在生理学层次之上，行为科学关心的是生物体与环境之间的反应，而完全不在乎内在过程；在更高的一个层次上，群体生物学和社会学只关心群体的行为，而完全无视个体的行为。终有一天，不同层次的观察要被放到一起，并彼此联系。再次说明，不理解组分的特征就不可能理解整体系统。这意味着，虽然对人类社会的研究无法还原到生物学水平，但它也离不开生物学，正如生物学离不开物理学。我们不可能只通过观念的选择来解释社会与文化的转变，但是，我们也不能忘记人类是自然选择的产物。在所有的生物体中，人类拥有最开放最灵活的遗传程序。但是，它有多灵活？人类行为的哪些部分由基因决定？遗传对人类心智施加了多大程度的限制？显然，这样的限制出现在多个层次，但是界限究竟在那里？现代语言学家认为，所有的语言都有一种基本语法；这种统一性反映的是遗传程序对大脑组织所施加的限制。神经生理学家认为，做梦不仅对于人类是必要的，对于其他哺乳动物也一样，因为它是由大脑内部同一个区域控制的。动物行为学家认为，侵略是在演化过程中自然选择保留下来的一种行为方式。这种行为存在于大多数脊椎动物中，它也为在群体中生活的物种（包括人类）赋予了选择优势，使得它们不断地竞争食物、异性与权力。今天，至少在某些社会里，改变人类命运的不再是自然选择，而是文化，后者更有效，也更迅速。因此，时至今日，人类的许多行为都源于它们曾给物种带来过选择优势。人类本性的许多特点都必须追溯到组成人类遗传物质的23对染色体。但是，这个框架有多严格？遗传程序对人类心智的可塑性到底施加了多少限制？

随着知识的积累，人类成了演化过程中第一个可以主宰演化的生物——不仅主宰了其他生物的演化，而且主宰了人类自身的演化。或许有一天，人们可以干预遗传程序的执行过程，甚至是遗传程序本身的结构，修改程序中的某些错误。[1] 或许，人们也能够随心所欲地、精确地复制出某个个体，比如政治家、艺术家、选美皇后或者运动健将。人类对赛马、实验室小鼠或者奶牛的选择手段，同样可以用于人类本身，这是不可阻挡的趋势。但是，我们首先必须理解诸如原创性、美或者身体的耐力这些复杂特点背后的遗传因素，而且，我们必须就选择标准达成共识。不过，这已经不只是生物学家的关切了。

*

科学的描述是连贯的，它的解释是统一的，这反映了它关注的实体及原则背后的统一性。无论在哪个层次，科学分析的对象都是组织，都是系统。它们进而又组成了新一级的组织与系统。时至今日，即使是古老的不可还原的原子也成了一个系统。物理学家仍然在寻找物质组成的最基本单位。他们仍然不能确定，今日已知的最小实体是否也是一个系统。"演化"一词描述的是系统发生的变化，要发生演化，

---

1. 基因编辑的出现可以说实现了作者的预言。参见湖南科技出版社的新书《破天机：基因编辑及其控制演化的惊人力量》——译注。

物质与能量的整体就不能一成不变。涌现出的系统，总能与相似系统的物体联系起来，把它们整合进入一个新的系统。没有这种特性，宇宙就毫无生气：海洋里的分子完全一致，没有活性，互不相干；就像地球上最古老的岩石，分子的组成与关联在数十亿年里毫无变化。

整合改变了事物的性质。因为组织体通常表现出更低层次不具备的特点。这些特点可以用其组成单元的特点来**解释**，但是无法**还原**为后者。这意味着，整合子的出现是偶然事件，对它们的预测只能是统计性的。这同样适用于生物与非生物的形成，包括细胞、生物个体或者生物群体，以及一个分子、一块石头或者一场风暴。因此，今天所依赖的基本单元是偶然出现的。然而，在生物体中，偶然出现的效果马上就被适应、繁殖和自然选择的需要纠正。这是一个悖论。在非生命世界，事件的偶然性可以在统计学上被精确预测。与此相反，生物体与它的历史紧密缠绕，不可分割，然而历史的细节已经湮灭，我们今日无法洞悉，自然选择带来的偏差使得它无法被预测。试问，如何预见到某些生物的出现和发展，而非其他？如何预见到中生代爬行动物的大灭绝与哺乳动物的中兴？

在最终意义上，所有的组织体、所有的系统、所有的等级结构，它们之所以存在，都要归结为麦克斯韦的电磁学定律所描绘的原子的性质。也许还有其他融洽的解释体系，但是科学封闭在自身的解释系统之内，别无他途。今天，遗传世界里是信使、编码与信息。明天，我们会用什么手段来分析生命现象并重新整合它？又会涌现出何种新的俄罗斯套娃？

译者小记

傅贺
于美国佐治亚州雅典

科学哲学的价值何在？库恩、波普尔的理论体大精深，然而于实验台前的科学工作者有多少裨益？我说的还不只是智识上的联系，更是在工作上可以体现出来的帮助。

哲学是对经验的反省，对概念的考察，反思经验的意义，追索概念里凝结的道理；既然如此，科学哲学便是对科学作为经验的反省，以及对科学概念的考察。然而，这种考察跟"事后诸葛"有什么不同？科学追求理解，并根据这种理解进行干预（比如疾病的进程），或预测（日食月食几乎分毫不差，天气十有八九，地震基本不靠谱）。换个问法，科学哲学可以预测科学的走向吗？恐怕不行。预测也许是个太强烈的词了。那，给点启发呢？

科学求真，更求新。科学的触角不断地伸向未知的领域，捕获更精微的实在，迫使其在常识的层面显形。一线科学家的本职工作是做出新发现，为科学共同体中的同行、为提供科研经费的纳税人或基金会负责；对科学史、科学哲学的关注似乎属于少数有反思气质从业者的闲暇爱好。

从实用的角度，不妨说，对行动的反思，应该为进一步行动提供反馈；对概念的考察，应该为思考新的概念提供洞察。与诸位同道共勉。

*

如果译者也可以为译著写献词，我想把本书献给陈嘉映先生。过去十多年里，阅读陈老师的著作、译作以及著作里提到的著作，全方面影响了我的阅读、思考和关键时刻的某些人生选择。2007年7月，读到《哲学·科学·常识》，叹为观止。后来重读，意识到这本书主要以物理学的故事为主线诠释哲学的演变与思想的命运，然后想到生物学的故事可能会有不一样的风景。这个念头一起，就想着以后可以做点什么来回应陈老师的这部作品。

在美读博期间，实验忙碌之余偶尔读到《生命的逻辑》的英文版，被其中的一些段落打动，比如这句："与其他自然科学一样，今天的生物学已经放弃了它曾经怀抱的诸多幻想。**它不再寻找真理 —— 它正在建构自己的真理。**"如果把"真理"替换成"意义"，这也表达了我的涉世体会。心想，既然如此，就把全书译了吧，还有什么比这更能督促自己认真读书的呢？

感谢张卜天兄引荐本书给湖南科技出版社，并修订了本书的译名。感谢姚颖推荐了陈新华作审校。新华兄参照法文原著，更正了英译本的不少疏漏。翻译的过程中，叶凯雄、严青读了初稿，提了许多中肯的建议。本书付梓之前，有幸邀请到陈嘉映先生为本书作序，至为感激。

读者若有批评指正，欢迎邮件联系：biofuhe@gmail.com。